T0135406

V&R Academic

Marianne Klemun (Hg.)

Einheit und Vielfalt

Franz Ungers (1800–1870) Konzepte der
Naturforschung im internationalen Kontext

Mit zahlreichen Abbildungen

V&R unipress

Vienna University Press

Historisch-
Kulturwissenschaftliche
Fakultät

Bibliografische Information der Deutschen Nationalbibliothek

Die Deutsche Nationalbibliothek verzeichnet diese Publikation in der Deutschen Nationalbibliografie; detaillierte bibliografische Daten sind im Internet über http://dnb.d-nb.de abrufbar.

ISBN 978-3-8471-0484-1
ISBN 978-3-8470-0484-4 (E-Book)
ISBN 978-3-7370-0484-8 (V&R eLibrary)

Weitere Ausgaben und Online-Angebote sind erhältlich unter: www.v-r.de

**Veröffentlichungen der Vienna University Press
erscheinen im Verlag V&R unipress GmbH.**

Gedruckt mit freundlicher Unterstützung des Rektorats der Universität Wien und der Historisch-Kulturwissenschaftlichen Fakultät der Universität Wien.

Titelbild: „Verticalschnitt des Stengels von Stellaria nemorum mit Pusteln von Puccinia verrucosa Schdl.", Kupferstich nach einer Zeichnung von Franz Unger, gedruckt in: Franz Unger, Die Exantheme der Pflanzen (Wien 1833), Universitätsbibliothek Wien.
Druck und Bindung: CPI buchbuecher.de GmbH, Zum Alten Berg 24, 96158 Birkach

Gedruckt auf alterungsbeständigem Papier.

Inhalt

Vorwort

Dieser Band geht auf eine Tagung zurück, die an der Österreichischen Akademie der Wissenschaften stattfand und die WissenschaftlerInnen unterschiedlicher Fachrichtungen zusammenführte. Dass die Forschung über Franz Unger noch ein Desiderat darstellt, wurde in dieser Tagung mehrfach festgestellt. Insofern bringt der Band eine erste Zusammenschau aktueller wissenschaftshistorischer Arbeiten über Franz Ungers Konzepte.

Dem Rektorat der Universität Wien, vor allem der Vizerektorin für Forschung und Nachwuchsförderung, Univ.-Prof. Dr. Susanne Weigelin-Schwiedrzik, und der Dekanin der Historisch-Kulturwissenschaftlichen Fakultät der Universität, Univ.-Prof. Dr. Claudia Theune-Vogt, ist für die nach der externen Begutachtung erfolgte Finanzierung des Bandes gedankt. Ganz besonders herzlich sei Mag. Gerhard Holzer gedankt für die Einrichtung der Fußnoten und mühsame Arbeit an der formalen Gestaltung des Bandes und Dr. Anton Drescher für Korrekturvorschläge meinen Artikel betreffend.

Marianne Klemun, November 2014

Marianne Klemun

Ausrichtung des Bandes

Wer in dem kürzlich neu gestalteten Museum Joanneum in Graz die Ausstellung der Sammlungen besucht, wird auf so manches Exponat stoßen, das auf die Tätigkeit des in der Steiermark geborenen Franz Unger (1800–1870) zurückgeht. In einem der Gänge tritt er uns in einem Schriftzug sogar als ‚steirischer Darwin‘ entgegen. In Wien reklamierte man ihn in der Presse für Österreich mit dem Epitheton ‚österreichischer Darwin‘ anlässlich einer Ausstellung, die ich im Jahre 1999 am Institut für Pflanzenphysiologie der Universität Wien zu Ungers vielseitiger Forschung organisiert hatte. Das mag zwar öffentlich zugkräftig und werbewirksam sein, erscheint aber doch nicht gänzlich zutreffend und reduziert Ungers Bedeutung, denn es galt und gilt noch immer, seine (natur)wissenschaftliche Vielseitigkeit historisch reflektiert zu thematisieren. Eine Person wie Unger, die alleine schon chronologisch gesehen vor Charles Darwin ihren Höhepunkt als Naturforscher erlebte und diesen sogar beeinflusste, die ferner inhaltlich einen völlig anderen Weg der Erklärung von Evolution beschritt, kann man retrospektiv nicht einfach nur auf die berühmte Figur eines Darwin beziehen. Franz Unger verdient mehr als eine assoziative Gleichsetzung, nämlich eine seriöse wissenschaftshistorische Behandlung, durch welche die Vielfalt seiner innovativen Ansätze im internationalen Feld sowie in epistemischen Zusammenhängen verortet werden mag.

Es war somit kein Zufall, dass das Darwin-Jahr dafür genutzt wurde, mit einer öffentlichen Tagung erneut auf Franz Ungers Schaffen aufmerksam zu machen. Die Konferenz fand 2009 in Wien an der Akademie der Wissenschaften statt, einer Institution, der Unger als Mitglied angehört hatte. Geladen wurden jene KollegInnen aus den unterschiedlichen Communitys der Wissenschaftsgeschichte, die sich bereits intensiv mit Franz Unger beschäftigt hatten. Deren Vorträge sind im nun vorliegenden multidisziplinär ausgerichteten Band versammelt; für einige wenige Personen, die keine Publikation liefern konnten, wurde Ersatz gefunden. So liegt mit einer kleinen Verzögerung zu den Darwin-Feiern 2009 eine erste Zusammenschau zu Franz Unger vor, die eine Lücke der historisch-kritischen Forschung füllen will.

Bereits vor dem Darwin-Jahr sprachen WissenschaftshistorikerInnen von einer „Darwin-Industrie", die im Jubiläumsgeschehen 2009 eine kaum beschreibbare Steigerung erfuhr. In Großbritannien, so das öffentliche Ergebnis der Darwinfeiern, steht er seither nach Winston Churchill und Lady Di als Nummer 3 auf der Liste der national verehrten Figuren. Dass Ungers Bekanntheitsgrad in der Öffentlichkeit mit unserer Konferenz nicht im selben Ausmaß gesteigert werden konnte, war vorauszusehen. Allerdings scheint eine Sensibilisierung für Fragen der im 19. Jahrhundert doch auch öffentlich umstrittenen Evolutionskonzepte sowie deren historische Darstellung heute eine gute Basis dafür zu bieten, die deutliche Zunahme kreationistischer Erklärungen in unserer Gegenwart mit einem markanten Beispiel aus dem 19. Jahrhundert zu konterkarieren.

Und gleichzeitig geht es in unserem Band um ein wissenschaftshistorisches Gegensteuern, nämlich die intensive, alles andere überschattende Darwinprävalenz in der Wissenschaftsgeschichte mit einem ganz konkreten Repräsentanten der Evolutionsforschung auch inhaltlich differenziert zu relativieren. Denn der Dichotomie, die sich zwischen Kreationisten und Evolutionisten – quasi zwischen Adam und Darwin – in den zeitgenössischen und späteren Debatten bis heute aufbaute, ist nun nicht mehr zu folgen. Die Forschung ist sich heute mehr oder weniger darüber einig, dass bereits Anfang des 19. Jahrhunderts ein dritter Weg bzw. viele Varianten der Erklärung von Evolution nebeneinander existierten. An der Lösung dieser Fragen waren viele Naturforscher der Zeit beteiligt. Charles Darwins Forschung setzte eben auch nicht bei null an. Diese bereits vor ihm existierende bunte Landschaft wurde dank der „Darwin-Industrie" in der wissenschaftshistorischen Forschung lange eher vereinheitlicht beziehungsweise sogar ausgeblendet.

Franz Unger – Botaniker, Kryptogamenforscher, Pflanzengeograph, Pflanzenökologe, Zellforscher, Pflanzenanatom und Physiologe, Biologe, Paläontologe, Geologe und auch Kulturwissenschaftler – war ebenso vielseitig und innovativ wie viele seiner Zeitgenossen und Nachfolger, zu denen auch der Biologe, Geologe und Botaniker Charles Darwin zählte. Die Diversifikation der Konzepte im Werk Franz Ungers adäquat zu behandeln, dafür braucht es Spezialisten, die dies nicht isoliert, sondern im inhaltlichen Kontext von Debatten und Erkenntnisausrichtungen seiner Zeit analysieren wollen. Insofern hat die vorliegende Publikation eine bestimmte Intention. Sie kann und will nicht eine flächendeckende Überschau aller Arbeiten aus Ungers reichem Schaffen sowie biographische Details als Überschau bieten, sondern setzt an dessen herausragenden Konzepten an. Die Einheit in den Zugängen aller in dem Band versammelten Aufsätze liegt in der Konzentration auf lokale wie auch internationale Kontexte der Arbeiten Ungers. Die Vielfalt ergibt sich aus der interdisziplinären

Zusammensetzung der AutorInnen und den unterschiedlichen methodischen Zugriffen auf Ungers Konzepte.

Franz Unger ist heute kein Unbekannter, als Lehrer von Gregor Mendel wird er vielfach in der Geschichte der Biologie, besonders der Vererbungslehre, erwähnt. Seine Tätigkeiten als Kustos und Lehrer am Landesmuseum Joanneum in Graz sowie als Universitätsprofessor an der Universität Wien sind Teil der Geschichte(n) dieser Einrichtungen. Seine einzigartige Visualisierung erdgeschichtlicher Epochen hat auch im englischsprachigen Raum Aufmerksamkeit erfahren. Von Zeit zu Zeit werden manchmal seine Konzepte der „Ökologie" der Pflanzen und seine Gehversuche in einer sich erst zögerlich zeigenden Pflanzenphysiologie des 19. Jahrhunderts auch heute in Vorlesungen zur Pflanzenphysiologie an der Universität Wien erwähnt.

All diese Arbeiten, besonders Ungers evolutionäre Ansichten und seriöse Studien zur Paläontologie und Geologie, entstanden in einer Zeit, als sich die Lebens- und Erdwissenschaften erst etablierten und gleichzeitig auch breit differenzierten. Mit ersten spezifisch gewidmeten Lehrstühlen fanden sie an Universitäten auch ihren professionellen Ort. An all den Fragen, die sich den naturkundlich interessierten Zeitgenossen Ungers stellten, jene nach der Funktion der Zelle als Grundeinheit des Lebens, jene nach der Art und Weise eines organischen Wandels und einer Geschichte der Natur als alles bestimmende ‚Einheit in der Vielfalt', war Unger selbst mit innovativen Zugängen an den Diskussionen innerhalb der sich formierenden Communitys kreativ beteiligt. Auf der Suche nach Einheit verlor er jedoch die jeweilige Komplexität der Vielfalt des Lebens nicht aus den Augen. Seine methodische Sensibilität und Nutzbarmachung von Ansätzen aus unterschiedlichen Feldern der Naturforschung waren seiner Neugier und Kreativität gleichermaßen geschuldet. Und Unger hatte als Professor der Botanik in Wien die erste öffentliche Debatte über einen Evolutionsgedanken im Jahr 1854 ausgelöst, also vor Darwins vielbeachtetem Werk, das 1859 erschien.

Franz Unger wurde fast 50-jährig mit einem bereits umfangreichen Oeuvre an die Universität Wien als zweiter Professor der Botanik 1849 berufen, zu einem Zeitpunkt, als die Universität gerade einer massiven Reform unterzogen worden war. Im 18. Jahrhundert war diese Einrichtung schon von einer korporativen in eine staatliche Abhängigkeit überführt worden. Einschneidende Veränderungen folgten dann jenen des 19. Jahrhunderts infolge der Universitätsorganisationsgesetze, die im Jahre 1975 und 2002 verabschiedet wurden. Bezüglich der naturwissenschaftlichen Fächer ist organisatorisch gesehen eine markante Zäsur festzustellen, da diese ab 1849 an Status gewannen, indem sie der nunmehr den anderen Fakultäten gleichgestellten Philosophischen Fakultät zugeordnet wurden. Sie verblieben in diesem Verbund bis zum Jahre 1975.

Für die Universität Wien, eine Institution, die 2015 ihr 650-jähriges Jubiläum feiert, sind solche Strukturen mit folgenreichen Kontinuitäten von besonderem Interesse. Vornehmlich ist es die Anbindung von Lehre an Forschung oder deren Verhältnis zueinander, wie sie gemäß dem Humboldt'schen Modell ab 1811 in Berlin eingeführt wurde und sodann Weltgeltung erlangte, die bis heute einen Angelpunkt des öffentlichen Diskurses darstellt. Der im Jahre 1849 als Professor im doppelten Sinne des Wortes ,berufene' Franz Unger eignet sich hiefür als Gegenstand einer Fallstudie, um die konkrete, aber auch umstrittene Realisierung dieses Modells an der Universität Wien jedenfalls am Einzelfall zu exemplifizieren, was im ersten Beitrag von Marianne Klemun (Universität Wien) zur Sprache kommen soll. Die Annäherungen an die Figur Franz Ungers erfolgt in dieser Einleitung multiperspektivisch: Sie reicht von der wechselseitigen Bezugnahme zwischen politisch-gesellschaftlichen Ansichten und der Naturforschung, der Analogie zwischen nationalem „Freiheitsdrang" und vegetabilischer Assoziation des „Entfaltens", den berufsspezifischen und institutionellen Rahmenbedingungen als Handlungsoptionen bis hin zu den epistemisch-konzeptuellen und praxeologischen Ebenen, die in separierten Narrationslinien vorgenommen werden. In allen diesen Analyseebenen lassen sich einheitliche Linien innerhalb der Komplexität von Ungers Vorgangsweisen herstellen. Ferner gilt es auch, die bisher noch unerschlossenen handschriftlichen Quellen (Nachlässe Franz Ungers in Graz und Basel) erstmals zur Auswertung heranzuziehen.

Die Reihenfolge der Artikel in diesem Band ist bewusst nicht chronologisch geordnet. Mit Sander Gliboffs Beitrag eröffnen wir den Reigen der einzelnen themenspezischen Zugänge, da er den für uns zentral scheinenden Fokus auf die Evolutionsdebatte und auf Lösungen der prädarwinischen Zeit legt. Gliboff (Indiana University, Bloomington) wendet sich zunächst gegen die bei Russell und Gould eingeführte vereinfachte und breit rezipierte Narration: Die Vor-Darwinianer hätten alle nur lineare und teleologische Erklärungen gekannt, die erst 1828 von einer offenen Entwicklungskonzeption abgelöst wurden. Gliboff plädiert für eine Vorverlegung dieses Bruches in das Jahr 1810 und schildert, wie Metaphern und Ideen von Entwicklung zu einer Ressource für vielfältige Argumente wurden, sodass unterschiedliche Konzepte der Erklärung darauf aufbauend auftauchen konnten. In diesem Rahmen ist Unger als Rezipient und Kreator zugleich einzuordnen. Denn um seine Theorien des organischen Wandels zu entwerfen, adaptierte und modifizierte er seine Evolutionsvorstellungen und löste sich über einen Zeitraum von zehn Jahren vom Modell der Sukzession, bis er zu einer ausgereiften Form der Transformation überging.

Werner Michler (Universität Salzburg) bestimmt aus literatur- und kulturwissenschaftlicher Perspektive kulturelle Verschränkungen in Ungers Arbeiten der 50er Jahre, indem er diese einerseits in feinen Schichten als Referenzen zu literarischen Werken mit Bezügen zu Religion, Geschichtsmythen, Bildern eines

Giordano Bruno offenlegt, andererseits als Bündnis von idealistischer und romantischer Verständigung über Historizität identifiziert. Indem er Entwicklungskonzepte und Erzählmuster sowie Kategorien des Erklärens von Zeitläufen als Kontinuitäten oder in Brüchen (Katastrophen) verhaftet parallelisiert, kann er Ungers wissenschaftsmethodische Öffnungen epistemisch zwischen den und im Wandel von naturphilosophischen zu naturwissenschaftlichen Paradigmen verorten.

Volker Wissemann (Universität Gießen) eröffnet in seinem Beitrag zu Ungers Forschung über Pflanzenkrankheiten (Exanthemeforschung) ein weites Panorama, in dem er Einblicke in die neuzeitliche Entwicklung der Pilzkunde (Mykologie) gibt und ihre Wurzeln sowie ihre Produktivität bezüglich der Pathologie diskutiert. Er beschreibt den zeitgenössischen Rahmen der „romantischen Phytopathologie", in der das Phänomen zunächst als pilzähnliche Nachbildung der Erkrankung, eben als deren Folge und nicht als deren Ursache gesehen wird. Dem gegenüber ordnet er Ungers Konzept ein, das sich insofern von der „romantischen Phytopathologie" abhebt, als er erstmals die vergleichende Anatomie in die „romantische Phytopathologie" integriert, aber die Krankheitsprozesse aus der Sicht der Physiologie interpretiert. Wissemann zeichnet nach, dass Unger die Pilznatur der Krankheit verneint und die Ansicht vertritt, dass die Krankheitserscheinung die Pilznatur lediglich nachformt.

Kommen in Wissemanns Arbeit Anatomie und Physiologie als methodische Referenzgebiete Ungers in den Blick, so zeigt sich in der Studie von Anton Drescher (Universität Graz) über Ungers Ökologie der Pflanzen eine weitere Öffnung von dessen vielfältigen, umfassenden methodischen Vorgangsweisen und einer thematischen Ausweitung der herkömmlichen Pflanzenwissenschaft in seiner Zeit. Ungers Beschäftigung mit Gefäßpflanzen ist auf ein konkretes Areal bezogen. Seine Bestandsaufnahme wird mit vielfältigstem Datenmaterial kombiniert, nämlich der geographischen Lage, petrologischen und meteorologischen Daten, Fragen der Pflanzenernährung, Beobachtungen der Phänologie und Vermerken der Höhenstufenverteilung. Aspekte der Höhenstufengliederung, Eigenschaften der Bodenreaktion wie auch pflanzengeographische Hinweise ergänzen nun jene Zugänge der bisherigen Botanik, womit Unger eine durchaus datenabgesicherte und auch kreative Zusammenschau der Abhängigkeit von Pflanzen von ihrer Umwelt und besonders dem Boden entwirft. Drescher behandelt die Arbeitsbedingungen und Netzwerke Ungers, um diese außerordentlichen und zukunftsweisenden Leistungen in Bezug zu anderen Ansätzen der Zeit setzen zu können.

Die wohl bedeutendste Lücke im bisherigen biologischen Zusammenhang von Ungers Aktivitäten schließt der Beitrag von Ariane Dröscher (Universität Bologna) zu Ungers Zellforschung. Ambitioniert stellt sie sich der in der Wissenschaftsgeschichte derzeit aktuellen Debatte eines Verhältnisses von „Theorie und Empirie", indem sie nicht nur Ungers Konzepte, sondern auch seine mikroskopische Technik in ihre Analyse einbezieht. Spannend ist das Phänomen, dass im Falle der vielen damals im Mikroskop beobachtbaren Zellen ohne Zellkern Unger dem Befund der Empirie den Vorzug gibt. Dröscher zeichnet nach, dass er trotz tiefer Verbundenheit zur Urzeugungsidee bereits 1830 den Teilungsprozess der Zelle bei Algen klar darstellt und im Laufe der Jahre der Auffassung nahekommt, dass der Zellteilung eine anatomische Kohäsion zuzuschreiben ist. Die Autorin thematisiert die Schwierigkeit der Einordnung von Ungers Zellkonzepten, die darin besteht, dass er sehr dynamisch seine Auffassungen änderte und die Zelle nicht isoliert, sondern diese eine zentrale Bedeutung in seinem biologischen Weltbild einnimmt. Im Dickicht vielfältiger Bezüge von Ungers Zellforschung verdichtet Dröscher ihre Analyse in Hinblick auf drei Aspekte: Zellvermehrung, Zellaufbau und Zellphysiologie. Dieser komplexen Vorgangsweise zufolge vermag sie Unger die Bedeutung als „Vorreiter der Plasmatheorie des Lebens" zuzuschreiben.

In Ungers erdwissenschaftliche Forschung führt Bernhard Hubmann (Universiät Graz), indem er auf eine originelle Weise Ungers Stratigraphie, die geologische Kartierung und mikroskopische Analyse mittels der von diesem perfektionierten Dünnschlifftechnik in einen Zusammenhang stellt. Die zwei Enden des breiten Spektrums an Skalenbereichen kommen somit ins Blickfeld. Ungers Leistung als Geologe wird hier anhand einer Karte des Jahres 1844 ebenfalls sichtbar, wie auch seine systematisch-taxonomische Vorgangsweise der Bestimmung von Petrefakten. Hubmann geht der Frage nach – zumal Unger als Stratigraph den ersten Nachweis des zuvor von Sedgwick für England definierten Devons innerhalb des alpinen Raumes vornimmt – wie dieser von der Einführung des Stratums Kenntnis bekommen hatte. Ungers Praxis der Dünnschlifftechnik wird in ihren Handgriffen erläutert und mit erwähnenswerten Befunden in Verbindung gebracht. Mit dieser Technik war es Unger möglich, die Leithakalke des Wiener Beckens nicht als Reste von Korallenbänken, sondern als submarine Wiesen zu identifizieren.

Bezüglich Galileo Galilei hat einmal ein anregender Wissenschaftshistoriker gemeint, es sei nicht wichtig nachzuweisen, dass Galilei die Forschung bereicherte und in welchem engen heutigen Bereich diese zuzuordnen wäre, vielmehr sollte überlegt werden, welche Aspekte durch ihn auf welche Weise evoziert wurden. Der vorliegende Band verfolgt in Details Argumentaufbau und die Prozesse der praxeologischen wie auch theoretischen Erkenntnisgewinnung eines Forschers, dessen Interessen weitgefächert, dessen Methodenrepertoire ausufernd disparat, dessen Vorgangsweisen innovativ und inspirierend waren und dessen Sprache sowie Visualisierungsvermögen faszinierten. Dass Unger bisher nicht nachhaltig in das Gedächtnis der Biologie Eingang fand, liegt wohl an der Vielseitigkeit, mit der er sich innerhalb einer sich ausbildenden Landschaft der Erd- und Lebenswissenschaften von einem Feld zum anderen bewegte.

Marianne Klemun

Franz Unger (1800–1870): multiperspektivische wissenschaftshistorische Annäherungen

Fragestellung und Vorgangsweise

Zu Franz Ungers Lebenszeit bekommen die Lebens- und Erdwissenschaften eine zentrale Bedeutung im Wertesystem des Wissens. Aus der Naturgeschichte als Beschreibung wird eine tatsächliche Geschichte der Natur und die Notwendigkeit einer neuen Bezeichnung, nämlich Biologie, deutet die Abkehr von traditionellen rein taxonomischen Inhalten an. Bis die Biologie an Universitäten und anderen Einrichtungen tatsächlich unter dieser Bezeichnung aufscheint,[1] ist sie bereits in einzelne Bereiche aufgefächert. Physiologie und Anatomie sind ihre Wurzeln, von denen ausgehend sie sich im Lauf des 19. Jahrhunderts konsolidiert und ihre Etablierung vollzieht.[2] Während sich der Begriff Geologie ab 1790 im französischen und englischen Sprachraum für ein neues, aber dennoch auch heterogenes Forschungsprogramm langsam gegenüber anderen alten Bezeichnungen wie Oryktographie oder Mineralogie durchsetzt, wird er im Deutschen eher vermieden, zumal ihm bewusst der Begriff Geognosie als für eine nicht spekulative Wissenschaft stehend entgegengehalten wird. Für diese nationalen Differenzen sind als Erklärung unterschiedliche (kultur)nationale Wissenschaftsstile anzuführen – etwa die breite gesellschaftliche Einbettung der Geologie in die englische Gentleman- und Amateurkultur bzw. in die französische Museumslandschaft; dem entgegen steht die enge Bindung der ‚deutschen‘ Geognosie an das Montanwesen, das eine eigene Erfahrungs- und Praxiskultur darstellt.[3] Mit dieser Anbindung sind aber eben auch ganz unterschiedliche

---

1 1907 wird innerhalb der Medizinischen Fakultät in Bonn die erste Professur der Biologie im deutschsprachigen Raum geschaffen. Vgl. dazu: Kai T. Kanz, Die disziplinäre Entwicklung der Biologie im 19. Jahrhundert und die biologischen Disziplinen an der Universität Rostock. In: Gisela Boeck / Hans-Uwe Lammel (Hg.), Wissen im Wandel (Rostocker Studien zur Universitätsgeschichte 12, Rostock 2011), S. 7–24.
2 Vgl. auch: Lynn K. Nyhart, Biology Takes Form. Animal Morphology and the German Universities, 1800–1900 (Chicago / London 1995).
3 Bernhard Fritscher, Erdgeschichtsschreibung als montanistische Praxis: Zum nationalen

Wahrnehmungen und Epistemologien gegeben. Jedenfalls wird die Geologie zunächst in den deutschsprachigen Ländern als Stratigraphie betrieben und löst sich erst langsam aus der engen Verkettung mit dem Bergwesen. Sie kann etwa in der Mitte des 19. Jahrhunderts in den habsburgischen Territorien an den Universitäten Fuß fassen, indem sie sich aus dem alten Dach der Mineralogie emanzipiert und ebenfalls in einzelnen Feldern wie Paläontologie, Geologie und Petrologie diversifiziert.[4]

Wir befinden uns in einem zeitlichen Abschnitt gleichzeitiger Dynamiken überlappender, teils auch zusammenhängender naturkundlicher Felder. Dafür mache ich in Bezug auf Ungers Wirken – von dessen Selbstbild abgeleitet – die bereits altmodisch anmutende Bezeichnung[5] „Naturforschung"[6] geltend, zumal Unger von einer solchen Bezeichnung ausgeht, wiewohl seine innovativen Studien all diese unterschiedlichen Felder wie Pflanzenanatomie, Physiologie, Zellforschung, Paläontologie, Stratigraphie und Geschichte der Erde (Geologie) bereichern.

Michel Foucault folgend,[7] soll in dieser Zusammenschau nicht von den Begriffen selbst ausgegangen werden, sondern von den Diskursen bzw. Konzepten, welche eben nicht auf direktem Wege zu Disziplinen führen, sondern Begriffe zunächst evozieren und gleichsam damit inhaltliche Felder konturieren. In diesen komplexen Transformationsprozessen ist Ungers eigenwilliges Werk eben auch nur aus unterschiedlichen Perspektiven fassbar. Diesen Zugang verdanke ich Ludwik Fleck, der schon vor langer Zeit folgende Gedanken formulierte:

> „Es ist schwer, wenn überhaupt möglich, die Geschichte eines Wissensgebietes richtig zu beschreiben. Sie besteht aus vielen sich überkreuzenden und wechselseitig sich beeinflussenden Entwicklungslinien der Gedanken, die alle erstens als stetige Linien und zweitens in ihrem jedesmaligen Zusammenhang miteinander darzustellen wären. Drittens müßte man die Hauptrichtung der Entwicklung, die eine kleine idealisierte Durchschnittslinie ist, gleichzeitig separat zeichnen. Es ist also, als ob wir ein erregtes Gespräch, wo mehrerer Personen gleichzeitig miteinander und durcheinander sprachen, und es doch einen gemeinsamen herauskristallisierenden Gedanken gab, dem natürlichen Verlaufe getreu, schriftlich wiedergeben wollten. Wir müssen die zeitliche

---

Stil einer ‚preußischen Geognosie'. In: Hartmut SCHLEIFF / Peter KONEČNÝ (Hg.), Staat, Bergbau und Bergakademie. Montanexperten im 18. und frühen 19. Jahrhundert (Vierteljahrschrift für Sozial- und Wirtschaftsgeschichte, Beihefte 223, Stuttgart 2013), S. 205–229.

4 Vgl. auch Bernhard FRITSCHER, Einleitung. In: Leopold von BUCH, Gesammelte Schriften, 4 Bde, hg. von Julius EWALD, Berlin 1867–1885. Mit Einleitung herausgegeben von Bernhard FRITSCHER (Hildesheim / Zürich / New York 2008), S. V–XXV.

5 In vielen Briefen nennt sich Unger selbst so; beispielsweise im Brief an Martius, 8.3.1835, Martiusiana II, A, Bayerische Staatsbibliothek München.

6 Franz UNGER, Botanische Briefe (Wien 1852), S. 1 f.

7 Michel FOUCAULT, Archäologie des Wissens (Frankfurt am Main 1981).

Stetigkeit der beschriebenen Gedankenlinie immer wieder unterbrechen, um andere Linien einzuführen; die Entwicklung aufhalten, um Zusammenhänge besonders darzustellen; vieles weglassen, um die idealisierte Hauptlinie zu erhalten. Ein mehr oder weniger gekünsteltes Schema tritt an Stelle der Darstellung lebendiger Wechselwirkung."[8]

Wie komme ich aus dem Dilemma heraus, wenn ich die von Fleck formulierten Schwierigkeiten ebenso sehe, sie aber lösen möchte, ohne dass meine Analysen narrativ auf ein „gekünsteltes Schema" von „Durchschnittslinien" hinauslaufen? Im Mittelpunkt meiner Vorgangsweise steht die Betonung von Verschränkungen unterschiedlicher Phänomene und Formen des Wissens, die ich in Zusammenhang mit Ungers Tätigkeit bestimme. Zunächst sind es die Analogien, die uns zwischen politischen und vegetativen Denkfiguren Brücken finden lassen. Mitunter ist es eine „diskursive Formation", in der Assoziationen zwischen politisch-ideologischen Feldern, Handlungsoptionen und Zuweisungen des Organischen bestimmt werden können, ohne dass ihnen aber deshalb naiv eine direkte Gleichsetzung von Aussagen unterschoben wird. Ein andermal sind es die institutionellen „Plätze", die gemeinsam mit der Organisation der Aussagen einen Zusammenhang herstellen lassen. Einzelne Denkstile sollen ebenfalls mit Konzepten gekreuzt werden. Ein wichtiger Ansatzpunkt ist die Praxis, die im Wechselspiel von Theorien mit Konzepten oder von Möglichkeitsräumen analysiert wird. Auch biographische Aspekte bezogen auf den Karriereverlauf werden erörtert, zumal ich in Graz und Basel einen riesigen Nachlass durchsehen und auswerten konnte.

Gesellschaftspolitische Dimensionen: Analogien von nationalem „Freiheitsdrang" und vegetabilischen Assoziationen des „Entfaltens"

Wie keine andere Epoche zuvor hatte das Biedermeier das Vegetative in die Kultur der Bildungsbürger integriert. Erstmals waren Lebendpflanzen in Blumentöpfen aus den elitären höfischen und adeligen Glashäusern in die Wohnräume der Eliten gewandert. Und Pflanzen schmückten auch als Darstellung nahezu alle Gebrauchsgegenstände des bürgerlich-kultivierten privaten Alltags, Teppiche und Tapeten, Mobiliar, Geschirr, Kleidung, Briefpapier, Büchereinbände sowie die neuen Freundschaftskarten und Stammbuchblätter, ein Bildervergnügen, das verschiedene individuelle Augenblicke des Lebens im Reigen der Natur mit tugendhaften disziplinierenden Aussagen als bürgerliche Ge-

---

8 Ludwik FLECK, Entstehung und Entwicklung einer wissenschaftlichen Tatsache. Einführung in die Lehre vom Denkstil und Denkkollektiv (Frankfurt 1935, Neuausgabe, 1980), S. 23.

dächtniskultur etablierte.[9] In diesem Zusammenhang ist eine Illustration (siehe Abb. 1) zu erwähnen, mit der Franz Unger seine in der Öffentlichkeit wohl am stärksten rezipierte Publikation „Botanische Briefe" (1852)[10] eröffnet. Sie bildet nun den Ausgangspunkt meiner Überlegungen. Unger schließt mit dieser Bildbotschaft wohl auch ganz bewusst an diese im Bürgertum verbreitete Sinnstiftung von Pflanzen an.

Pflanzen wurden traditionelle Tugenden zugeschrieben und sie dienten so als beliebte Metapher für kollektive seelische Sinnbezüge, auch für den bieder-meierlichen Rückzug des Bürgers ins Private der Familie.[11] Jenseits aller re-striktiven politischen Alltagsrealität verkörperten sie so eine Harmonie von Kultur, Gesellschaft und Natur. Ist es nicht ein aussagekräftiges Phänomen, dass sich gerade ein engstirniger und unerbittlicher Wiener Bücherzensor, Johann Baptist Rupprecht (1776–1848), der beispielsweise dem Dichter Franz Grill-parzer Schwierigkeiten machte und selbst Lobgedichte zur Restauration[12] ver-fasste, auch ganz der Blumenliebhaberei und Veredelung verschrieb? Er übertraf mit seiner Chrysanthemenzucht sogar führende englische Fachleute, und seine Publikation „Ueber das Chrysanthemum Indicum"[13] bezeugt den Anteil der Laien an der Hortikultur und auch an der botanischen Forschung im Wien des Vormärz. Und sogar der Kreuzer, das Notgeld des Jahres 1848, bildete eine Anemone ab. Das Vorbild der Habsburger, insbesondere das des sogenannten „Blumenkaisers" Franz II. (I.), (1792–1806, als Franz I. ab 1804–1835), in dessen Audienzzimmer neuartig Blumentöpfe die Fensterbänke schmückten, wirkte auf die erste und zweite Gesellschaft in der Metropole Wien. Der Schönbrunner Garten sowie das universitäre botanische Zentrum am Rennweg (botanischer Garten mit botanischen Sammlungen) zählten mit ihren exotischen Artenbe-ständen und durch die professionelle Tätigkeit einer Botanikerdynastie, der Jacquins, weltweit zu den ersten Institutionen ihrer Art. Alexander von Hum-boldt hatte eigens diese renommierten botanischen Gärten in Wien besucht, um sich auf seine große 1797 bis 1804 stattfindende Amerikareise professionell vorzubereiten. Die ersten Gartenbauausstellungen und die trotz eines allgemein

---

9 Siehe dazu Marianne KLEMUN, „Ausflüge in die Blumengefilde des Lebens" – Leopold Trattinnicks „Flora des Österreichischen Kaiserthumes". In: Christian ASPALTER / Wolfgang MÜLLER-FUNK et al. (Hg.), Paradoxien der Romantik. Gesellschaft, Kultur und Wissenschaft in Wien im frühen 19. Jahrhundert (Wien 2006), S. 433–449.

10 Franz UNGER, Botanische Briefe (Wien 1852), S. 1f.

11 Eine zusammenfassende Darstellung der Sozialgeschichte Wiens fehlt eigentlich für diese Zeit: Noch immer brauchbar der Sammelband: Wien im Vormärz (Forschungen und Bei-träge zur Wiener Stadtgeschichte 8, Wien 1980).

12 Siehe zu Rupprecht, ÖBL (Österreichisches Biographisches Lexikon 1815–1950), Bd. 9 (1987), S. 330.

13 Johann Baptist RUPPRECHT, Ueber das Chrysanthemum Indicum, seine Geschichte, Be-stimmung und Pflege. Ein botanisch-praktischer Versuch (Wien 1833).

geltenden Versammlungsverbots von der Obrigkeit genehmigte Gründung der Gartenbaugesellschaft (1827) gaben der Ästhetisierung und der Entpolitisierung Raum, evozierten aber zugleich auch ein für die Botanik öffentlich günstiges Klima. Und in den botanischen Gärten wurden den angehenden Medizinern, sofern sie ein außerordentliches Interesse zeigten, die Ordnung der Pflanzen, weiterhin die Grundlage des starren Linnéschen Klassifizierens vermittelt. So erinnert sich Unger in seiner Einleitung zu seiner 1833 erschienenen Schrift „Die Exantheme der Pflanzen", dass er ein Jahrzehnt zuvor von dieser harmlosbürgerlichen Sinnstiftung der Pflanzen für diese eingenommen worden war: „Bald nachdem ich etwas vertrauter mit der Natur und ihrem Wirken wurde, sprach mich die heiter und sinnige Pflanzenwelt vor allen[!] an."[14]

Die Opposition zum System Metternich[15] jedoch, die sich in akademischen Kreisen ab 1815 in den Versammlungen der Burschenschafter in den deutschen Territorien formierte, berief sich auf eine ganz andere Aura des Vegetativen, indem sie organische Vorstellungen eines allmählichen Entfaltens für ihr Weltbild benützte. Diese Bewegung verstand sich als fortschrittlich und war gegen die Zersplitterung der Bundesstaaten sowie für eine nationale Einheit und für Pressefreiheit. Der frühliberale Nationalismus wurde im Rahmen der weiteren politischen Instrumentalisierung bald zum mächtigsten Glaubenssystem der neuen Bildungseliten des 19. Jahrhunderts. Typisch waren für ihn die Vorstellung einer klassenlosen Bürgergesellschaft und die Rolle der Bildung als zentrales Mittel zur Erreichung dieser Vision. Auch Franz Unger[16] geriet in den Bann dieses „übertriebenen Freiheitsdranges"[17], weshalb der Grazer Geognost Matthias Joseph Anker (1772–1843) seinen geschätzten Schüler Unger väterlich zur Besonnenheit mahnte.

Blicken wir kurz auf Ungers Herkunftsmilieu und den von den Eltern bestimmten ersten Abschnitt seines Bildungsweges. Franz Unger, aus gutbürgerlichen Verhältnissen aus Leutschach in der Steiermark (siehe Abb. 2) stammend (sein Vater war bei der „Steuerregulirungs-Commission" als Staatsbeamter tätig

---

14 Franz UNGER, Die Exantheme der Pflanzen und einige mit diesen verwandte Krankheiten der Gewächse pathogenetisch und nosographisch dargestellt (Wien 1833).

15 Metternich selbst jedoch beschäftigte sich persönlich mit den Naturwissenschaften. Siehe dazu: Hedwig KADLETZ-SCHÖFFEL, Metternich und die Wissenschaften, 3 Bde. (Univ. Diss., Wien 1992).

16 Zur Biographie: Alexander REYER, Leben und Wirken des Naturhistorikers Dr. Franz Unger (Graz 1871); Hubert LEITGEB, Franz Unger (Graz 1870); Julius WIESNER, Franz Unger. Gedenkrede, gehalten am 14. Juli 1901 anlässlich der im Arkadenhofe der Wiener Universität aufgestellten Unger-Büste (Separatabdruck, Wien 1902) und Marianne KLEMUN, Franz Unger (1800–1870). Wanderer durch die Welten der Natur. In: Glücklich, wer den Grund der Dinge zu erkennen vermag. Österreichische Mediziner, Naturwissenschaftler und Techniker im 19. und 20. Jahrhundert (Frankfurt am Main / Berlin / Bern 2003), S. 27–43.

17 Brief von Matthias Anker an Franz Unger, 30. 12. 1823, Teilnachlass Unger, Briefe, Institut für Pflanzenwissenschaften, Universität Graz, Fasz. I.

und war in erster Ehe mit einer Gutsbesitzerin verheiratet gewesen),[18] hatte nach seiner Gymnasialzeit im Benediktinerstift Admont den philosophischen Grundkurs in Graz absolviert. Das Stift Admont besaß eine außerordentlich reiche naturkundliche Sammlung und war damit sicherlich auch ein besonderer Ort, der Anregung zum Naturstudium vermitteln konnte. Am Lyzeum in Graz, der Vorbereitungsstätte für ein Universitätsstudium, absolvierte Unger 1819 und 1820/1 eine Menge klassischer Fächer,[19] wie die klassischen Sprachen, Religion und Geschichte (siehe Abb. 3). Naturgeschichtliche Vorlesungen jedoch, Botanik und Mineralogie, belegte Unger schon 1821 zusätzlich: Als „Hörer des 1ten Jahrs der Rechte" hatte er auch „öffentliche[n] Vorlesungen über die Mineralogie am Joanneum sehr fleissig besucht und aus der selben in der Prüfung die erste Klasse mit Vorzug erhalten"[20] (siehe Abb. 4). Mit seinem Lehrer, dem Mineralogen Matthias Anker, verband Unger auch weiterhin eine Beziehung,[21] denn Unger ließ das begonnene Jurastudium bleiben und entschied sich für die Medizin, jenes Studium, aus dem sich die nächste Generation von Naturforschern in den habsburgischen Ländern rekrutierte. 1821 erfolgte der Umzug nach Wien,[22] wo er als „Hörer des 3. Jahrganges der medizinischen Wissenschaften" an der Universität Wien (siehe Abb. 5) in der Leopoldstadt Nr. 36 erneut mit „Vorzug" seine Studien absolvierte.[23] Wien schien ihm zu eng, er wechselte an die Prager Universität. Von dort führten ihn Reisen nach Karlsbad, Bayreuth, Braunschweig, Rostock, Hamburg (siehe Abb. 6), Dresden[24] und Jena (siehe

---

18 Laut einer Aufstellung der „BezirksObrigkeit Trautenburg", datiert mit 18. Dezember 1820, hatte Franz Ungers Vater insgesamt 12 Kinder aus zwei Ehen zu versorgen, weshalb die Ausbildung aller Kinder als erschwert attestiert wurde. Franz Unger hatte „ausgezeichnete Fortschritte in den Studien" vorzuweisen, was ebenfalls in dieser Aufstellung dokumentiert ist. Siehe Universitätsbibliothek Basel, Nachlass von Unger Nr. 257: Nr. 1.

19 „Lecturis Salutem", Zeugnis, gez. von Franziskus Schneller, Direktor der philosophischen Studien in Graz, 6. Nov. 1820, Universitätsbibliothek Basel, Nachlass Nr. 257: Nr. 1: Dieses Curriculum beinhaltete „Scientia Religionis", „Philosophia theoretica", „Mathesi", „Historia universali" „Lingua Graeca", 1819 „Scientia Religionis", „Philosophia practica", „Physica", „Historia universal", „Lingua graeca" und 1820 „Scientia Religionis", „Literatura latina" und „Hist. Imper. Austriae." Dieses Zeugnis illustriert sehr schön Ungers humanistische Ausbildung während der Lyzeumszeit, die später auch noch in seinen Werken ihren Niederschlag findet.

20 Matthias Josef Anker bestätigt dies in einem Zeugnis, das in Basel erhalten ist: „Als Hörer des 1ten Jahres der Rechte", Universitätsbibliothek Basel, Nachlass Nr. 257: Nr. 1.

21 Es sind zwölf Briefe aus der Feder Matthias Joseph Ankers an Unger erhalten. Teilnachlass Unger, unveröff. Briefe, Institut für Pflanzenwissenschaften, Universität Graz, Fasz. I

22 Eintragungsbestätigung, dat. 21. November 1821. Universitätsbibliothek Basel, Nachlass Nr. 257: Nr. 1.

23 Siehe dazu die Zeugnisse im Universitätsarchiv Wien, Personalakt Unger, Phil. Fak. 3586.

24 Diese Orte sind anhand der Eintragungen in seinem „Stammbuch 1822–1833" nachzuverfolgen. Universitätsbibliothek Basel, Nachlass Nr. 257: Nr. 15.

Abb. 7). In Wien wurde ihm sonach erlaubt, seine Prüfungen des 4. Jahrganges 1825 nachzuholen.[25]

Mit der burschenschaftlich-nationalen Bewegung kam Unger spätestens auf seiner Studentenreise in Kontakt. Er lernte auf dieser Peregrinatio einzelne Persönlichkeiten kennen, die sich burschenschaftlich organisierten. Deutlich mitbestimmt hatte die Bewegung der Mediziner, Biologe und Naturphilosoph Lorenz Oken (1779–1851), der sich als „politischer Professor"[26] von der Lehrkanzel zu politischen Fragen äußerte. Er zählte mit seiner einheitlichen Programmatik zu den „Wortführern der entstehenden bürgerlichen Gesellschaft [...] und Überwindern der ständisch korporativen Ordnung."[27] In den Massenveranstaltungen der Burschenschafter griffen sprachliche Metaphern um sich, die mithilfe von Analogien[28] eine Relation von politischen und vegetativen Denkfiguren implizierten. Oken nützte die Bühne auf dem Wartburgfest 1819, um zur Einheit der Studenten- bzw. Burschenschaft aufzurufen. Er verwies auf eine besonnene langfristige Veränderung, die nur auf Bildung gebaut sein konnte. Aus der Analogie mit natürlichen Organismen und ihrer Entfaltung bezog in der Folge die Studentenbewegung das Argument, den Geschichtsverlauf als evolutionär deuten zu können. Die Nation werde sich aus sich heraus, eben natürlich, entfalten. Der historische Wandel der ‚natürlichen' Einheit Nation wurde infolge der Analogiebildung ebenfalls naturalistisch für eine allmähliche Ausformung einer organischen Einheit genutzt.[29]

Der Schlüsselbegriff „Entwicklung"[30] hatte im Bereich des pflanzlichen Wachstums seine besondere Relevanz. Im Bild des Pflanzenkeims, der Wurzeln und des Heranreifens der Pflanze zur vollen Entfaltung steckte ein anschauliches Muster dafür, die politisch-idealistische Ausrichtung ebenfalls als Entfaltung des ‚Volksgeistes' zu formulieren. So bekam die geschichtsphilosophisch postulierte Teleologie und Automatik der Entwicklung (um hier Echternkamps Studien

---

25 Universitätsarchiv Wien, Personalakt Unger, Phil. Fak. 3586, bes. fol. 169.
26 Klaus RIES, Lorenz Oken als politischer Professor der Universität Jena (1807–1819). In: Olaf BREIDBACH / Hans-Joachim FLIEDNER / Klaus RIES (Hg.), Lorenz Oken (1779–1851). Ein politischer Naturphilosoph (Weimar 2001), S. 92–109.
27 Ebd., S. 93.
28 Bei Analogien geht es um eine „In-Beziehung-Setzung zweier ganz verschiedener semantischer Felder", wobei sich Beziehung nicht auf die Dinge, sondern ihre Relation bezieht. (Siehe dazu: Klaus HENTSCHEL, Die Funktion von Analogien in den Naturwissenschaften, auch in Abgrenzung zu Metaphern und Modellen. In: Klaus HENTSCHEL (Hg.), Analogien in Naturwissenschaften, Medizin und Technik (Acta Historica Leopoldina 56, Halle 2010), S. 13–66.
29 Vgl. dazu die hervorragende Studie: Jörg ECHTERNKAMP, Der Aufstieg des deutschen Nationalismus (1770–1840). (Frankfurt am Main / New York 1998).
30 Vgl. dazu das weite Panorama an inhaltlichen Verwendungen des Begriffes: Wolfgang WIELAND, Entwicklung, Evolution. In: Geschichtliche Grundbegriffe. Historisches Lexikon zur politisch-sozialen Sprache in Deutschland 2 (Stuttgart 1975), S. 199–228, hier bes. S. 201.

bezüglich der Nationsbewegung zu folgen) ein einleuchtendes Ausdrucksmittel. Die Verweigerung der geforderten Reformen durch die mächtige Obrigkeit wurde als Untergrabung des in der Natur verankerten „natürlichen" Fortgangs der Gesellschaft interpretiert. Der Widerstand der verharrenden Kräfte sei ob der erstarkenden Natur vergeblich, wie es Wilhelm von Humboldt 1821 formulierte, da die innere Bestimmung einer deutschen Kulturnation[31] (siehe Abb. 8) sich den Weg eröffne, „wie die zarteste Pflanze durch das organische Anschwellen ihrer Gefäße Gemäuer sprengt, das sonst den Einwirkungen von Jahrhunderten trotze."[32] So kritisierte der Demokrat Schulz, um nur einen Protagonisten zu Wort kommen zu lassen, „das Unrecht im Völkerleben, was die freie Entfaltung des Keims verhindert, welcher – von der einen festen Stelle aus – in Wurzeln, Stamm und Zweigen, in Blüten und in Früchten, nach tausend Richtungen hin sich entfaltet."[33]

Die Konservativen hingegen beriefen sich auf die „heilige Eiche". Sie stand symbolisch für Stillstand, entgegen einer allmählichen Änderung der gesellschaftlichen Verhältnisse, die sich im Zyklus immer grünend zeige.[34] Unger jedoch notierte sich kritisch ein Gedicht von Heinrich Heine, „Ich weiss es wohl, die Eiche muss erliegen..."[35]

Als Rückkehrer von seiner unerlaubten Peregrinatio in Burschentracht, mit langem Haar und Vollbart (siehe Abb. 9) wurde Unger 1823 von der Polizei in Wien aufgegriffen, weil er keinen Pass hatte, und er wurde ohne Gerichtsverfahren mehrere Monate in Haft gehalten. Die Freiheitsvorstellung, bisher theoretisch besungenes Gut, wurde hinter Gittern zur fragilen Größe. Ihrem Entzug entgegnete er mit Schreiben. Manchmal jedoch kam ihm der Optimismus abhanden: „Auch Du kleiner Stift bist abgenutzt! – auch Du Trost bist hin! Nun kann ich auch dem schlichten Blatte nicht mehr vertrauen, was meine Seele bewegt. – Es ist aus – Nur eines möchte ich noch schreiben – eine Rettung von – Schuld."[36] Tagträume versetzten Unger in der Haft auf ein Schiff, „in das Vorgebirge der guten Hoffnung", „wieder im stillen Ozean die Freundschaftsinseln [...rief er aus:] Auch die Carolinen vorüber!"[37] Die Freiheitssehnsucht der Burschenschaftslieder begleitete Ungers Aufenthalt im Kerker, während dessen er, um „überflüssige Zeit zu benutzen", dichtete und Oden an die Freiheit

---

31 Zum Begriff der Kulturnation: Johannes FEICHTINGER, Wissenschaft als reflexives Projekt. Von Bolzano über Freud zu Kelsen: Österreichische Wissenschaftsgeschichte 1848–1938 (Bielefeld 2010), S. 83.

32 Zitiert nach ECHTERNKAMP, Der Aufstieg, S. 432.

33 Zitiert nach ECHTERNKAMP, Der Aufstieg, S. 432.

34 Simon SCHAMA, Der Traum von der Wildnis. Natur als Imagination (München 1996), S. 123.

35 Zitiert nach REYER, Leben und Wirken, S. 13.

36 Ungers Eintrag in Tagebuch, 1.10.1824, Universitätsbibliothek Basel, Nachlass Nr. 257: Nr. 15.

37 Ungers Tagebuch in der Haft, o. Dat., Universitätsbibliothek Basel, Nachlass Nr. 257: Nr. 15.

richtete.[38] Auch die biedermeierlich-harmlosen Bilder des Brautkranzes tauchten auf, jedoch wurden sie angesichts seines erlebten Freiheitsentzugs zu „Totenblumen."[39]

Die Episode zog keinen Ausschluss vom Studium nach sich. Nach seiner Entlassung und seiner Absolvierung der Rigorosen im April und Juli des Jahres 1827 wurde er am 6. September promoviert.[40] Auch war ihm dennoch eine bürgerliche Karriere beschieden, deren Verlauf ich im nächsten Kapitel noch näher beschreiben werde. Kommen wir zu den am Anfang geschilderten aus dem Biedermeier stammenden bürgerlichen Sinnstiftungen durch Pflanzen sowie zu den Analogien zwischen Gesellschaft und Natur zurück. Das Titelblatt (siehe Abb. 1) der 1852 von Franz Unger verfassten „Botanische[n] Briefe", wie es zeitgenössische LeserInnen in Händen halten konnten, lässt auf den ersten Blick kaum die Assoziation eines kritischen Entwurfes zur Botanik zu, noch weniger die eines Evolutionskonzeptes. Das in einem Blumenkleide dargestellte Mädchen, welches eine biedermeierlich anmutige Pose einnimmt und Blütenblätter eines Gänseblümchens abreißt, generiert allenfalls eine Anknüpfung an die bürgerlich-elitäre Deutungskultur, wonach eine spezifische Zuschreibung von biedermeierlicher Zurückhaltung die Pflanzen mit dem weiblichen Geschlecht und ihren Tugenden verbinde. Jedoch enthielt gerade dieses Werk evolutionäre Gedanken.

Unger setzte hier klug eine visuelle Rhetorik ein, die je nach Rezipient unterschiedlich gedeutet werden konnte, die auch an Seh- und Deutungsgewohnheit der bürgerlichen Elite anknüpfte. Sie bediente mehrere Ebenen. Zum einen dockte sie an die bürgerliche Kultur der Pflanzenliebe an, die mit ihrer im Biedermeier aufgekommenen Blumensprache Tugenden jenseits politischer Zuschreibungen assoziierten. Sie konnten zum anderen aber auch als Reminiszenz an den Nationalisierungstopos gelesen werden, wie er als Analogie zwischen der Entfaltung des Vegetativen und der allmählichen Entwicklung des Gesellschaftskörpers zu verstehen war. Der visuelle Bogen integrierte beide Rezeptionsmöglichkeiten.

Wie auch sein Vorbild Oken war Unger in seinem Enthusiasmus für politische Freiheit kein Rebell. Freiheit zur Bildung jedoch, das lag ihm am Herzen. Okens Plädoyer für eine Öffnung von gelehrtem Wissen für alle Gesellschaftsschichten, wie er es nicht zufällig in seinem Buch „Über den Werth der Naturgeschichte"

---

38 „Liederbüchlein". Universitätsbibliothek Basel, Nachlass Nr. 257: Nr. 8.

39 „Wo die Sehnsucht nicht gerungen / Wo die Liebe selig war / Wo der Brautkranz froh umschlungen / irgend ein verlobtes Paar / Wurzelt Totenblumen ähnlich / Ein Geschlecht auf Thränen / Tränt und seufzt und lispelt sehnlich….", Universitätsbibliothek Basel, Nachlass Nr. 257: Nr. 8.

40 Universitätsarchiv Wien, Personalakt Unger, Phil. Fak. 3586, fol. 14–20 (aus Rig. Prot. Med. 16.6, Mikrofilm).

formuliert hatte, könnte aus Ungers Feder stammen. Jedenfalls hatte Unger Okens Werke intensiv studiert, wie es sein Tagebuch aus dem Jahre 1826 belegt.[41]

> „Der höchste, und letzte und einzige Werth der Naturgeschichte ist endlich die Erhebung eines Volkes zur allseitigen Bildung, die durch jene allein vollendet wird. Bis jetzt war ihr Werth noch immer ein blos individualer, Begründung des wahren Gelehrten-Standes; aber was sie in diesem leistet, muß sie endlich für das ganze Volk leisten; Einigkeit mit sich und mit der Welt, klare Erkenntnis seines eignen Wesens als Mensch und der Mitmenschen, des Wesens der Thiere, Pflanzen und Erden und ihres Verhältnisses unter sich und gegen den Menschen und die gesammte geistige Welt, überhaupt Bildung zur ernsten Humanität, zur männlichen Resignation, wenn die Einsicht, nicht die Macht gebietet, zur Liebe zum Ganzen, das allein naturgeschichtlich ist und nicht zum elenden Individuum, das zu Grunde geht, wie die eigennützig wuchernde Wissenschaft."[42]

Das kollektive Ideal spielte für Unger eine große Rolle, im Laufe seines Lebens allerdings verlor es seine Brisanz. Als im März 1848 Professoren und Studenten der Wiener Universität eine Petition um Gewährung der an den deutschen Universitäten üblichen Lehr- und Lernfreiheit verfassten, kam auch die Reform der Universität und der Bildungseinrichtungen in Diskussion. In Graz solidarisierten sich die Studenten und Professoren ebenfalls mit den Forderungen ihrer Wiener Kollegen. Unger gehörte dieser Gruppe an. Bei den ersten Sitzungen wurden die Lehrer des Joanneums den Universitätsprofessoren gleichgestellt, und Unger wurde auch in den Wahlvorschlag für die Frankfurter Paulskirche aufgenommen.

Welcher Richtung Unger als Liberaler dieser sich erst entwickelnden Bewegung angehörte, ist diesen in Briefen überlieferten Aussagen zufolge nicht eindeutig auszumachen. In einem Schreiben an seinen Freund, den Botaniker Martius in München, schätzt Unger die politische Entwicklung in der ersten Hälfte des Jahres 1848 nach der Märzrevolution als einer tatsächlich alles verändernden Kraft unterworfen ein:

> „Die jüngste Zeit überbietet sich in den gewaltsamsten Ereignissen, und wenn es in der Entwicklung des Menschengeschlechtes eben solche Perioden gibt, die die Erde einst durchgemacht, so stehen wir ohne Zweifel am Eingang einer solchen. Erschütterungen des Bodens, Austritt der Gewässer, Hebungen von Bergketten wiederholten sich jetzt in einer geistigen Weise. Ich will nicht länger in Bildern reden."[43]

---

41 Bibliothek der Geologischen Abteilung des Joanneums Graz, Ungers Tagebuch für 1826.
42 Lorenz OKEN, Ueber den Werth der Naturgeschichte, besonders für die Bildung der Deutschen (Jena 1809), S. 11.
43 Brief von Unger an Martius, 25.7. 1848, Martiusiana II, Bayerische Staatsbibliothek München.

Immer wieder hatte Unger nun die Analogie zwischen Politik und Erdgeschichte herangezogen, um die jeweilige aktuelle politische Lage treffend zu charakterisieren:

> „Hier in Österreich merkt man es noch viel deutlicher, wie der Boden unter den Füßen bebt und zittert, auf dem wir stehen u. kann man unter solchen Erscheinungen, die uns zu vernichten drohen, bevor wir sie abzuwehren im Stande sind, zu irgend einem Entschluß gelangen? Also Geduld u. Gleichmuth! Sonst gibt es keine Ruhe für uns. Ich thue was ich kann, um mir diese Ruhe zu erwerben und finde die Beschäftigung wie in allen Lagen des Lebens, […].“[44]

Als Konstante blieb für Unger die Vorstellung einer allmählichen Entfaltung der Gesellschaft verbindlich:

> „Wir sind hier in Gratz u. in Österreich überhaupt gegenwärtig allerdings etwas beruhigt, allein ob sich die Dinge bleibend zum Besseren wenden werden, ist noch eine große Frage. Die besiegten Lumpen und Spitzbuben setzen alles daran, um wieder festen Boden zu gewinnen. Handelt die Regierung wieder so unentschlossen wie früher, so dürften sie kein gewagtes Spiel haben. Wir erwarten täglich die Ergreifung der Offensive gegen Ungarn. Unsere Grenzen sind zwar gut besetzt, allein ob uns die Magyaren nicht einen Besuch hier machen, wäre immerhin noch möglich.“[45]

In dieser Phase der Radikalisierung der Revolution setzte sich Unger dezidiert von der gewaltsamen Entwicklung ab, vor allem weil sich auch die Arbeiter den Studenten und Bürgern angeschlossen hatten.[46] Unger artikulierte sich nun nicht nur als Bildungsbürger, sondern auch als Besitzbürger, dessen Eigentum durch die proletarische Revolution gefährdet schien:

> „Jetzt intrigiert man nach allen Seiten, u. vielleicht kommt es noch, daß wir Professoren des alten Systems alle noch das Fersengeld nehmen müssen. Der Krieg in Ungarn scheint bald zu unseren Gunsten entschieden und beendet zu werden, ob dann Ruh wird, werden die Proletarier entscheiden, denen wir jedenfalls Preis gegeben sind. Die Frage, was ist Eigenthum, scheint mir jetzt viel wichtiger als alle politischen Fragen zusammen genommen.“[47]

Ungers politische Haltung tendierte zwar zum Liberalismus, der allerdings viele Facetten in sich trug, die sich in den Jahren ebenfalls wandelten. Kaisertreue, Antiklerikalismus und eine kritische Haltung bezüglich jeglicher Freiheitsbe-

---

44 Brief von Unger an Martius, 24.9.1848, Martiusiana II, Bayerische Staatsbibliothek München.
45 Brief von Unger an Martius, 14.12. 1848, Martiusiana II, Bayerische Staatsbibliothek München.
46 Mehr zu diesem dynamischen Aspekt der Revolutionen des Jahres 1848 und noch immer Standardwerk: Siehe Wolfgang HÄUSLER, Von der Massenarmut zur Arbeiterbewegung. Demokratie und soziale Frage in der Wiener Revolution von 1848 (Wien 1979).
47 Brief von Unger an Martius, 2.1.1849, Martiusiana, Bayerische Staatsbibliothek München.

schränkung bildeten für Unger weiterhin die Grundpfeiler seiner politischen Überzeugungen. Letztere war seinen frühen auf seinen Studentenreisen gewonnenen Erfahrungen geschuldet. Hinzu kam jedoch die Verteidigung erworbenen Besitzes, wie es für das deutsche Bildungsbürgertum immer mehr auch von Wichtigkeit war. Was aus seinem burschenschaftlichen Aufbruch die nächsten Jahrzehnte überdauerte, war das Verständnis eines allmählichen Entwicklungsganges der Gesellschaft und des deutschen ‚Nationalcharakters', den er auch als politisch-biologische Relation als Analogie von der zellulären Zusammensetzung der Organismen und politischer Einheit eines Volkes erklärte, – wie zuvor Rudolf Virchow in Berlin – „dessen Individuen zwar sehr verschieden erscheinen, entstehen und vergehen, jedoch durch ihre physische Constitution, durch Sprache und Nationalitätscharakter als ein zusammengehöriges Ganzes dastehen."[48]

Berufsbezogener Zugang: wechselnde Wirkungsorte, institutionelle und epistemische Möglichkeits- und Handlungsräume

Für die Naturforschergeneration der ersten Hälfte des 19. Jahrhunderts bildeten das Medizinstudium und die Ausübung einer Arztpraxis in der Regel den beruflichen Ausgangspunkt, das Standbein für die Bestreitung des Lebensunterhaltes. Berufung und Beruf in Einklang zu bringen, das gelang den vielen naturkundlich Interessierten in dieser Zeit nur selten. Mobilität mit Übergangsjobs führte zu häufigem Ortswechsel, und es gab noch kein verbindlich gehaltenes Laufbahnmodell. Allenfalls existierten seit der Gründung naturkundlicher Museen und botanischer Gärten Leitungsstellen, für die viele qualifizierte Bewerber in Konkurrenz miteinander standen. Berufungen an Universitäten bekamen Kandidaten, die an solchen Einrichtungen bereits Erfahrungen gesammelt hatten.

Franz Ungers Berufsstationen brachten ihn 1827 nach Staatz in Niederösterreich, 1829 nach Stockerau, 1830 nach Kitzbühel, 1835 nach Graz und 1849 nach Wien. Franz Unger, der sich 1827 mit seiner Dissertation („Anatomisch-physiologische Untersuchung über die Teichmuschel") eindeutig nicht als Mediziner, sondern als Naturforscher bereits einen Namen gemacht hatte, ist

---

48 Franz UNGER, Grundlinien der Anatomie und Physiologie der Pflanzen (Wien 1866), S.138. Siehe dazu DRÖSCHER in diesem Band, S. 188; bes. auch: Renato G. MAZZOLINI, Politisch-biologische Analogien im Frühwerk Rudolf Virchows (Marburg 1988); Andrew REYNOLDS, Ernst Haeckel and the Theory of the Cell State. Remarks on the History of a Bio-Political Metaphor. In: History of Science 46 (2008), S. 123–152.

symptomatisch für einen solchen Karriereverlauf: Erst neun Jahre nach seinem Studienabschluss, im Alter von 36 Jahren, erlangte er 1835 eine professionelle Stelle als Kustos am Museum Joanneum in Graz. Mit fast 49 Jahren wurde er 1849 zum Professor für Botanik an die Universität Wien berufen.

Seine erste vorübergehende Anstellung fand Unger 1827 zunächst aber als Hauslehrer bei der Familie des Grafen Colloredo-Mansfeld auf deren Landsitz in Staatz (Niederösterreich). Auch die erste Arztpraxis in Stockerau (ab 1828) betrieb er nur zwei Jahre.[49] Zu diesem Zeitpunkt hatte Unger bei Professor Matthias Anker in Graz bereits um eine Stelle am Joanneum angefragt, der ihm aber bedeutete, dass er „keine gewiße Rechnung darauf machen könne."[50] Doch bot Anker Unger 1828 eine private Arbeit an, „die Beschreibung der am Joanneum von [ihm] aufgestellten steyermärkischen Mineralien und Versteinerungen [zu übernehmen,] welcher Beschreibung man dann am Ende den Versuch eine steyermärkisch geognostischen Karte[51] anschließen könnte, und dann alles zum Druck befördern"[52] solle. Für diese Tätigkeit sah Anker den Geldbetrag von monatlich 25 Gulden aus seiner „privaten Cassa" vor. Er versicherte Unger, dass er sich danach dafür einsetzen würde, ihm einen geregelten „Geldverdienst" am Joanneum zu vermitteln. Anker traute bereits zu diesem Zeitpunkt Unger, seinem einstigen Schüler, diese wissenschaftliche Aufgabe durchaus zu.

Das Überangebot an Akademikern förderte die Praxis, dass von jungen Kräften eine unentgeltliche Betätigung erwartet wurde, bevor sie Anspruch auf feste Stellen mit geregelter Bezahlung erheben konnten. Unger bewarb sich jedoch bereits kurze Zeit später (1831) um die Lehrkanzel der Naturgeschichte der Forstakademie in Mariabrunn, wobei er sich bezüglich des „Concurses" (der Aufnahmeprüfung) darüber beklagte, dass „man fünf so umfassende Fragen, über deren jede einzelne man ein Buch schreiben könnte, in zehn Stunden beantworten"[53] musste. Bewerbungen hatte Unger wohl einige ausgeschickt. Wie

---

49 Im Stadtarchiv Stockerau war leider kein Eintrag zur Tätigkeit Ungers als Arzt aufzufinden. Lediglich bezüglich der Vormundschaft seines Bruders existiert ein Schriftwechsel, der Ungers Anwesenheit in Stockerau belegt. Siehe dazu: Magistrat Stockerau, Polit. Akten III, 1828, Faz. 36/2.

50 Brief von Anker an Franz Unger, 9.4.1828, Teilnachlass Unger, Briefe, Institut für Pflanzenwissenschaften, Universität Graz, Fasz. I.

51 Diese Karte wurde 1829 fertiggestellt und von Erzherzog Johann dem Geological Survey of London zur Verfügung gestellt, wo sie von Sedgwick und Murchison 1831 für die erste geologische Darstellung Österreichs mitverwendet wurde. Vgl. dazu: Walter GRÄF und Ingomar FRITZ, 170 Jahre Geologische Kartierung der Steiermark, von Ankers „Gebirgskarte von Steyermark" zur Digitalen Geologischen Karte der Steiermark. In: Res montanarum. Zeitschrift des Montanhistorischen Vereins für Österreich, Heft 20 (Leoben 1999), S. 13–15.

52 Brief von Anker an Franz Unger, 9.4.1828, Teilnachlass Unger, Briefe, Institut für Pflanzenwissenschaften, Universität Graz, Fasz. I.

53 Brief von Unger an Endlicher, Dezember 1833 in Kitzbühel, abgedruckt in: Gottlieb

im Falle von Mariabrunn wurde ihm auch bezüglich des Kustodiats am kaiserlichen Naturalienkabinett in Wien ein früherer Studienkollege vorgezogen.

Ohne Beziehungen war eine einschlägige Karriere sichtlich nicht verfolgbar, auch wenn wie bei Unger offensichtlich eine besondere Begabung gegeben war. Hervorragende oder originelle Publikationen waren ebenfalls nicht entscheidend, sondern gute Netzwerke. Bereits nach zwei Jahren Tätigkeit als Arzt in Stockerau war Unger im Jahre 1830 über Vermittlung seines einstigen Studienkollegen und Freundes (siehe Abb. 10) Anton Eleutherius Sauter (1800–1881) die Stellung als Landgerichtsarzt beim „fürstlich Bambergischen Patrimonial-Landgerichte zu Kitzbühl"[54] angeboten worden (siehe Abb. 11). Sauter hatte selbst dieses Amt innegehabt und wurde sodann aber Stadtphysikus in Bregenz.

Immerhin brachte der Posten eine finanzielle Verbesserung: Für die unentgeltliche Behandlung des „Landgerichts- und Rentenamtspersonals, der Begutachtung von Polizeiübertretungsfällen und Arrestanten" wurden ihm 150 Gulden jährlich gewährt sowie 118 Gulden für die Behandlung der Armen, wozu auch noch die Vergütung des Fuhrlohns kam. Wenn er an der Raststelle zu Jochberg aus Gründen der Kontumaz einschreiten musste,[55] wurde ihm zwischendurch ein Diener zugestanden.

Weiterhin rechnete Unger mit dem Freiwerden einer Kustodenstelle am Joanneum in Graz. Jedoch musste er – endlich 1835 am Ziel angekommen – kleinlaut einem Freund gegenüber bekennen, dass er nur die zweite Wahl war:

> „Denken Sie, Erzherzog Johann schlug den Ständen von Steyermark, denen das Besetzungsrecht zusteht, nicht mich, sondern Fenzel[!] vor; aber, unbegreiflich, wie das gehen könnte! Dessen ungeachtet wurde ich für jene Stelle gewählt. Meine Ernennung ist bereits nach Wien abgegangen, und erwartet nur noch die Bestätigung des Kaisers. So standen die Sachen, bis ich vor 8 Tagen erfuhr, dass bei der neuen Umgestaltung des Wiener Naturaliencabinets ich für eine Kustoden Stelle in Vorschlag sey, für welche, weiß ich zwar nicht, doch sagt man für die Mollusken Abtheilung."[56]

Warum Erzherzog Johann, der selbst Pflanzenkenner war, Eduard Fenzl (1808–1879) bevorzugte, ist nicht bekannt. Zu vermuten ist, dass dieser als traditioneller Taxonom besser zu Erzherzog Johanns Erwartungen passte als Unger mit seinen ungewöhnlichen Forschungsansätzen. Außerdem hatte Fenzl mit seiner Stelle als Assistent Jacquins an der Wiener Universität bereits eine bessere Ausgangssituation, die ihn nach seinem Kustodiat am Naturalienkabi-

---

HABERLANDT, Briefwechsel zwischen Franz Unger und Stephan Endlicher (Berlin 1899), S. 37.

54 Siehe dazu: Dekret der Ernennung, 30.4. 1830, Universitätsbibliothek Basel, Nachlass Nr. 257: Nr. 1.

55 Siehe dazu: Teilnachlass Unger, Briefe, Institut für Pflanzenwissenschaften, Universität Graz, Fasz. III, Sachschreiben der k.k. Kontumaz Direktion an Unger, 6.2. 1832.

56 Brief von Unger an Martius, 9. 7. 1834, Martiusiana II, Bayerische Staatsbibliothek München.

nett in Wien sodann, 1849, zum Nachfolger von Stephan Endlicher als Professor der Botanik in Wien werden ließ.

Es dauerte noch ein weiteres Jahr, bis Unger am 7. Jänner 1836 das Dekret der Ernennung zum „Lehramt der Botanik und Zoologie am Johanneum [!] mit einem jährlichen Gehalt von 800 Gulden" (siehe Abb. 12) in Händen halten konnte. Kurz zuvor hatte sich der von ihm so geschätzte Biologe und Zellforscher Hugo Mohl geäußert, dass er Unger in Bern eine Stelle vermitteln wolle.[57] Die erneute Bewerbung für Mariabrunn 1838 war nicht erfolgreich, aber in Graz bewilligte man Unger eine Gehaltserhöhung, da er als Supplent der Landwirtschaftslehre einsprang.[58] In dieser Bewerbung für Mariabrunn hatte Unger fünfundzwanzig Publikationen aufgelistet und auch seine Ernennungen von wissenschaftlichen Gesellschaften erwähnt, was doch belegt, dass er seine bisherigen wissenschaftlichen Leistungen als Voraussetzung für diesen Posten ansah.[59]

Eine „gegründete Hoffnung, in einiger Zeit eine naturhistorische Professur erstreben zu können", um „die Brod-Sorge"[60] zu vertreiben, mit solchen Bemerkungen betonte auch der an Botanik interessierte Mediziner Friedrich Welwitsch seinen Berufswunsch, während er als Sanitätsbeauftragter des Illyrischen Guberniums 1836 tätig war. Als er von dem Gerücht erfuhr, dass Franz Unger von seiner Kustodenstelle am Johanneum in Graz nach der Forstakademie in Mariabrunn wechseln wolle, kontaktierte er ihn und brachte sich als etwaiger Nachfolger ein, denn bei Erfolg wäre, wie er schreibt, „die Idee [s]eines Lebens realisiert, […] er wäre damit vom „Kampf mit den traurigsten Verhältnißen, [dem] immer sich erneuernde[n] Ringen nach Lebensunterhalt, was [ihm] zu jeder bedeutenderen schriftlichen Arbeit die nöthige Ruhe raube"[61], befreit.

In Kitzbühel hatte Unger nach dem Tod seiner ihm den Haushalt führenden Schwester und infolge der sehr behandlungsintensiven Zeit während der „Gallen-Ruhr-Epidemie"[62] laut darüber nachgedacht, dass er die Stelle als Landgerichtsarzt aufgeben und sich einige Jahre ganz intensiv der Forschung

---

57 Brief von Unger an Martius, 28.3. 1835, Martiusiana II, Bayerische Staatsbibliothek München.
58 HABERLANDT betont, dass man Unger in Graz halten wollte, siehe: Briefwechsel, S.11.
59 Siehe dazu die eigenhändige an das k. k. Oberste Jägermeisteramt gerichtete Eingabe plus Ablehnungsvermerk: 25.9. 1838, Universitätsbibliothek Basel, Nachlass Nr. 257: Nr. 1.
60 Brief Welwitschs (10.10.1836) an Reichenbach, ediert in: Marianne KLEMUN, Briefe von Welwitsch (1806–1872) an Ernst Gottlieb von Steudel, Heinrich Gottlieb Ludwig Reichenbach, Ludwig August von Frankl-Hochwart und Franz Unger. In: Carintha II, 180/100 (1990), S. 31–54, hier S. 37. Siehe dazu auch: Marianne KLEMUN, Friedrich Welwitsch (1806–1872). (Pflanzengeograph in Kärnten, Begründer des Herbars in Portugal und Erschließer der Flora Angolas). In: Carinthia II, 180/100 (1990), S. 11–30.
61 Brief von Welwitsch (10.11.1838) an Franz Unger, ediert in: KLEMUN, Briefe, S. 46f.
62 Brief von Unger an Martius, 6.8.1834, Martiusiana II, Bayerische Staatsbibliothek München.

widmen wolle, falls ihn die Regierung diesbezüglich unterstütze, was aber in der Folge sich nicht ereignen sollte.[63]

Ortswechsel infolge beruflicher Unstetigkeit konnten sich aber auch mitunter positiv auswirken – jedenfalls in der Naturforschung: Sie konfrontierten den Protagonisten mit neuen Landschaften und Habitaten und eröffneten neue Betätigungsoptionen. Seine erste Stelle als Arzt in Stockerau nützte Unger, um sich wissenschaftlich nicht den Krankheiten der Menschen, sondern jenen der Pflanzen zuzuwenden.[64] Auf der Naturforscherversammlung des Jahres 1832 in Wien stellte Unger Aspekte dieser Forschung als Vorbote seiner Monographie über die „Exantheme" zur Diskussion. Im Protokoll der Versammlung heißt es: „Hr. Dr. Unger aus Kitzbühel hielt einen Vortrag über das Einwurzeln parasitischer Pflanzen auf der Mutterpflanze, gegen die Ansicht Meyens, von der Umbildung der Wurzeln in Orobanche und Lathraea, deren Verbindung mit dem Mutterkörper mittelst Saugwärzchen nachgewiesen und durch anatomische Abbildungen erläutert wurde."[65] Eng mit seinen Forschungen an den Krankheitserscheinungen war sein Interesse für die Kryptogamen (blütenlose Pflanzen) verbunden, deren Sammlung in den Donauauen im Sommer 1830 eine reiche Ausbeute erbrachte.[66]

In Kitzbühel, mitten in den Bergen (siehe dazu Abb. 13 und 14), vollendete Unger schließlich sein Werk zu den Pflanzenerkrankungen,[67] das ihm sehr positive Rezensionen einbrachte.[68] Für eine neue Forschungsfrage fand er dort eine einzigartige, zu den Donauauen komplett unterschiedliche Flora vor, die von seinem Studienkollegen Anton Eleutherius Sauter und vom dortigen botanisierenden Apotheker Joseph Traunsteiner (1708–1850) bereits bestens bearbeitet war. Auf ihre Bestandsaufnahmen und Herbarien aufbauend, arbeitete Unger nicht wie seine botanischen Freunde nur taxonomisch, sondern bezog Aspekte wie Klima und Bodenbeschaffenheit in seine auch empirisch ausgerichtete äußerst originelle Arbeit ein.[69] So schreibt Unger an seinen Freund, den Wiener Botaniker Stephan Endlicher: „Gegenwärtig beschäftigt mich die Ausarbeitung unserer Flora von Kitzbühel. Es soll nebst der genetischen Betrachtungsweise aller (sowohl kryptogamen als phanerogamen) Pflanzenformen noch ein meteorologisches und geognostisches Gemälde dieser Alpengegend

---

63 Brief von Unger an Endlicher, 20.2. 1835, abgedruckt in: HABERLANDT, Briefwechsel, S. 40.

64 Siehe dazu den Beitrag von Volker WISSEMANN in diesem Band, S. 115–139.

65 Joseph Franz Freiherr von JACQUIN / Joseph Johann LITTROW, Bericht über die Versammlung Deutscher Naturforscher und Ärzte in Wien im September 1832 (Wien 1832).

66 Brief von Unger an Endlicher, 10. 12. 1830, abgedruckt in: HABERLANDT, Briefwechsel, S. 27.

67 Franz UNGER, Die Exantheme der Pflanzen (Wien 1833).

68 Rezensionen erschienen unter anderem in der Land- und Forstwirtschaftlichen Zeitschrift 1 (1834) und in der Allgemeinen Literaturzeitung, Juli 1833, Nr. 133.

69 Siehe die Studie von Anton DRESCHER in diesem Band, S. 141–175.

gegeben werden."[70] In seiner Einleitung bezeichnete er diese Studie als eine „physiologische Flora"[71], womit er sich von dem üblichen Genre der Florenwerke, die stets nur Aufzählungen und Beschreibungen der Pflanzen eines Gebietes enthielten,[72] inhaltlich abhob.[73]

Als Unger endlich 1836 den ersehnten Posten als Kustos und „Professor für Botanik und Zoologie" am 1811 gegründeten Museum Joanneum in Graz übertragen bekam, erwies sich diese Aufgabe als große Herausforderung, der sich Unger allerdings tatkräftig stellte. Gerade in Graz angekommen, schrieb Unger an Endlicher:

> „Ja Freund, Du hast gar keine Vorstellung von den Arbeiten, die meiner warten, ich werde wohl um die dringendsten Bedürfnisse zuerst zu befriedigen, das Schriftstellern auf eine Zeit auf den Nagel hängen müssen. Der Garten im Entstehen, das Herbarium ein Chaos, die zoologische Sammlung ein Mist, aus welchem man erst das Nutzbare herausklauben muss, das sind meine Erholungen in den Freistunden, zu dem kommt noch das Lehrfach, das mich wenigsten das erste Jahr nicht weniger in Anspruch nehmen wird. Ich habe jetzt die Zoophyten bestimmt und geordnet, nächstens kommen die Algen daran, unter denen es hier wunderschöne Sachen gibt."[74]

In seiner Eröffnungsrede am 7. März 1836 gab Unger seiner kulturbezogenen und auch holistischen Auffassung bezüglich der Pflanzenwelt Ausdruck. Er ermunterte die Zuhörerschaft zur Erforschung der Natur der Steiermark,[75] womit er die landeskundliche und landesbezogene Ausrichtung dieses Landesmuseums betonte. Wie kein anderer Lehrer dieser Anstalt startete er trotz seiner anfänglichen Befürchtungen bezüglich der Aufgabendichte ein publizistisch engagiertes Programm, das besonders die Weiterführung seiner physiologischen Arbeiten und die Aufarbeitung von sensationellen paläontologischen Funden (z. B. der Tierreste aus der Diluvialzeit aus der Badelhöhle bei Peggau etc.) enthielt.

Der Museumsjob erwies sich zwar als vielfältig – die Sammlungen mussten bearbeitet und erweitert werden, der botanische Garten betreut sowie die Unterrichtseinheiten attraktiv gestaltet werden – und so befruchteten sich die Aufgaben gegenseitig. Die dreizehn Jahre, die Unger am Joanneum wirkte, waren

---

70 Brief von Unger an Endlicher, Dez. 1833, abgedruckt in: HABERLANDT, Briefwechsel, S. 38.

71 Franz UNGER, Ueber den Einfluss des Bodens auf die Vertheilung der Gewächse (Wien 1836), Vorwort, S. XIII.

72 Siehe dazu: Marianne KLEMUN / Manfred A. FISCHER, Von der „Seltenheit" zur gefährdeten Biodiversität (Aspekte zur Geschichte der Erforschung der Flora Österreichs). In: Neilreichia 1 (2001), S. 85–131.

73 Franz UNGER, Ueber den Einfluss des Bodens auf die Vertheilung der Gewächse (Wien 1836).

74 Brief von Unger an Endlicher, (Dez. 1835 oder Jänner 1836, Datum nicht gesichert), abgedruckt in: HABERLANDT, Briefwechsel, S. 44.

75 Franz UNGER, Ueber das Studium der Botanik. Ein Vortrag bei der Eröffnung der Vorlesungen am 7. März 1836 (Graz 1836). Diese Publikation umfasste 24 Seiten.

wohl seine ergiebigsten, nicht nur für ihn als Sammler, als Organisator sowie als Lehrer (siehe Abb. 15), sondern auch als Autor. Acht der bis 1847 insgesamt erschienenen elf Monographien fielen in diese Zeit. Er hatte sich auch zu dieser Zeit umfangreiche Manuskripte zur Lehre über Botanik und Zoologie erarbeitet.

Das Herbarium, das bei seiner Gründung von Erzherzog Johann großzügig mit 50 großen Folio-Bänden ausgestattet worden war, umfasste im Jahre 1843 bereits etwa 14.000 Pflanzenarten (davon beliefen sich 1800 auf die Steiermark, 3800 auf die österreichische Monarchie und der Rest an Pflanzen auf ein allgemeines Herbarium, auf eines von Mittel- und Südeuropa sowie die Sammlung der Holzproben und ausländischen Heilpflanzen). Im Jahr 1843 standen bereits 8000 Pflanzen von Unger organisiert im Botanischen Garten unter Kultur.[76] Auch der Ausbau der paläobotanischen Sammlung ging auf Ungers Initiative zurück.[77] Diese sollte eng mit Ungers immer intensiver werdenden Spezialinteressen für die fossile Flora zusammenhängen.

Gegenüber Privatleuten hatten Kustoden Vorteile, da sie ihre wissenschaftliche Autorität immer mehr auch in den verfügbaren Ressourcen von Naturobjekten verankern konnten.[78] Ungers „Synopsis plantarum fossilium" (1845) sei hier genannt, sie wäre ohne die Sammlung des Museums nicht entstanden. Zwanzig Jahre hatte es nach Alexandre Brongniarts großem Werk kein Paläontologe mehr gewagt, die Aufzählung aller bekannter Funde (1648 Species, wovon 249 von ihm beschrieben wurden) vorzunehmen, wie es Unger in seinem Werk „Chloris protogaea" (1841–47) vollbrachte. So erweist sich die Sammlung des Joanneums als Ausgangspunkt für die grandiose Arbeit, die Unger über Jahre meisterte. Die synergetischen Effekte sind nicht zu übersehen, womit erneut mein Argument, dass die mit den „Räumen des Wissens" verbundenen Möglichkeiten auch spezifische Forschungsausrichtungen und Episteme evozierten, erhärtet werden kann. Auf dem Gebiet der Paläontologie lag Ungers internationale Bedeutung in zwei Aspekten, in der Erforschung der Tertiärflora und in der zusammenfassenden Darstellung des damaligen paläontologischen Wissens. Beide hätten ohne die Kustodenarbeit und die Sammlung nicht entstehen können.

---

76 Siehe dazu: Detlef ERNET, Zur Geschichte der Botanik am Joanneum in Graz im 19. Jahrhundert. In: Mitteilungen der Abteilung für Geologie, Paläontologie und Bergbau am Landesmuseum Joanneum 55 (1997), S. 103–122, hier bes. 108; Franz UNGER, Das st. Joanneum. In: Gustav SCHREINER, Ein naturhistorisch-statistisch-topographisches Gemälde dieser Stadt und ihre Umgebungen (Graz 1843).

77 Siehe dazu: Martin GROSS, Die phytopaläontologische Sammlung Franz Unger am Landesmuseum Joanneum. In: Joannea – Geologie Paläontologie 1 (1999), S. 5–26.

78 Darauf wurde in der wissenschaftshistorischen Forschung kürzlich allgemein hingewiesen: Gordon McOUAT, Cataloging Power: Delineating ‚Competent Naturalists' and the Meaning of Species in the British Museum. In: British Journal for the History of Science 34 (2001), S. 1–28.

Mit der Tätigkeit als Lehrender am Joanneum verbunden war das mit Stephan Endlicher, Professor an der Universität Wien, gemeinsam entwickelte Lehrbuch für Botanik. Bereits 1830[79] hatten die beiden Freunde, deren wissenschaftlicher Austausch sehr rege war, ein solches gemeinsames Projekt erstmals angedacht. Im Jahre 1837 verlangte Unger das bereits geschickte Manuskript „Aphorismen über die Anatomie und Physiologie" von Endlicher zurück,[80] denn er wollte es als Unterlage für seinen Unterricht am Joanneum drucken lassen. Er hatte bereits eine hohe Zahl an Hörern angezogen, nämlich 135, die potentielle Kunden für das Buch darstellten, und er wünschte sich eine Auflage von 400 Exemplaren,[81] da er mit dem Verkauf bei seinen Hörern fix rechnete.[82]

Sein Studienfreund Stephan Endlicher, Nachfolger von Joseph Franz Jacquin als Professor der Botanik in Wien, bearbeitete mit Unger gemeinsam die „Grundzüge der Botanik", 1843 erschienen. Das Lehrbuch war fast fertig, als Unger die Frage aufwarf, was eigentlich eine Pflanze sei.[83] Endlicher antwortete prompt: „Liebster, theuerster Freund! Sind wir ein paar Esel, wollen ein Hand- und Lehrbuch schreiben und wissen weder der eine noch der andere, was eine Pflanze ist!!!"[84] Man blieb zwar diesbezüglich bei der alten Definition,[85] die Konzeption allerdings war gänzlich neu, denn die bis dahin vorherrschende Systematik wurde auf weniger als 10 Seiten innerhalb von insgesamt fast 500 Seiten beschränkt. Neben der Kulturgeschichte und der Geographie der Pflanzen waren es Histologie, Organologie und besonders Physiologie sowie Anatomie, die den Hauptteil des Lehrbuches bestimmten. Was die Pflanzenphysiologie anbelangt, löste Ungers Lehrbuch „Grundzüge der Anatomie und Physiologie der Pflanzen", 1846[86] erschienen, die wichtigsten Standardwerke seiner Zeit ab, jenes von Gottfried Reinhold Treviranus[87] und Franz Julius Ferdinand Meyen.[88]

Die neuesten Fachbereiche innerhalb der Pflanzenkunde wurden außerhalb des Joanneums an den habsburgischen Universitäten nicht vermittelt, weil die Lehrpläne das nicht vorsahen. Zwar hatte Johann Peter Frank in einem „Gut-

---

79 Siehe dazu HABERLANDT, Briefwechsel, S. 5.
80 Brief von Unger an Endlicher, 15.2. 1837, abgedruckt in: HABERLANDT, Briefwechsel, S. 59.
81 Brief von Unger an Endlicher, 23.1. 1837, abgedruckt in: HABERLANDT, Briefwechsel, S. 67.
82 Franz UNGER, Aphorismen zur Anatomie und Physiologie der Pflanzen (Wien 1838).
83 Brief von Unger an Endlicher, 14.3. 1841, abgedruckt in: HABERLANDT, Briefwechsel, S. 97.
84 Brief von Endlicher an Unger, 17.3. 1841, abgedruckt in: HABERLANDT, Briefwechsel, S. 98.
85 Die Definition lautete: „Lebende Wesen, welche wachsen und sich vermehren, sich aber weder willensfrei bewegen können, noch empfinden, heissen Pflanzen oder Gewächse". Stephan ENDLICHER / Franz UNGER, Grundzüge der Botanik (Wien 1841), Par. I.
86 Dieses Werk wurde auch ins Schwedische übersetzt.
87 Gottfried Reinhold TREVIRANUS, Vermischte Schriften anatomischen und physiologischen Inhalts (Göttingen 1816).
88 Franz Julius Ferdinand MEYEN, Neues System der Pflanzen-Physiologie, 3 Bde. (Berlin 1837–1839).

achten über das naturhistorische Studium für künftige Arzneischüler (1798)"[89]
an der Medizinischen Fakultät der Universität Wien eindeutig schon „die Physiologie der Pflanzen" vorgesehen, seit den großen Reformmaßnahmen in der
Mitte des 18. Jahrhunderts, als der Lehrstuhl für Botanik und Chemie dort gegründet wurde, war jedoch Beharrung auf Bewährtes entscheidend.

Die alte Fächertrias der Naturgeschichte hatte sich inzwischen aufgelöst und
methodisch differenziert. Es war ein Transformationsprozess in der Naturforschung, der selbst auch in der breiteren Öffentlichkeit wahrgenommen wurde.
Reformen, die politisch wie organisatorisch zu treffen waren, standen längst
an.[90] Den Naturwissenschaften wurden immer mehr eine dominante Bedeutung
im Wissenssystem zugeschrieben, sie sollten nun zufolge der Mobilisierung
während der Revolution 1848 aus dem innerhalb der medizinischen Fakultäten
positionierten Schattendasein befreit werden. Im Juli 1848 langte ein Reform-
papier von Ludwig Karl Schmarda (1819–1908) in Wien ein. Er war Realschul-
professor und Professor der Landwirtschaftslehre am Joanneum in Graz, ein
Kollege Ungers. Schmarda schlug ein eigenes von der Universität unabhängiges,
aber mit musealen Einrichtungen verknüpftes naturhistorisches Großinstitut
vor, da es an gebildeten Lehrern fehle. In diesem sollten mehrere Professoren
gleichrangig ihre Arbeiten wahrnehmen können: „Kristallographie, Mineralogie, analytische Chemie anwendungsorientiert auf Oryktognosie und Geognosie, Paläontologie, Geognosie, und Geologie; Anatomie und Physiologie der
Pflanzen, descriptive Botanik, Phytochemie, Pflanzengeographie; Zootomie
und Zoophysiologie, descriptive Zoologie, Zoochemie und Zoogeographie;
Anthropologie" sollten gelehrt werden. Das Vorbild des „Muséum national
d'histoire naturelle" im Jardin des Plantes in Paris ist evident. Dieses war in der
Französischen Revolution als zentrale naturwissenschaftliche Forschungs- und
Lehrstätte etabliert worden. Eine Bindung an eine museale Institution hatte auch
Stephan Endlicher in seinem 1842 ausgearbeiteten Akademieprojekt vorgeschlagen, da er den Fortschritt der Naturwissenschaften an gute Forschungs-
plätze in Sammlungen und Laboratorien gebunden sah.

In der weiteren regen Diskussion des Reformkonzeptes für die Wiener Universität blieb die jeweilige Aufspaltung in eine deskriptive und eine strukturelle
Professur für alle drei Bereiche der Naturgeschichte erhalten, obwohl das Re-
formpapier nach den Ereignissen des Oktober 1848 mit seinem Odium des

---

89 Herbert H. EGGLMAIER, Naturgeschichte. Wissenschaft und Lehrfach. Ein Beitrag zur Ge-
    schichte des naturhistorischen Unterrichts in Österreich (Graz 1988), bes. S. 260–262.
90 Bezüglich des Nichtschritthaltens mit internationalen Entwicklungen in Bezug auf die
    österreichische Universitätsgeschichte siehe: Walter HÖFLECHNER, Österreich: eine ver-
    spätete Wissenschaftsnation? In: Karl ACHAM (Hg.), Geschichte der Humanwissenschaften
    in Österreich, Bd. 1: Historischer Kontext, wissenschaftssoziologische Befunde und me-
    thodologische Voraussetzungen (Wien 1999), S. 93–114.

Revolutionären sonst fallen gelassen wurde. Für die systematische Botanik war von Schmarda Stephan Endlicher, für die Pflanzenanatomie und Physiologie aber Franz Unger als Wunschkandidat in diesem Papier genannt worden. Feuchtersleben, Unterstaatssekretär des neu gebildeten Ministeriums, griff diese Anregung auf, jedoch bedeute der Oktoberaufstand (1848) der Wiener Bürger das Ende seiner Karriere. In seinem Nachlass befindet sich ein Entwurf, in dem er sich über die Entfernung einiger untauglicher Professoren des medizinischen Studiums in Wien Gedanken machte. Stephan Endlicher kam bei der Beurteilung gut weg, es wurde aber festgestellt, dass das „anatomische" Element vom praktischen, „der botanischen Waarenkunde"[91], zu trennen sei.

Seit 1848 war also Unger für eine neu errichtete Professur in Wien im Gespräch. Dass er mit einer Berufung rechnete, beweist ein vom 21. Okt. 1849 datierter Brief an Fenzl. Dieser war kurz zuvor nach Endlichers plötzlichem Tod dessen Nachfolger als Professor und Leiter des Botanischen Gartens der Universität Wien geworden. Unger ließ seinen ehemaligen Konkurrenten wissen:

> „Meine definitive Berufung nach Gießen mit einem gesicherten Gesamteinkommen von 3000 Gulden ist mir gestern durch Liebig bekannt geworden. Will man mich in Wien, so soll man keinen Augenblick mehr zögern. Gesicherte 3000 fl in Wien werden mich allein bestimmen, in Österreich zu bleiben".[92]

In Gießen war der berühmte Chemiker Justus Liebig tätig, der Ungers physiologische Forschung deutlich beeinflusst hatte. Ob Ungers Gehaltsforderung dem Minister tatsächlich bekannt wurde, ist in den Akten des Ministeriums nicht nachweisbar. Seine Berufung nach Wien, datiert mit 22. November 1849 (siehe Abb. 16), sah ein Gehalt „von 2500 Gulden nebst dem Quartiergeldbeitrage von 150 Gulden"[93] vor und kam somit Ungers Vorstellungen sehr nahe. Ein Tag davor waren die Lehrkanzeln für Botanik „aus dem medizinischen in den philosophischen Lehrkörper"[94] eingegliedert worden. Wichtig war, dass Unger nun einen neuen Status erlangt hatte, dessen Implikationen noch zu diskutieren sind.

Für die nach einem Vorlauf erfolgte Umsetzung aller einschneidenden Reformen der Universität, die sich im Jahre 1849 vollzogen und auf Franz Seraphin Exners Entwurf[95] zurückgingen, war bekanntlich Minister Graf Leo Thun-

---

91 AVA (Österreichisches Staatsarchiv, Allgemeines Verwaltungsarchiv), Wien, Nachlass Feuchtersleben Memoire I (undatiert, aber vor 1849!) Nr. 24/ 51.
92 Brief von Unger an Fenzl, 21.10. 1849, Nachlass Fenzls, Universitätsarchiv Wien.
93 Ernennungsdekret Ungers, gezeichnet vom Minister Thun, Teilnachlass Unger, Institut für Pflanzenwissenschaften, Universität Graz, Fasz. III, 1.
94 Universitätsarchiv Wien, Personalakt Franz Unger, Phil. Fak. 3586, bes. Phil. Dec. Act, 124 aus 1849/50.
95 Siehe dazu bes. den Nachweis der Autorschaft Exners: Helmut ENGELBRECHT, Geschichte des österreichischen Bildungswesens. Bd. 4: Von 1848 bis zum Ende der Monarchie (Wien 1986); Auszüge in: 1848: Einrichtung des Unterrichtsministeriums. In: Forum Politische

Hohenstein verantwortlich.[96] Auf den Reformdruck hatte man am 23. März 1848
mit der Gründung eines eigenen Ministeriums für Unterricht und Kultus ge-
antwortet, einer Einrichtung, die sich nun die Planung und Steuerung der
Universitätspolitik zur Aufgabe stellte. Die Umsetzung des strukturellen Um-
baus der Wiener Universität, nämlich die Gleichstellung der Philosophischen
Fakultät mit den anderen Fakultäten und die Gewährung der Lehr- und Lernfreiheit (die keine absolute war, sondern an Interessen des Staates und Kirche
gebunden blieb), wurde in der Literatur bisher meist der Rezeption des in Berlin
entstandenen Humboldt'schen Modells zugeschrieben.[97] In den letzten Jahren
ist diese eindeutige Abhängigkeit der Thun'schen Reform vom preußischen
Modell in Frage gestellt worden, zumal es ein solches explizit noch gar nicht gab.
Die Aufwertung der Philosophischen Fakultät in Berlin erfolgte erst 1823,[98] also
nach Humboldts Amtszeit, und von einem eindeutig ihm zugeschriebenen Re-
formpaket kann um 1849 noch keine Rede sein, denn der „Humboldt'sche
Mythos"[99] baute sich erst um 1900 auf. Zudem ist das Vorbild nicht direkt

---

Bildung (Hg.), Wendepunkte und Kontinuitäten. Zäsuren der demokratischen Entwicklung
in der österreichischen Geschichte (Innsbruck/Wien 1998), Sonderband der Informationen
zur Politischen Bildung, S. 22–38.

96 Eduard WINTER, Revolution, Neoabsolutismus und Liberalismus in der Donaumonarchie
(Wien 1969); Richard MEISTER, Entwicklung und Reformen des österreichischen Studi-
enwesens. Teil I: Abhandlung (= Österreichische Akademie der Wissenschaften, philo-
sophisch-historische Klasse, Sitzungsberichte, 239/1, Wien 1963); Hans LENTZE, Die
Universitätsreform des Ministers Graf Leo Thun-Hohenstein (= Sitzungsberichte der
Österreichischen Akademie der Wissenschaften, phil.-hist. Kl. 239, Wien 1962); Brigitte
MAZOHL-WALLNIG, Universitätsreform und Berufungspolitik. Die Ära des Ministers
Thun-Hohenstein. In: Klaus MÜLLER-SALGET / Sigurd Paul SCHEICHL (Hg.), Nachklänge
der Aufklärung im 19. und 20. Jahrhundert (Innsbruck 2008), S. 129–149. Die Historio-
graphie hat lange Thun überschätzt und Exner als Spiritus Rector marginalisiert. Auch hat
sich das Bild Thuns extrem gewandelt.

97 Elmar SCHÜBL, Mineralogie, Petrographie, Geologie und Paläontologie. Zur Institutionali-
sierung der Erdwissenschaften an österreichischen Universitäten, vornehmlich an jener in
Wien, 1848–1938 (Graz 2010), S. 6.

98 Jürgen MITTELSTRASS, Die unzeitgemäße Universität (Frankfurt a. M. 1994).

99 Siehe zu dieser Diskussion: Sylvia PALETSCHEK, Verbreitete sich ein „Humboldt'sches Modell" an den deutschen Universitäten im 19. Jahrhundert? In: Rainer C. SCHWINGES (Hg.),
Humboldt international. Der Export des deutschen Universitätsmodells im 19. und
20. Jahrhundert (Basel 2001), S. 75–104; Sylvia PALETSCHEK, Die Erfindung der Humboldt'schen Universität. Die Konstruktion der Humboldt'schen Universitätsidee in der
ersten Hälfte des 20. Jahrhunderts. In: Historische Anthropologie 10 (2002), S. 183–205; bes.
Walter RÜEGG, Der Mythos der Humboldt'schen Universität. In: Mathias KRIEG / Martin
ROSE (Hg.), Universitas in theologia – theologia in universitate. Festschrift für Hans Henrich
Schmid zum 60. Geburtstag (Zürich 1997), S. 155–74; Mitchell G. ASH (Hg.), German Uni-
versities: Past and Future. Crisis or Renewal? (New York / Oxford 1997), übers. mit dem Titel
Mythos Humboldt: Vergangenheit und Zukunft der deutschen Universitäten (Wien 1999).

nachgewiesen,[100] allerdings existierten Beispiele anderer deutscher Universitäten, die eine umfassende akademische Freiheit und Selbstverwaltung gewährten. Jedenfalls war es Thuns Konzeption, für die habsburgischen Universitäten ein katholisches Gegenprogramm zu Preußen zu etablieren. Die Professionalisierung des Gymnasiallehramtes bildete ein zentrales Ziel der Reform für die habsburgische Universität und die Gymnasiumzeit wurde auf 8 Jahre ausgedehnt. Auch wenn Humboldts Vorbild hinsichtlich der Thun'schen Reform zu hinterfragen ist, an die Forschung angebundene Lehre jedenfalls, diese Ausrichtung war für die Zeitgenossen Ungers und für ihn besonders ansprechend und wirkte ebenso emphatisch, wie sie auch von Humboldt mit Pathos formuliert worden war.[101] Ich werde später darauf noch zurückkommen.

Forschungskommunikation war Unger schon lange ein großes Anliegen. Bekam diese Ausrichtung in seinen Aktivitäten und seinem Werk nun eine neue Note, nachdem er zum Professor der Universität Wien aufgestiegen war? Ich denke, eindeutig ja, denn Unger versuchte nun in Wien forciert, seine Ansätze öffentlich wirksam zu kommunizieren. Eine zwar undatierte, aber in diese Zeit passende persönliche Notiz, die wohl an seinen ehemaligen Koautor gerichtet war, zeigt Ungers Überlegungen, die darum kreisten, wie er sein aktuelles Spezialwissen seinen Studenten und einem breiten Publikum besser vermitteln könne:

„[…] weil nur jene Teile der Botanik sich eignen würden, die allgemeinen Seiten der Erkenntnis zu repräsentieren, da die Behandlung der Gegenstände nicht blos für den Fachmann, vielmehr für den Laien zugänglich werden soll, mit einem Worte, das Kleid und der Schnitt derselben halte ích bei weitem einflußreicher, wenn der Unterricht sein Glück bei dem großen Publikum machen wollte, kömmt es meines Erachtens hierbei vorzüglich darauf an, aus dem Wuste der Erkenntnisse und Erfahrungen, das auszuwählen, was am klarsten und eindeutigsten dargestellt werden kann, und woran wir an einzelnen Beispielen die leitenden Ideen sich fort entwickeln können. Für die beschwerliche Naturwissenschaft ist das unumgänglich nothwendig, um nicht von der Masse der mannigfaltigen Stufungen sich widersprechender Thatsachen erdrückt zu werden und im Chaos derselben richtungslos dastehen. Der Mensch begnügt sich ja nicht etwas zu wissen, sondern um Zusammenhänge nach ihrem Grunde kennenzulernen.“[102]

---

100 Siehe dazu die Forschungen von Ash, noch unveröff. Papier, in Vorbereitung für den Jubiläumsband zur Geschichte der Universität Wien entstanden. Für die Einsicht in dieses Papier anlässlich einer Diskussion des Artikels in der Arbeitsgruppe am Institut für Geschichte danke ich Mitchell G. Ash.

101 Vgl. besonders dazu: Heinz-Elmar TENORTH, Genese der Disziplinen – Die Konstitution der Universität. Zur Einleitung. In: Heinz-Elmar TENORTH (Hg.), Geschichte der Universität Unter den Linden 1810–2010, Bd. 4, Berlin 2010, S. 9–40, hier bes. 10. In diesem Artikel findet sich auch ein guter Überblick zu Humboldts Vorstellungen.

102 Notiz von Unger, Teilnachlass Unger, Institut für Pflanzenwissenschaften, Universität Graz.

Mit der Einschätzung seiner Funktion als Professor reihte sich Unger ideal in die vom Minister Thun ausgerichtete Reform ein, die der Philosophischen Fakultät die Aufgabe der Gymnasiallehrerausbildung auferlegte und diese auch forcierte.

„Wissenschaft", ein auch für Wilhelm von Humboldt wie für Unger niemals endender Prozess, blieb für diesen mehr als ein schillerndes Schlagwort. Er verkörperte den kohärenten Hintergrund all seiner Tätigkeiten, die er als ein „erhabenes Feld geistiger Gymnastik"[103] bezeichnete und mit einem hohen Anspruch an Methode, Analyse und Darstellung eines inneren Zusammenhangs aller Phänomene versehen wollte. Bildung nicht als reine *Aus*bildung, sondern als Kultur, eine Art spiritueller Schulung, entsprach Schleiermachers und Humboldts Vorstellungen. An ihr sollten viele Menschen beteiligt sein. Auch Schmarda hatte sich in seinem an das Ministerium gerichteten Memoire des Jahres 1848 schon auf den „naturhistorischen Unterricht als Mittel allgemeiner menschlicher Bildung"[104] bezogen.

Dass auch Originalität und Forscherdrang nun den Habitus eines Universitätsprofessors neuen Stils ausmachten, sein „Charisma"[105] bestimmten, dieses Bild bediente nun Unger öffentlich. In den „Botanische[n] Briefe[n]", die Unger nicht zufällig zunächst in der „Wiener Zeitung", dem traditionell-offiziellen Organ des Hofes, vorab in Serie drucken ließ, bevor sie zum Bändchen kompiliert erschienen, diskutierte er im ersten Kapitel quasi sehr öffentlich wirksam die neue Bestimmung der Botanik als Wissenschaft.

Das Ringen um einen neuen Wissenschaftsbegriff, der nun epistemisch, inhaltlich, rhetorisch und öffentlich bestimmt wurde, vermittelte seinen Neubeginn, für den Unger repräsentativ für jene beginnende Phase der Universität stand, in der die Naturwissenschaften im Verband mit der Philosophischen Fakultät in der Folge einen ungeheuren Aufschwung erfuhren. Ungers Tätigkeit als Professor der Universität fiel in die Zeit des Neoabsolutismus (1849–1867). Der tatsächliche Ausbau der Universität zeigte erst nach 1867 seine sichtbaren positiven Folgen. Somit kann Unger als Vorbote dieser Entwicklung gesehen werden. Und nicht zufällig rief alsbald gerade er klerikale Gegner auf den Plan, die seine Lehre öffentlich heftig bekämpften.[106] Dieser Kampf darf aber nicht nur

---

103 Unger, Botanische Briefe, S. 1.
104 AVA (Österreichisches Staatsarchiv, Allgemeines Verwaltungsarchiv), Nachlass Feuchtersleben, Nr. 20/24.
105 Siehe allgemein die Studie: William Clark, Academic Charisma and the Origins of the Research University (Chicago / London 2006), bes. S. 446.
106 Auf die Auseinandersetzungen zwischen der Kirchenzeitung und Unger kann hier nicht eingegangen werden. Ich habe sie an anderer Stelle ausführlich diskutiert. Vgl. dazu: Marianne Klemun, Franz Unger and Sebastian Brunner on Evolution and the Visualization of Earth History: a Debate between Liberal and Conservative Catholics. In: Geology and Religion. A History of Harmony and Hostility. Geological Society (London, Special Publications 2009), S. 259–267.

auf der inhaltlichen Ebene der Ablehnung von Ungers Evolutionsdenken durch fundamentale Kirchenkreise gesehen werden, sondern vielmehr stand Unger auch für einen neuen Typus des Professors, der durch seinen Stil und seine Öffentlichkeitspräsenz für Sebastian Brunner, den ultramontanen Prediger an der Universitätskirche, eine ideale Figur lieferte, um die Neuerungen sowie die Reform an der Universität auf ein Individuum bezogen öffentlich zu diskreditieren. Dass die Reform in vielen Aspekten ein Kompromiss blieb, ausgedrückt beispielsweise in der Erhaltung der Doktorenkollegien, sahen Gegner als Chance für das Agitieren innerhalb einer öffentlichen Debatte.

Kommen wir zurück zu Ungers Wissenschaftsbegriff, wie er sich in der Folge seiner Berufung als Professor der Botanik in Wien manifestierte. Unger beteuerte in den „Botanische[n] Briefe[n]", dass er zwar „nicht mit Verachtung nach rückwärts blicken [möchte]: „Wir wollen nicht undankbar sein gegen unsere Vorgänger."[107] Ganz entschieden setzte er sich aber von der Wiener Tradition der Botanik ab. Diese war seit Nikolaus Josef Jacquins Wirken, dessen gefeierter Expedition in die Karibik (1754–1759) samt seiner wissenschaftlichen Bestandsaufname der im Garten Schönbrunn gepflanzten Exoten entwickelt worden – und zwar in engem Verhältnis zum Hof und ausschließlich als Beschreibung und Klassifizierung von Pflanzen.[108] Das Horten von Schätzen in botanischen Gärten und Museen repräsentierte laut Unger noch keine Wissenschaft, sondern konnte nur als deren Voraussetzung, als das „Material für eine erst zu unternehmende wissenschaftliche Erforschung betrachtet werden."[109] (Siehe Abb. 17) Sein Plädoyer lief darauf hinaus, die Wissenschaftlichkeit der Botanik als deren Historisierung und in Zusammenhang mit ihrer Vernetzung zu Chemie und Erdwissenschaften zu charakterisieren. Mineralogie, Botanik und Zoologie stünden auf gleicher Stufe. „Physiker, Chemiker, Geognosten, Geologen u.s.w." würden nun die Botanik vorantreiben, was bedeutete, dass neben der hohen Spezialisierung in Physiologie und Anatomie die Vernetzung mit den Nachbarfeldern stets gewährleistet sein sollte. Was er theoretisch forderte, hatte er selbst auch in seinen bereits gedruckten Werken unter Beweis gestellt.

Unger hatte zu diesem Zeitpunkt bereits elf Monographien vorzuweisen und verfügte auch über eine Menge guter bereits am Joanneum für den dortigen Unterricht entworfener Vorlesungsmanuskripte sowie Lehrbücher zur Pflan-

---

107 Unger, Botanische Briefe, S. 5.
108 Vgl. dazu mehr: Marianne Klemun, Der Holländische Garten in Schönbrunn: inszenierte Natur und Botanik im herrschaftlichen Selbstverständnis des Kaiserhauses. In: Österreichische Zeitschrift für Kunst und Denkmalpflege 57 (2003), S. 426–435; Marianne Klemun, Botanische Gärten und Pflanzengeographie als Herrschaftsrepräsentationen. In: Berichte zur Wissenschaftsgeschichte 23 (2000), S. 330–346.
109 Unger, Botanische Briefe, S. 5.

zenwissenschaft. Er konnte sich, was Stil und Inhalt betraf, auf den ausgewo-
genen Transfer in eine universitäre und breitere Öffentlichkeit konzentrieren.
Die anmutige Publikation der „Botanische[n] Briefe" stand wohl für diese
Ausrichtung, nützte sie doch eine appellierende Gattung, die auf eine lange
Tradition zurückblickte.

Ungers Lehrstuhl war eigentlich für „Botanik" denominiert, die Ausrichtung
auf Anatomie und Physiologie war implizit vorgesehen, weil sie die bereits be-
stehende Lehrkanzel für Systematik ergänzte. Unger grenzte sich von diesem
Lehrstuhl dezidiert ab und argumentierte im Sinne staatlicher Erfordernisse:

> „Wenn das was man bisher Botanik nannte, nämlich eine Unterscheidung und Be-
> nennung der verschiedenen Gewächse der Erde, nicht selbst wieder durch die Unter-
> suchung über die Natur und Wirksamkeit die Pflanze ein neues befruchtendes Element
> erhält, so kann die Botanik in der That als eine absterbende unnütze Wissenschaft
> bezeichnet werden, der zu Liebe der Staat keine kostbaren Gärten, Gewächshäuser,
> Seminarien u. s. f. zu halten braucht.
>
> Was jetzt Noth thut, ist eben das alte verrottete Element aus der Botanik zu entfernen,
> und dies ist nur durch besondere Cultur der Anatomie und Physiologie möglich. Eine
> Lehrkanzel für Botanik gründen, die nur die Aufgabe hätte, das was man Systematik
> und Morphologie nennt zu lehren, würde so viel heißen, als ein todtgeborenes Kind
> taufen."[110]

Interessanterweise bezog sich Unger hier im Text auf „Seminarien". Dieser Begriff war als neue Lehrform an den Universitäten zuerst in Göttingen und nun
auch in Wien eingeführt worden. Er wurde alsbald auch für ganze Organisati-
onseinheiten gebraucht. Einen forschungsangebundenen Unterricht wollte er in
Kleingruppen als Kollegien organisieren. Für die Zukunft an der Universität
Wien hatte Unger große Pläne, wie er am 10.1. 1850 schreibt, nachdem er am
31.12. seinen Eid[111] abgelegt hatte:

> „Die nächste Woche werde ich ein Collegium über Pflanzenanatomie eröffnen. Die 142
> Studierenden, die sich schon dazu als Zuhörer meldeten, gaben mir aber Bürgschaft,
> daß der Nutzen, der heraus hervorgehen wird, nicht viel über 0 seyn wird. Meine ganze
> Bestrebung geht dahin, mir ein kleines Collegium um mich zu versammeln, und diesem
> auch praktischen Unterricht zugleich zu ertheilen, allein zu einem solchen pflanzen-
> geographischen Institute muß erst der Grundstein gelegt werden, u. wie lange solches
> in Oesterreich hergeht, läßt sich nicht voraussehen. Im Grunde wird nur dieses meine
> hiesige Wirksamkeit bedingen u. zum Theil auch mein Glück ausmachen, wenn ich ja
> desselben noch theilhaftig werden kann."[112]

---

110 Notiz von Unger, Teilnachlass Unger, Institut für Pflanzenwissenschaften, Universität Graz.
111 Universitätsarchiv Wien, Personalakt Franz Unger, Phil. Fak. 3586, bes. Phil. Dec. Act.,
     fol. 46.
112 Brief von Unger an Martius, 10.1. 1850, Martiusiana II, Bayerische Staatsbibliothek Mün-
     chen.

„Seit ungefähr 14 Tagen verweile ich nun in Wien und werde, wie kann es einem Ankömmling anders ergehen, von Thür zu Thür herumgejagt und auf den Strassen von den wüthensten Schneegestöber verfolgt. Freundlich ist dieser Empfang wohl nicht zu nennen u. wenn die geistigen Elemente es nicht besser meinen mit mir als physischen, so ist die neue Lebensphase, in die ich getreten bin keine glückliche zu nennen. Ich habe nun schon auch so viel es ging am botan. Museum festen Fuß gefaßt."[113]

Da die ehemalige Heimstätte der Universität (heutiges Gebäude der Österreichischen Akademie der Wissenschaften) infolge des Revolutionsgeschehens nicht mehr der Lehre zur Verfügung stand, weil das Militär sie als Kaserne nutzte, unterrichteten die Botaniker meist im Theresianum. Das im Botanischen Garten befindliche Botanische Museum wurde ebenfalls zu Vorlesungen genutzt.[114] Von 1851 an bis zum Jahre 1865/66 hielt Unger fast jährlich im Wintersemester seine erstmalig für die Wiener Botanik neu ausgerichtete Lehrveranstaltung zur „Anatomie und Physiologie der Pflanzen", viermal wöchentlich um 6 Uhr Früh.[115] Sein Kollege Fenzl las hingegen im Sommersemester die „Morphologie und Systematik der Pflanzen". Seinen Einstand allerdings gab Unger an der Universität Wien mit der thematisch an der Universität Wien ebenfalls erstmalig gehaltenen Vorlesung „Geschichte der Pflanzenwelt" im Wintersemester 1850/51,[116] wofür er sich Raum am Akademischen Gymnasium erbat, da es so viele Anmeldungen gab. Die Stadtkommandantur musste das eigens bewilligen.[117] Die Vorlesung war auf ein breiteres Publikum ausgerichtet und deshalb dreimal wöchentlich abends anberaumt. Die freie Themenwahl hatte offensichtlich das Professoren-Kollegium verunsichert, denn es wurde im Mai 1850 bei Minister Thun um Aufklärung bezüglich der von Unger zu haltenden Vorlesungen nachgefragt. Die Antwort des Ministers an das Philosophische Professoren-Kollegium war bezeichnend:

„Professor Unger hat zwar die Verpflichtung, im Falle es der Umfang des von ihm vorzutragendes Faches erfordert, so fünf Stunden unentgeltliche Vorträge zu halten und diese von Zeit zu Zeit, mit besonderer Rücksicht auf die Bedürfnisse der angehenden Ärzte einzureichen. […] Übrigens liegt es im Interesse des Unterrichts und der Universität, daß Professor Unger, auch im 2. Semester [gemeint war das Sommersemester, in dem Fenzl die Vorlesungen gab…] von Zeit zu Zeit Vorlesungen aus dem Gebiete seines Faches und seiner Forschungen abhalte."[118]

---

113 Brief von Unger an Martius, 10.1. 1850, Martiusiana II, Bayerische Staatsbibliothek München. Siehe auch KLEMUN, Franz Unger (1800–1870), S. 27–43.
114 Eduard Fenzl informiert darüber Unger. Brief von Fenzl an Unger, 12. 12. 1849, Teilnachlass Unger, Institut für Pflanzenwissenschaften, Universität Graz. Fasz. III.
115 Siehe dazu die im Universitätsarchiv aufbewahrten gedruckten Vorlesungsverzeichnisse 1850–1867.
116 Öffentliche Vorlesungen an der k.k. Universität Wien (Wien 1851), S. 18.
117 Universitätsarchiv Wien, Personalakt Franz Unger, Phil. Fak. 3586, fol. 38.
118 Universitätsarchiv Wien, Personalakt Franz Unger, Phil. Fak. 3586, fol. 53.

In diesem Schreiben äußerte sich Minister Thun eindeutig in Richtung einer den Interessen des Professors frei bestimmten und forschungsangebundenen Lehre. In einem zuvor auf Unger bezogenen und an das Konsistorium der Universität gerichteten Schreiben goutierte Thun die zwischen Unger und Fenzl getroffene Abmachung eines zwischen den zwei Semestern alternierenden Vorlesungsangebots: „Wenn ein solcher Wechsel vor Einführung der Lehrfreiheit nicht vorkam, so hat das lediglich seinen Grund davon, daß früher überhaupt das Konckurriren [!] mehrerer Dozenten oder Professoren – die Seele des Systems der Lehrfreiheit unbekannt war."[119]

Unger nutzte diese Lehrfreiheit für sich, indem er im Laufe seiner nächsten Jahre auch zusätzlich neben der Anatomievorlesung Themen anbot, die seinen Forschungsinteressen entsprachen, so im Sommersemester 1857 „Über die Pflanzen als Nahrungs-, Erregungs- und Betäubungsmittel" oder als Folge seiner Ägyptenreise im Wintersemester 1858/59 „Die Pflanzen des vorweltlichen, alten und neuen Egypten"[120]. Beachtenswert für eine innovative Ausrichtung des Studiums waren die im Wintersemester 1852/53 erstmals eingeführten „Practische[n] Übungen im Gebrauche des Mikroskops und Anstellung physiologischer Versuche,"[121] die neben der Anatomievorlesung zum zentralen Ausgangspunkt und zum dauerhaften Bestand seiner Lehrtätigkeit wurden. Dem Ministerium gegenüber begründete er das am Sonntag angebotene Praktikum als dienlich „zur Vorbildung tüchtige Lehrer für Naturwissenschaften"[122] auszubilden. Damit argumentierte Unger nicht fern der gesellschaftlichen bzw. auch ministeriellen Erwartungen, die eine wichtige Aufgabe der Philosophischen Fakultät in der Gymnasiallehrerausbildung sah.

Der Kampf um die Ausstattung seines Lehrstuhles war Voraussetzung für die erfolgreiche Etablierung der Pflanzenphysiologe, denn zu diesem Unterricht hatte es in Wien noch keine Infrastruktur gegeben. Mit der Dotation von 150 Gulden zeigte sich Unger von Anfang an nicht einverstanden, er forderte das Vierfache. In seinen Eingaben wusste er die praktische Bedeutung der pflanzenphysiologischen Forschung und Lehre hervorzuheben und zu betonen, dass die „Botanik in eine neue Phase getreten ist, welche weit über die früheren Anforderungen der bisher ausschließlich blos systematischen Pflanzenkunde hinausreicht."[123]

---

119 Universitätsarchiv Wien, Personalakt Franz Unger, Phil. Fak. 3586, fol. 78 f., Thun, 6. 2. 1850.
120 Öffentliche Vorlesungen an der k.k. Universität Wien (Wien 1858), S. 21.
121 Öffentliche Vorlesungen an der k.k. Universität Wien (Wien 1852), S. 18.
122 Universitätsarchiv Wien, Personalakt Franz Unger, Phil. Fak. 3586, Rect. Act 1090 aus 1851, fol. 98.
123 AVA (Österreichisches Staatsarchiv, Allgemeines Verwaltungsarchiv), Kultus und Unterricht, Allg. Reihe 1848–1940, Nr. 4255, 1855.

Als Unger nach 15 Jahren Tätigkeit im Sommer 1867 aus Gesundheitsgründen um „Versetzung in den bleibenden Ruhestand" bat, wurde er „mit Belassung seines vollen Aktivitätsgehaltes"[124] auch mit dem Titel eines Hofrats geehrt. Anlässlich dieses Ausscheidens aus der Universität hatte Schmarda an den Dekan ein Schreiben gerichtet, das Ungers Bedeutung als Professor der Botanik an der Universität würdigte. Einen Satz daraus möchte ich zitieren, da er sehr prägnant die zeitgenössische Wertschätzung Ungers trifft: „So griff er mächtig und fordernd in die geistige Bewegung ein, welche die empirische Botanik zu einer inductiven und philosophischen Wissenschaft umzugestalten bestrebt war."[125]

In die erste Zeit seines Ordinariats fielen zwei öffentlichkeitswirksame Publikationen, die Unger einen vorrangigen Platz in der Wissenschaftsgeschichte sicherten. Die bereits genannte Veröffentlichung „Botanische Briefe" und der „Versuch einer Geschichte der Pflanzenwelt" (beide 1852). Beide Bücher gingen einher mit der Vorlesungstätigkeit an der Wiener Universität. In diesen Publikationen erweist sich Unger als Evolutionist. Er stellt fest, dass die Geschichte der Pflanzenwelt durch Progression gekennzeichnet sei, die sich bis zur Meeresvegetation aus Thalophyten zurückverfolgen lasse. Bei weiterer Zurückverfolgung würde man auf eine Zelle gelangen, „die allem vegetabilischen Sein zu Grunde liegt". Die Entstehung der ersten Zelle sei zwar unerklärlich, aber die gegenteilige These, dass jede einzelne Art durch einen Urzeugungsprozess entstanden sei, widerspreche jeder Erfahrung. Der Entstehungsgrund aller Verschiedenheiten kann kein äußerer, sondern nur ein innerer sein. Und Unger resümiert: „Mit einem Worte, jede entstehende Pflanzenart muss aus der anderen hervorgehen."[126] Forschung und Lehre gingen in Ungers Professorendasein Hand in Hand. Ab November 1850 integrierte Unger seine Vorstellungen zur Geschichte der Pflanzenwelt im Rahmen seines Lehrprogramms für Botanik.[127] Forschung und Lehre griffen ineinander, ebenso wie Wissenschaft als das rein nach Gesetzen Suchende und Bildung als die Entwicklung des Selbst zu seinem höheren Potential einander ergänzen sollten.

Fassen wir unsere Reise an die Wirkungsorte Ungers und ihre Bedeutung als Möglichkeitsräume zusammen. Sie zeigte uns, dass Unger wie viele seiner Zeitgenossen nur allmählich seinen tatsächlichen Karriereverlauf mit seinen Forschungsinteressen in Einklang bringen konnte. Seine Zeit in Kitzbühel und in Graz war für seine Profilierung entscheidend. An den unterschiedlichen phy-

---

124 Universitätsarchiv Wien, Personalakt Franz Unger, Phil. Fak. 3586, fol. 60.
125 Universitätsarchiv Wien, Personalakt Franz Unger, Phil. Fak. 3586, 57 v.
126 Franz UNGER, Versuch einer Geschichte der Pflanzenwelt (Wien 1852), S. 344.
127 Franz UNGER, Bevorwortung der am 4. November 1850 an der Hochschule in Wien begonnenen Vorträge über Geschichte der Pflanzenwelt (Beck 1850); UNGER, Versuch einer Geschichte der Pflanzenwelt.

sischen wie auch von ihm definierten Wissensräumen[128] trieb Unger Möglichkeiten für seine Forschung optimal weiter. In Wien fand eine Synthese seiner
Interessen statt, indem er den bildungspolitischen Auftrag mit seinen historischen Vorstellungen in einer ansprechenden Weise kommunizierte. In einem
Entwurf zu einer Widmung seiner „Botanische[n] Briefe" schrieb Unger folgende Dedikation:

> „Längst schon war ich in der Absicht Ihnen dieses kleine Büchlein zu überreichen. […]
> Es will sich keineswegs anmaßen, eine Bedeutung zu erlangen, aber es wäre jedenfalls
> glücklich, Ihre Aufmerksamkeit an sich zu ziehen. Der Philosophie zwar fremd, glaubt
> es jedoch immerhin als Träger der allgemeinen *Ideengeflüster* der Zeit darzustellen und
> als solches auch dem Verbund der Entwicklung des Geistes anzugehören."[129]

Als „Führer und Rathgeber"[130] definierte sich Unger während seiner Zeit als
Professor, in der die Geschichte der Natur zum Schlüssel seines Strebens wurde.
Hatte er bereits in Graz die Lehre als sehr wichtig genommen, nun wurde sie zu
einem Möglichkeitsraum, die Synthese zu schaffen und zu verbreiten: „Die
Verfolgung des großen Ganzen der Pflanzenwelt ist ohne historische Forschung
unmöglich, ja diese ist es sogar, die allein die Änderung der wichtigsten Fragen
möglich macht"[131], meinte Unger in seiner „Bevorwortung [!] seiner Ge-
schichtsvorlesungen".

Epistemische und konzeptuelle Zugänge: romantischer „Denkstil" und Empirie, geographisches und historisches Paradigma

Von seinem Kollegen Schmarda wurde Unger – wie schon erwähnt – 1867 mit
folgender Zuschreibung geehrt: „So griff er mächtig und fordernd in die geistige
Bewegung ein, welche die empirische Botanik zu einer inductiven und philosophischen Wissenschaft umzugestalten bestrebt war."[132] Solche Zuschreibungen existierten schon Jahre zuvor, jedoch waren sie inhaltlich enger: „A spe-
culative philosopher in correct matters"[133], so hatte der Münchner Botaniker

---

128 Zum Konzept der Räume des Wissens in physischer und symbolischer Hinsicht siehe:
     Mitchell G. Ash, Räume des Wissens – was und wo sind sie? Einleitung in das Thema. In:
     Berichte zur Wissenschaftsgeschichte 23 (2000), S. 235–242.
129 Entwurf von Unger (Adressat unbekannt, ohne Datum), Teilnachlass Unger, Institut für
     Pflanzenwissenschaften, Universität Graz.
130 Franz Unger, Bevorwortung der am 4. November 1850 an der Hochschule in Wien be-
     gonnenen Vorträge über Geschichte der Pflanzenwelt (Beck 1850), S. 14.
131 Franz Unger, Bevorwortung der am 4. November 1850 an der Hochschule in Wien be-
     gonnenen Vorträge über Geschichte der Pflanzenwelt (Beck 1850), S. 9.
132 Universitätsarchiv Wien, Personalakt Franz Unger, Phil. Fak. 3586, 57 v.
133 Brief von Martius an Robert Brown, 24.10.1844, Natural History Museum London, Bo-
     tanical Department, Brown Correspondence, Vol. II, F 59–149.

Carl Friedrich Philipp Martius (1794–1868) seinen Freund und Korrespondenzpartner Franz Unger gegenüber dem englischen Botaniker Robert Brown (1773–1858) treffend charakterisiert. Dass Unger ,romantisch' dachte, war seinen Zeitgenossen kein Geheimnis. Martius schätzte Unger dennoch ungemein, er bezeichnete ihn als „the most spirited and lovelist Botanist, a particular friend of mine."[134]

Bemerkenswert ist, dass Martius Spekulation mit Korrektheit verband, es entsprach der verbreiteten Auffassung, denn der Begriff Spekulation bekam ja erst infolge des Positivismus einen negativen Beigeschmack. Zuvor hatte er sich auf unterschiedliche Aspekte bezogen, auf ein geistiges Schauen des Gegenstandes (intellektuelle Anschauung) oder auf das Denken, das alle Gegensätze auf einer höheren Ebene auflöst (Hegel). In diesem Zusammenhang wäre Endlichers und Ungers Lehrbuch „Grundzüge der Botanik" zu erwähnen, in dem folgende wissenschaftstheoretische Festlegung zu finden ist:

> „I. Der Inbegriff aller zur Wissenschaft erhobenen Kenntnisse von den Pflanzen wird Pflanzenkunde (Botanik, Phytologie) genannt.
> II. Die Pflanzenkunde ist Theil der Naturwissenschaft und wie diese entweder eine speculative oder eine empirische.
> III. Die speculative Naturwissenschaft ist die Beziehung der Idee an sich, auf die in der Natur abgeleitete Idee. Sie ist der letzte Zweck aller Wissenschaft aber hier nicht der Gegenstand unserer nächsten Aufgabe.
> V. Die empirische Naturkunde entspringt aus der Erkenntnis der wirklich vorhandenen und zur Erfahrung gebrachten Dinge und Erscheinungen, nach den Gesetzen des reflectirenden Verstandes."[135]

Empirie, im Text meist als Erfahrung bezeichnet, unterstand der Reflexion, Spekulation reifte aus der Anschauung, dem überlegten Wissen. Hatte sich Unger, der in Jugendjahren für die deutsche Romantik Begeisterte, in den 40er Jahren der romantischen Naturforschung bereits entzogen oder seine spezifische Denkweise nur bestimmten Genres vorbehalten? Was können wir überhaupt unter romantischer Naturforschung[136] verstehen oder sollen wir sie eher als „Naturforschung in der Epoche der Romantik" bezeichnen, wie es der Kenner dieser Forschung Dietrich Engelhardt vorgeschlagen hatte? Die folgende

---

134 Brief von Martius an Robert Brown, 12. 7. 1836, Natural History Museum London, Botanical Department, Brown Correspondence, Vol. II, F 59–149.
135 Stephan ENDLICHER / Franz UNGER, Grundzüge der Botanik (Wien 1843), S. 2.
136 Romantische Naturforschung ist keine Bezeichnung aus der Zeit um 1800 und danach selbst. Dietrich von Engelhardt verwendet die Bezeichnungen „Romantische Naturforschung" und „Naturforschung im Zeitalter der Romantik" synonym. Vgl. dazu bes. Dietrich ENGELHARDT, Science, Society and Culture in the Romantic Naturforschung around 1800. In: Mikuláš TEICH / Roy PORTER / Bo GUSTAFSSON (Hg.), Nature and Society in Historical Context (Cambridge 1997), S. 195–208, hier 196f.

Analyse wird zeigen, wie Spekulation und empirische Vorgangsweise im Werk Ungers nebeneinander bzw. auch verschränkt existieren.

Von der romantischen Naturphilosophie beeinflusste Naturforschung galt in der Wissenschaftsgeschichte lange als der sogenannten modernen Erkenntnis und dem „wahren" Wissenschaftsfortschritt gegenläufig, quasi ein störender dunkler Fleck im Lichte der Entwicklung moderner Vernunft.[137] Die strikte Ablehnung ist in den letzten Jahren einer teilweisen Akzeptanz gewichen. Und diese Trendumkehr beruht im Gegensatz zum früheren generellen Diskreditieren auf einer historisch-kritischen wie auch wissenschaftstheoretischen Auseinandersetzung, denkt man an die vielen Arbeiten, die sich besonders auf den Ausgangsort romantischer Naturforschung, auf Schellings Naturphilosophie, beziehen.[138] Die von Systemdenken und Funktionalismus geprägte Wissenschaftslandschaft forciert seit ein paar Jahren ein Verständnis, das romantische Naturforschung besonders wegen ihres holistischen Konzepts schätzt.[139]

In Überbietung der Rehabilitierung bilanziert sogar ein heute neuerdings auch von „harten" Disziplinen ausgehendes Interesse an der romantischen Naturwissenschaft, dass sie der mathematisch-experimentellen jedenfalls gleichzustellen sei oder diese sogar weiterführe beziehungsweise vorwegnehme. So bringt Marie-Luise Heuser Schellings Frage, wie in der Natur selbst die Mehrdimensionalität des Raumes mit der Selbstkonstruktion der Materie konstituiert wurde, mit aktuellsten Konzepten der Physik (der String-Theorie) in Verbindung.[140] Eine solche Vorgangsweise heißt eine Genealogie von heutigen

---

137 Die Polemik beginnt mit Justus von Liebig, der die romantische Naturphilosophie als „Pestilenz" beschreibt. Vgl. dazu: Justus Liebig, Über das Studium der Naturwissenschaften und über den Zustand der Chemie in Preußen (Braunschweig 1840), S. 29. – Ähnlich resümiert im Jahre 1919 die medizinische Autorität Karl Sudhoff das in dieser Zeit bereits zum Allgemeingut der Wissenschaftshistoriker zählende Verdikt gegenüber der romantischen Naturphilosophie, dass „seine [Schellings] phantastische Naturphilosophie die deutsche Biologie mit trügenden Spekulationen ins Land der Unwirklichkeiten seitab führte, aus dessen sumpfigen Nebelwiesen die Rückkehr auf den festen Boden der Tatsachen der Naturwissenschaften beinahe unmöglich schien." Vgl. Karl Sudhoff, Klassiker der Medizin. Einleitung, Bd. 1 (Leipzig 1910), S. V.

138 Aus der Vielzahl der Arbeiten bes.: Camilla Warnke, Schellings Idee und Theorie des Organismus und der Paradigmenwechsel der Biologie um die Wende zum 19. Jahrhundert. In: Jahrbuch für Geschichte und Theorie der Biologie V (1998), S. 187–234; und Ryszard Panasiuk, Status der spekulativen Physik als Wissenschaft. Über Schellings Versuch der theoretischen Fundierung der Naturphilosophie. In: Marek J. Siemek, (Hg.), Natur, Kunst, Freiheit. Deutsche Klassik und Romantik aus gegenwärtiger Sicht (Amsterdam / Atlanta 1998), S. 125–142.

139 Vgl. dazu bes. Kristian Köchy, Ganzheit und Wissenschaft: das historische Fallbeispiel der romantischen Naturforschung (Epistemata, Reihe Philosophie 180, Würzburg 1997).

140 Vgl. Marie-Luise Heuser, Dynamisierung des Raumes und Geometrisierung der Kräfte. In: Walther Ch. Zimmerli / Klaus Stein / Michael Gerten (Hg.), „Fessellos durch die Systeme". Frühromantisches Naturdenken im Umfeld von Arnim, Ritter und Schelling (Natur und Philosophie 12, Stuttgart / Bad Cannstatt 1997), S. 275–316, hier 302.

Wissensbeständen auf der Basis von älteren herzustellen, gleich einer bereits obsolet gewordenen Siegergeschichte. Letztere Ausrichtung legitimiert sich ausschließlich durch moderne Ansätze, der historische Kontext wird dabei völlig außer Acht gelassen. Wie auch immer die derzeitigen Zugänge zur Naturforschung in der Zeit der Romantik unterschiedlich motiviert sein mögen, was sie heute alle dennoch verbindet, ist die Prämisse, dass Spekulation und Empirie, Ästhetik und Analytik, Generalisierung und Systematik, Prozess und Prinzip nicht mehr oppositionell gedacht werden. Auf diesem Wege können die Konzepte unter dem Fachbegriff „romantische Naturforschung"[141] subsumiert werden. Dass so widersprechende Argumentationsketten und ein breites Spektrum von Positionen eingeschlossen werden, liegt auf der Hand. Die Romantik hat viele Facetten und viele Gesichter,[142] die „Naturforschung in Zeiten der Romantik" ebenso wie das heutige Reden darüber. Und romantische Aussagen stellen sich in unterschiedlichen Problem- und Kommunikationszusammenhängen wesentlich differenzierter dar, als es meine grobe Verallgemeinerung einleitend anzudeuten vermag.

Dennoch möchte ich hier auf eine solche Vereinfachung nicht verzichten: Das romantische Interesse verstrickt sich in die versteckten Kräften der Natur, im Galvanismus, im Magnetismus, in der Elektrizität und in der Lebenskraft. Es produziert neue Wissensfelder, die das Äußere durch das Innere auszudrücken scheinen, wie Physiognomie, Phrenologie, Meteorologie und Biologie. Entwickelt werden alle in Ansätzen bereits im 18. Jahrhundert, so beispielsweise der Mesmerismus im josephinischen Wien,[143] der zwanzig Jahre später in anderen Städten, besonders in Berlin, erneut die Gemüter erregt.

Tierische Elektrizität und tierischer Magnetismus als Polarität von Kräften im Einheitsprinzip des Lebens wie im Mesmerismus oder die Rückführung sowohl von Krankheit als auch Gesundheit auf eine einheitliche Struktur, die Erregung, wie es der schottische Arzt John Brown konzipiert, diese Phänomene finden gleichsam in der medizinischen Praxis wie auch in der Kunst am Anfang des 19. Jahrhunderts ihre glühenden Anhänger.[144] Sie werden in der heutigen his-

---

141 Ich bleibe trotz einer gewissen Problematik bei dem Begriff „romantische Naturforschung" bzw. „Naturforschung im Zeitalter der Romantik". Vgl. dazu bes. Dietrich ENGELHARDT, Science, Society and Culture in the Romantic Naturforschung around 1800. In: Mikuláš TEICH / Roy PORTER / Bo GUSTAFSSON (Hg.), Nature and Society in Historical Context (Cambridge 1997), S. 195–208, hier 196f.

142 Lovejoy brachte als Erster die Ansicht in die Forschung ein, dass es keinen Allgemeinbegriff von „Romantik" geben könne. Vgl. Arthur Oncken LOVEJOY, On the Discrimination of Romanticism. In: Publications of Modern Language Association 29 (1924), S. 229–253.

143 Vgl. dazu zuletzt: Ernst FLOREY, Franz Anton Mesmer und die Geschichte des Animalischen Magnetismus. In: Jahrbuch für Geschichte und Theorie der Biologie II (1995), S. 89–132.

144 Vgl. etwa: Jürgen BARKHOFF, Magnetische Fiktionen. Literarisierung des Mesmerismus in der Romantik, (Stuttgart 1995).

torischen Forschung schon allein deshalb nahezu überbelichtet. Auch die Biologiegeschichte erlebt schon lange eine Konjunktur und Biologie wird als wesentliches Leitfeld der Naturwissenschaft in der Epoche der Romantik analysiert.[145]

Bekanntlich wird die Bezeichnung „Biologie" von mehreren Protagonisten unabhängig voneinander um 1800 programmatisch eingeführt.[146] In institutioneller Hinsicht dauert es allerdings noch Jahrzehnte, bis sich die Biologie als Disziplin durchsetzt,[147] wie schon im ersten Abschnitt dieser einführenden Studie erwähnt. Mit dem Begriff „Biologos" (d.h. der „Logik des Lebens") werden zunächst erstmals die beiden bis dahin getrennt verlaufenden Wege des naturkundlichen Forschens zusammengeführt: die alte „Historia naturalis" einerseits, die alle vorgefundene äußere Vielfalt der Lebewesen geordnet zu dokumentieren sucht, und andererseits die aus den organismusinternen, von strukturell-funktionalen Zusammenhängen abgeleiteten Wissensbestände, die zuvor fast ausschließlich aus medizinischen Fragestellungen heraus entwickelt worden waren. Die Klammer bildet von nun an bekanntlich der Schlüsselbegriff des „Organismus", der für Schellings wirkmächtige Naturphilosophie konstitutiv ist.

Dezidiert auf Schelling bezogene Beiträge, die eine neue Biologie (Morphologie[148] oder Physiologie) vorantreiben, wie es im kognitiven Umkreis von Schelling der Fall ist, lassen sich allerdings in Wien nur in Spuren ausmachen. An der medizinischen Fakultät lehren naturphilosophisch engagiert die Ophthalmologen Johann Adam Schmidt (1759–1809) und Georg Joseph Beer (1763–1811). Der ab 1811 als Professor der Pathologie und „Materia medica" wirkende Mediziner Philipp Karl Hartmann (1773–1830) nimmt bereits Anfang des Jahrhunderts zu Browns Lehre Stellung[149]. Johann Malfatti (1775–1859), einer der bekanntesten Ärzte der Stadt, versucht sich beim Heilverfahren im Magnetismus. Als Modearzt der Prominenz hat er großen Zulauf. Malfatti entwickelt „ein dynamisch-organisches Konzept des Lebens und der Krankhei-

---

145 Robert J. RICHARDS, The Romantic Conception of Life. Science and Philosophy in the Age of Goethe (Chicago 2002).
146 Vgl. Ernst MAYR, Die Entwicklung der biologischen Gedankenwelt (Berlin / Heidelberg / New York / Tokyo 1984), bes. S. 89.
147 Vgl. dazu bes. Kai Thorsten KANZ, Von der BIOLOGIA zur Biologie – Zur Begriffsentwicklung und Disziplingenese vom 17. bis zum 20. Jahrhundert. In: Uwe HOßFELD / Thomas JUNKER (Hg.), Die Entstehung biologischer Disziplinen II (Verhandlungen zur Geschichte und Theorie der Biologie 9, Berlin 2002), S. 9–30.
148 In Deutschland firmierten neue Ansätze im universitären Bereich stets unter dem Deckmantel der Physiologie und Anatomie. Vgl. dazu: Lynn K. NYHART, Biology Takes Form: Animal Morphology and the German Universities, 1800–1900 (Chicago 1995), bes. S. 1–74.
149 Vgl. Philipp Carl HARTMANN, Analyse der neueren Heilkunde (Wien 1802), 2 Bde.

ten."[150] Altersstufen verbinden sich mit Krankheitsstufen, Leib mit Seele sowie Endlichkeit mit Transzendenz. Im Brennpunkt von Malfattis Werk über die „Anarchie und Hierarchie des Wissens"[151] steht die auch sonst von Romantikern vielfach strapazierte Kreismetapher.[152] In ihr symbolisiert sich ein gleichzeitiges Auftreten von Wandlung und Identität. Als Grundhieroglyphe bringt sie sozusagen eine an sich unmögliche logische Identität von „prozeßhafter Veränderung und gleichbleibendem Sein"[153] zum Ausdruck. Sie beruht eigentlich auf Schellings Überlegungen, von dem sich aber Malfatti ansonsten entschieden distanziert.

Während sich allerorts etwa ab 1830 eine Wende von der Naturphilosophie zum Positivismus abzeichnet, bleibt Malfatti eben auch in diesem Werk von 1845 romantischen Positionen weiterhin treu. Auch eine Wissenschaftlerpersönlichkeit wie Franz Unger ist diesem „Denkstil"[154] bis in die 50er Jahre verpflichtet. Bereits in den Jahren nach 1822 lässt er sich von Schellings und Okens Naturphilosophie anziehen.[155] Während Malfattis mystisch-magisches Spätwerk bei Medizinern in Wien nach 1845 keinen Anklang mehr findet, gelingt es Unger zur selben Zeit, mit seinen metaphysisch und evolutionistisch kombinierten Vorstellungen die intellektuelle Öffentlichkeit aufzuregen.[156] Später wird Julius von Wiesner (1838–1916), der zwei Generationen nach Franz Unger wie dieser den Lehrstuhl für Botanik (Pflanzenphysiologe) innehat und für den Beginn der Pflanzenphysiologie in Wien steht, Mühen auf sich nehmen, die naturphiloso-

---

150 Dietrich ENGELHARDT, Naturwissenschaft zwischen Empirie und Metaphysik um 1830. Unter besonderer Berücksichtigung der Entwicklung in Österreich. In: Michael BENEDIKT / Reinhold KNOLL (Hg.), Verdrängter Humanismus – Verzögerte Aufklärung, Bd. III.: Bildung und Einbildung. Vom verfehlten Bürgerlichen zum Liberalismus (Klausen-Leopoldsdorf 1995), S. 377–407, hier 403.

151 Vgl. Johann MALFATTI, Studien über Anarchie und Hierarchie des Wissens (Leipzig 1845).

152 Von Lorenz Oken, Johanne Baptiste Spix und Carl Gustav Carus wurden Kreise als Urformen verstanden, aus denen sich die Mannigfaltigkeit von Gestalten durch Polarisierung entwickelt hat. – Vgl. dazu: Ilse JAHN, Grundzüge der Biologiegeschichte (Jena 1990), S. 315.

153 KÖCHY, Ganzheit, S. 121.

154 Der Begriff „Denkstil" wurde von Ludwik Fleck geprägt. Er meint, dass je nach theoretischen Vorannahmen unterschiedliche Dinge gesehen oder übersehen werden. Nach Fleck gibt es kein voraussetzungsloses Beobachten. Empirie kommt in zwei unterschiedlichen Formen vor, im „unklaren" Schauen und im entwickelten Gestaltsehen, in dem das wahrgenommen werden kann, was man gemäß dem Denkstil auch sehen kann. Vgl. dazu: Ludwik FLECK, Entstehung und Entwicklung einer wissenschaftlichen Tatsache (Frankfurt a. M. ⁴1999 [1. Aufl., Basel 1935]).

155 Vgl. Alexander REYER, Leben und Wirken des Naturhistorikers Dr. Franz Unger, Professor der Pflanzen-Anatomie und Physiologie (Graz 1871), S. 12f.

156 Bes. Franz UNGER, Botanische Briefe (Wien 1852).

phisch orientierte Weltanschauung seines verehrten Lehrers Unger zu marginalisieren.[157]

Kehren wir zurück in jene Zeit, als Franz Unger in Wien Medizin studierte. In den „Annalen der Österreichischen Literatur", einer romantikfeindlichen Zeitschrift, werden die Ansätze des in Jena wirkenden einflussreichen romantischen Biologen Lorenz Oken geradezu verhöhnt.[158] Vom vormärzlichen Ausbildungsniveau jedoch wenig begeistert, blickte Unger über die Grenzen der österreichischen Länder auf romantische Strömungen, die im rigiden Wiener Universitätssystem ansonsten kaum Anklang[159] fanden, denn hier wurde ausschließlich Systematik gelehrt, was den Romantikern eher ein Gräuel als eine Freude war. Die Griechenlandbegeisterung, die philhellenische Bewegung[160] und die um Nationalisierung kreisende Burschenschaftermobilisierung in den deutschen Territorien hatten es Unger vorübergehend angetan. Die Warnung eines Matthias Anker, seines ehemaligen Lehrers am Joanneum, die romantische Haltung sei wegen ihrer „zu starken Phantasie" zu meiden, fand bei Unger kein offenes Ohr. Jener riet seinem ehemaligen Schüler sogar eindringlich, dieser Euphorie gänzlich zu entsagen, was ihm lediglich durch andauernde disziplinierende „Uebung" in „allgemeineren Ansichten"[161] möglich schien.

---

157 Vgl. Julius WIESNER, Franz Unger. Gedenkrede, gehalten am 14. Juli 1901 anlässlich der im Arkadenhofe der Wiener Universität aufgestellten Unger-Büste. Separatabdruck (Wien 1902), S. 12.

158 Okens zweifelhafter Ruf als Biologe stützt sich auf eine Konzentration seines Wirkens auf die Erklärung des Ursprungs allen Lebens aus dem Urschleim. Seine einflussreichen Überlegungen und vor allem sein innovatives Konzept einer seriell-repetetiven Organisation der Wirbeltiere hingegen, das namentlich Richard Owens' (1804–1892) Morphologie auf der Basis von Homologie entscheidend beeinflusst werden, wird dabei allerdings völlig ignoriert. – Eine neue Bewertung von Okens Rolle in der Biologie bes. bei: Olaf BREIDBACH, Oken in der Wissenschaftsgeschichte des 19. Jahrhunderts. In: Olaf BREIDBACH / Hans-Joachim FLIEDNER / Klaus RIES (Hg.), Lorenz Oken (1779–1851): Ein politischer Naturphilosoph (Weimar 2001), S. 15–32, hier 27.

159 Nur wenige Naturforscher sind in Wien der Romantik zuzuzählen, es gab auch Mediziner (wie Philipp Carl Hartmann, Professor der Allgemeinen Pathologie, Therapie und Materia medica), die sich sehr ambivalent verhielten. Hartmann kritisierte die Naturphilosophie und zeigte sich gleichzeitig von ihr beeinflusst. Vgl. dazu: ENGELHARDT, Naturwissenschaft, S. 399–407, hier bes. S. 402.

160 So schrieb Anker an Unger etwas entrüstet: „Nach Griechenland wollen Sie gehen, was einen bei Ihnen wie der als einen verdächtigen Hang zur sogenannten Freyheit (a.: Denn ich kenne keine andere achtwürdige Freyheit, als immer mehr und mehr Herr, Beherrscher seiner selbst zu werden.) dann, hofen[!] Sie dort das alte Griechenland zu trefen? [!] Ich zweifle – Ihr edler Hang und Liebe zur Wissenschaft, dürften diese dort hinreichend Nahrung finden?" Brief von Matthias Anker an Unger, 29.6.1827, Teilnachlass Unger, Briefe, Institut für Pflanzenwissenschaften, Universität Graz, Fasz. I.

161 Brief von Matthias Anker an Franz Unger, 26.7.1824, Teilnachlass Unger, Briefe, Institut für Pflanzenwissenschaften, Universität Graz, Fasz. I.

Okens Grundkonzept einer „Allgemeinen Naturgeschichte",[162] ein einfluss-
reiches Werk, ging von Schellings Naturphilosophie einer Einheit der organischen Welt und des Zusammenhangs aller Erscheinungen des Weltganzen aus.
Trotz vieler Spekulationen über Entwicklungsfaktoren implizierte Okens Schule
die Betonung des holistischen und genetischen Aspektes, der auch in Ungers
Vorstellungen bald zentral werden sollte. Im Jahre 1830 eröffnet Unger sein
Tagebuch mit einem Exzerpt aus einem der Werke von Oken:

> „Die Welt steht den Menschen nicht gegenüber, sie ist nur sein Leib, sie ist nicht in Geist
> und Materie geschieden, die sich indes das Eigenthum theilten; es gibt durchaus keinen
> Gegensatz im Universum, sondern nur Stufenverschiedenheit, nur Unterordnung; das
> Pflanzenreich steht nicht der Thierwelt gegenüber, sie ist nicht etwa gar ein Pol von ihr;
> sondern sie steht unter ihr; die Weiblichkeit ist nicht der Gegensatz der Männlichkeit,
> sondern der Unterordnung, – sie ist das Ohr, die Musik, die Frucht, der leidende
> Mensch, der Mann ist das Aug, die Malerey, der Muth, die handelnde Welt. (Oken
> 1808)."[163]

Auf die gegenderte Sicht der Welt ist hier nicht weiter einzugehen, sie ist bei der
Mehrheit der Eliten verbreitet.

Im selben Jahr (1830) des Tagebucheintrags begann Ungers Kooperation mit
Stephan Ladislaus Endlicher (1804–1849), dem gegenüber er betonte: „Jetzt
kann man sich weder mit einer beiläufigen noch mit einer geistlosen Darstellung
der Pflanzenwelt abspeisen lassen."[164] Die Konsequenz war die Arbeit an einem
„Naturgemälde", für das Unger sich noch ganz an Okens „Naturgeschichte" von
1825 hielt. Grundüberlegung des Systems, das Unger 1829 konzipierte, war:

> „Die Weisung der Natur, die uns in allen Gegenständen derselben offenbart, dass sich
> alles in allem wiederholt, gab die erste Idee, auf welche Weise die Gesamtheit der
> Pflanzenwelt vernunftmässig anzuschauen sei."[165]

Aus den Grundorganen entwickeln sich höhere Strukturen. Familien wurden als
„Zünfte" bezeichnet, welche „bestimmte eigenthümliche Charaktere"[166] trugen.
Allerdings konnte sich Unger bei Endlicher damit nicht durchsetzen. Haberlandt
hat bereits in seiner Edition des Briefwechsels zwischen Unger und Endlicher
angemerkt, dass hier Unger zwar eindeutig der Oken'schen romantischen Biologie folgte, die auf reine Beobachtung beruhende Erkenntnis aber gleicher-

---

162 Lorenz OKEN, Lehrbuch der Naturgeschichte, 3 Bde. (Leipzig 1813–1826).
163 Tagebuch von Unger, 1830, Joanneum Graz, Geologische und Paläontologische Abteilung.
164 Brief von Unger an Endlicher, 14. 2. 1830, abgedruckt in: HABERLANDT, Briefwechsel, S. 20.
165 Brief von Unger an Endlicher, 14. 2. 1830 (Konzept dat. 14. Dez. 1829), abgedruckt in:
    HABERLANDT, Briefwechsel, S. 21 f.
166 Brief von Unger an Endlicher, 14. 2. 1830 (Konzept dat. 14. Dez. 1829), abgedruckt in:
    HABERLANDT, Briefwechsel, S. 21 f.

maßen eine große Rolle spielte, als Unger beispielsweise Viscum beim Keimen verfolgte und dessen anatomischen Bau mithilfe des Mikroskops analysierte.[167]

Es war auch Oken, der wie viele seiner Kollegen, beispielsweise der Berliner Mediziner Friedrich Ludwig Augustin, die Pflanzenphysiologie als wissenschaftliches Areal definierte, in der die Botanik so etwas wie ihre Vollendung erreichen müsse, die aber auch für andere Bereiche der Naturlehre zentral sei.[168] Im Rahmen von Okens Konzeption der Pflanzenphysiologie lag die Darstellung der Zellen als Grundorgan, gleichsam als selbständige kleine Pflänzchen, aus denen sich der Pflanzenkörper aufbaut, so wie er die ganze organische Welt aus „Urbläschen" oder „Infusorien" entstanden dachte.[169]

Der in Bonn, später in Breslau wirkende Botaniker Christian Gottfried Nees von Esenbeck (1776–1858) baute in seinem „Handbuch der Botanik"[170] (1820–1821) eine auf Goethe zurückgehende, aber modifizierte Metamorphosenlehre aus und sah die Pflanzenwelt als Ganzes einem Blattorganismus analog.

Versteht man dieses Programm im Sinne Ludwik Flecks als „Denkstil"[171] einer Gruppe, so lässt sich Ungers Begeisterung sowohl für den nationalen Freiheitskampf als auch für die romantische Biologie, der er in den kommenden Jahren folgen wird, als Ausdruck ein und derselben Wertekonstellation deuten. Das Wissen über Naturobjekte ist aus diesem komplexen Bedeutungsnetz nicht herauszulösen, wie es die Rückblicke der Naturwissenschaftler auf Ungers romantische Haltung meist getan haben. Es wird heute zwar kaum jemand mehr Franz Ungers jugendlichen Enthusiasmus für die romantische Naturphilosophie als „Abirrung" oder gar als „Hemmung, welche lange der gesunden Entwicklung seiner Geisteskräfte im Wege stand"[172], abtun, wie der Wiener Pflanzenphysiologe Julius Wiesner in seiner Gedenkrede des Jahres 1901 anlässlich der Aufstellung einer Büste im Arkadenhof der Wiener Universität, aber die Überlegung, inwieweit diese „Abwege" nicht die Hauptwege der Entwicklung Ungers darstellten, lassen uns Ungers eigenwilligen Weg narrativ anders beschreiten, anders erklären. Ich würde hier die Deutung vorschlagen, dass Okens Konzept für Unger ein Ferment bildete, das ihn zu neuen Ansätzen motivierte.

---

167 HABERLANDT, Briefwechsel, S. 6.
168 Ilse JAHN, „Biologie" als allgemeine Lebenslehre. In: Ilse JAHN (Hg.), Geschichte der Biologie. – Theorien, Methoden, Institutionen, Kurzbiographien (Jena / Stuttgart / Lübeck / Ulm 1998), S. 293.
169 Mehr zur Zellforschung Ungers in diesem Band: siehe Ariane DRÖSCHERS Aufsatz in diesem Band.
170 Christian Gottfried NEES VON ESENBECK, Handbuch der Botanik, 2 Bde. (Nürnberg 1820–1821).
171 Vgl. dazu: FLECK, Entstehung und Entwicklung (Ausg. 1980).
172 Julius WIESNER, Franz Unger. Gedenkrede, gehalten am 14. Juli 1901 anlässlich der im Arkadenhofe der Wiener Universität aufgestellten Unger-Büste. Seperatabdruck (Wien 1902), S. 12.

Ganz dezidiert meinte Unger beispielsweise im November 1832, dass ihn einige neue Werke nicht

„befriedigen [...] noch weniger aber Okens Ansichten über Blume und Frucht in der zweiten Auflage seiner Naturphilosophie. Es ist nun daran, die Sache auf eine gründliche Weise, d.i. wie sie bisher noch nicht versucht ist, nämlich mit dem anatomischen Messer zu untersuchen."[173]

Okens Versuch, die Formen des Naturalen als Stufen einer umfassenden Metamorphose (siehe Abb. 18) zu begreifen, prägte Ungers erste Arbeiten. Ähnlich wie Oken faszinierte Unger die Komplexität biologischer Phänomene, die als Ausdruck für deren Entwicklungshöhe galten. „Niederen Organismen" kam Forschungspriorität zu, weil sie als die „offenen Werkstätten der Natur" am ehesten in Grundfragen der Biologie zu erheblicher Erkenntnis führen könnten. In seiner Forschung zu Algen, Pilzen und deren Fortpflanzungsmechanismen gelangen der Nachweis der männlichen Geschlechtsorgane (Anthere) am Torfmoose („Die Anthere von Sphagnum"[174]) und die Aufklärung des Leuchtens am Leuchtmoos-Protonema. Mit der Beschreibung von begeißelten Zellen in bestimmten Fortpflanzungsstadien von Pflanzen (gezeigt bei der Algengattung Vaucheria[175]) thematisierte er Erscheinungen, die man auf das Tierreich beschränkt zu wissen glaubte.

Alle Arbeiten der ersten Zeit generierten sich aus einem genuin naturphilosophischen „Denkstil."[176] In Kitzbühel (1830–1835) widmete sich Unger einem neuen Thema, das er ebenfalls aus dem romantischen Paradigma heraus entwickelte. Er brachte die Pflanze in Beziehung („Verkettung") zum ganzen Universum, zum Boden, der sie ernährt, zu der Luft, die sie atmet, und zu dem Klima, dem sie ausgesetzt ist.

Bereits während seiner Kitzbühler Zeit hatte Unger im Rahmen seiner Arbeit über die Ökologie der Pflanzen fossile Pflanzenabdrücke aus Kohleminen gesammelt. Das Interesse an den Umweltfaktoren machte es notwendig, Daten über die Erden, Gesteine und geologischen Schichten und Vorkommen zusammenzutragen, wobei Kontakte zu lokalen Bergwerksexperten dienlich waren. In Graz wurde sodann die Paläobotanik zum alles beherrschenden Arbeitsgebiet, welches mit der Tertiärflora und einer zusammenfassenden Darstellung des damaligen Wissens ein dankbares Feld abgab.[177] Unger nahm aber

---

173 Brief von Unger an Endlicher, 3.11.1832, abgedruckt in: HABERLANDT, Briefwechsel, S. 35.
174 Franz UNGER, Die Anthere von Sphagnum. In: Flora 10 (1834), S. 834.
175 Franz UNGER, Die Pflanze im Momente der Thierwerdung (Wien 1843).
176 Vgl. dazu: FLECK, Entstehung und Entwicklung (Ausg. 1980).
177 Seine „Synopsis plantarum fossilium" war das erste Werk, das alle bekannten fossilen Gattungen und Arten behandelte. Vgl. Franz UNGER, Synopsis plantarum fossilium (Leipzig 1845).

nicht nur nicht mit einer deskriptiven Auflistung der Spezies vorlieb, sondern
sah sich nach einer einzigen Erklärung für die Erscheinungen um. Ausgehend
von embryologischen Theorien stellte er den Bezug zur Katastrophentheorie
Georges Cuviers (1769–1832) her, um den Wandel durch die geologischen Zeiten
zu beschreiben. Gleich einem Embryo folgte die Pflanzenentwicklung einer
präformierten idealen Entwicklung, die aus inneren Kräften stattfand, und die
physischen Änderungen der Erde gewährten den Fortgang innerhalb einer
geologischen Periode.[178] Seinem Freund Karl Friedrich Philipp Martius
(1794–1868), dem Brasilienreisenden und Professor der Botanik an der Universität München, mit dem Unger einen intensiven Gedankenaustausch pflegte,
gestand er ein, dass er sich erdreistet habe, sich auf unsicherem Terrain zu
bewegen:

> „Was Sie mir über meine gen. spec. pl. foss. [species plantarum fossilium] sagten, hat
> mich ungemein interessiert, umso mehr, da von anderen Standpuncten aus als vom
> geologischen, die Sache ganz anders erscheint. Ich weiß, dass ich viel gesündiget habe
> und noch sündige, allein werde ich durch Umstände und durch den ärmlichen Zustand
> der Wissenschaft zu solchen Sünden genöthiget. Freilich soll man die unreife Frucht
> nicht pflücken wollen – aber was tut man nicht, seinen Hunger zu stillen. Ich ent-
> schuldige hierdurch nicht mich allein, sondern alle, die im Aufkeimen der Geologie
> eine große Zukunft für unser Wissen überhaupt erblicken. Darum müssen Sie mir auch
> verzeihen, wenn ich sogleich von einem rein systematischen Werk zu einem sehr
> poetischen u. von da wieder zu einem beide differente Richtungen vereinigenden
> Werke überspringe."[179]

Unger war sich selbst seiner Ausflüge in einen romantischen Stil („poetische
Richtung") bewusst, den er als Autor bis in die 50er Jahre pflegte. Davon unabhängig unterschied er die von ihr „differente Richtung", die mittels Mikroskop
und anderen messtechnischen Verfahren entwickelten induktiven Nachweise so
mancher seiner Annahmen. Sein Ausflug in die „poetische Richtung" schien ihm
dort gerechtfertigt, wo es darum ging, Konzepte zu konstruieren, auch noch
nicht belegte Vermutungen zu äußern. Gleichzeitig erinnerte sich Unger selbst
sehr gerne seines ersten Besuches (1823) in Jena, dem Zentrum der Freiheits-
bewegung und der Romantik, als er auf einer Reise nach Norddeutschland 1852
erneut die Stadt besuchte:

> „Es schien mir, als ob Goethes Genie noch immer über diese Stelle und dieser mit Recht
> [so] genannten Musenstadt schwebte. Erste Erinnerungen an das burschikose Leben,
> welches kaum irgend anders in seiner naivsten Nackheit u. gemüthlichsten Einfachheit
> als hier auftritt, bestimmte mich Prof. Schmidt zu veranlassen, nach der Rasenmühle

---

178 Vgl. GLIBOFF, Evolution, Revolution, and Reform, S. 188.
179 Brief von Franz Unger an Martius, Autographen von Unger, Martiusiana II, Bayerische
       Staatsbibliothek München. Der Brief ist nicht datiert, es geht aber aus dem Kontext hervor,
       dass er zwischen dem 15. 3. 1849 und Dez. 1852 geschrieben wurde.

zu wandern, wo sich die academische Jugend gewöhnlich zu ihren sogenannten Symposien vereinigte, bei einem Glase Wein stießen wir, wie ich es hier vor 29 Jahren im Uebermasse des Wonnegefühls that, auf Jenas Wohlfahrt, was einen magischen Widerhall verursachte, und nur das alte Lied [....] ,Frei ist der Bursch, frei ist der Bursch', mir ins Gedächtnis zurückrief – Wie hat sich dieß in Kürze geändert. Die Philister wissen in der That nur, was Freiheit heißt, dagegen steht die burschikose Freiheit gar sehr in die Zwangsjacke und kann sich nicht mehr rühren. Tempora mutantur."[180]

Nostalgie mit Blick auf seine „Sturmjahre" verband sich mit dem Interesse, die Einrichtungen von physiologischen Instituten, wie es etwa das in Jena als eines der ersten seiner Art war, bei Kollegen wie Matthias Jacob Schleiden (1804–1881) und anderen zu besichtigen und ihr Instrumentarium zu sehen, um allenfalls Anregungen für Wien mitzunehmen.

Kommen wir zu einer anderen „Einheit und Vielfalt", Ungers global-bio-geographische Sicht, wie sie in vielen Arbeiten realisiert wurde. Man könnte sie als weiteren roten Faden seiner Forschung und ein Element dessen bezeichnen, was Susan Faye Cannon als „Humboldtian science"[181] charakterisierte. Cannon verwies in seiner Studie darauf, wie nachhaltig Alexander von Humboldts hohe Ansprüche der empirischen, quantitativen und zugleich auch synthetischen Vorgangsweise für die Befragung der Natur in der ersten Hälfte des neunzehnten Jahrhunderts wirkten. Globales Datenmaterial, der Einsatz adäquater ausgezeichneter Instrumente und eine ganzheitliche Sicht galten als dafür spezifisch und vorbildlich.

Nun ist aber eine synthetische Vorgangsweise deshalb nicht unbedingt ebenfalls eine romantische. Unger ging es etwa im Falle der Exantheme um ein einheitliches Vergleichskriterium in der Fülle der weltweit und über den Erdball verteilten Erscheinungen. Gemeinsames in die Vielfalt der Krankheitserscheinungen der Pflanze zu bringen, das schien genauso relevant wie eine dem Forschungsproblem angemessene Methodologie, um einer höchstmöglichen Varianz von Beobachtungsdaten beizukommen. Seine Listen der Aufnahme der Pflanzen und deren Vorkommen der Entophyten sind methodisch einer Attitüde gezollt, die auf breitester Basis von Beobachtungsmaterial liegt.[182]

Gleichzeitig aber entwickelte gerade innerhalb der Pflanzengeographie sich

---

180 Franz Unger, Erinnerungen aus dem Norden vom Jahre 1852. Autograph. Universitätsbibliothek Basel, Nachlass Nr. 257: Nr. 20, fol. 38.

181 Susan Faye CANNON, Science in Culture: The Early Victorian Period. Science History Publications (New York 1978), S. 73–110.

182 In seiner Publikation wird diese breite Datenbasis an untersuchten Pflanzen in Listen vorgeführt. Siehe: Franz UNGER, Die Exantheme der Pflanzen und einige mit diesen verwandte Krankheiten der Gewächse pathogenetisch und nosographisch dargestellt (Wien 1833), S. 98–137. Zur multifunktionalen Rolle von Listen siehe: James DELBOURGO / Staffan MÜLLER-WILLE, Introduction (Focus Listmania). In: Isis 103/4 (2012), S. 710–715.

das große Projekt, aufgrund des Blickes auf Verteilungen auch autochthone Bereiche der Artenentwicklung zu definieren. War er in diesem Projekt ausgehend von Alexander von Humboldts und Joakim Frederik Schouws Pflanzengeographie[183] insofern innovativ vorgegangen, als er von dieser neuartig einen Brückenschlag zur Physiologie herstellte, also führte ihn die Pflanzengeographie zur Verzeitlichung. Folgt man Ungers Aussage im Vorwort seines „Versuch[s] einer Geschichte der Pflanzenwelt", so verdankte er Schouw, dem dieses Vorwort gewidmet war, die Schlüsselinspiration:

> „Ihre pflanzengeographischen Forschungen haben, bald nachdem sie ein Eigenthum der gebildeten Welt geworden sind, auch mich mächtig ergriffen und zunächst die Richtung bestimmt, die ich mir zu meiner wissenschaftlichen Lebensaufgabe erkor. Schon damals haben einzelne Folgerungen, die sich aus jenen Forschungen über die Gesetze der Verbreitung der Pflanzenwelt ergaben, wie Funken auf meine für neue Gedanken erregbaren Geist gewirkt und allmählig eine Reihe von Untersuchungen zur Folge gehabt, die, wenn auch mit jenen in unmittelbarer Verbindung, doch nach und nach ein neues Gebiet der Pflanzenkenntnis zu eröffnen versprachen. – So war ich, ohne dass ich es merkte, in den Bereich der Geschichte der Pflanzenwelt gerathen".[184]

In der Pflanzengeographie wurzelten alle Innovationen, von ihr gingen sie aus, so Ungers Selbstdarstellung. Ungers eigene Erfahrungen mit der biogeographischen Arbeit überzeugten ihn jedenfalls, dass die historische Komponente die maßgebliche Perspektive der Zukunft sei.

Schon im November 1836 schrieb Unger an Martius:

> „Ich habe Ihnen bisher verschwiegen (um Sie zu überraschen), dass ich im vorigen Sommer in Wien und Graz an einer Abhandlung über die Parasiten geschrieben, wozu mir ein sehr schönes Material zu Gebothe stand. Dort habe ich die paradoxe Meinung ausgesprochen, dass die Parasiten ihre historische Bedeutung auch der Vegetation der Zukunft angehören möchten. Ich habe die Abhandlung für den 2ten Band der Wiener Annalen bestimmt".[185]

Unger suchte nach Gesetzen und Kräften des zeitlichen Wandels, in die er nun die Embryologie implementierte. Frühe einschlägige Arbeiten hatten embryologische Stadien analog zur linearen Progression der animalen Form beschrieben. Eine solche auf die Pflanzenwelt zu adaptieren, brachte große Probleme, die Unger mit Verzicht auf die Morphologie löste, indem er sich auf die Metapher des Pflanzenreiches als eines entwickelnden Organismus bezog.[186] Die fossile Flora übernahm die Funktion der embryonalen Stadien, die erneut den Aspekt des

---

183 Joakim Frederik SCHOUW, Grundzüge einer allgemeinen Pflanzengeographie (Berlin 1823).
184 Franz UNGER, Versuch einer Geschichte der Pflanzenwelt (Wien 1852), Vorrede, o. S.
185 Brief Ungers an Martius, 9.11.1836, Autographen von Unger, Martiusiana II, Bayerische Staatsbibliothek München.
186 Vgl. GLIBOFF, Evolution, Revolution, and Reform, S. 186.

Bildungstriebes verifizierten. In den „Botanische[n] Briefe[n]"[187] und dem „Versuch einer Geschichte der Pflanzenwelt", beide 1852 erschienen, erwies sich Unger[188] auch als eigenständiger Theoretiker des Evolutionsgedankens.

Die ausgezeichnete empirische Basis erlaubte Unger, das zu tun, was sein Vorbild Schouw für die Pflanzengeographie zur Beschreibung des Charakters der Vegetation eingeführt hatte: Schouw hatte statt Artenlisten Tabellen erstellt, die zur Bestimmung einer regionalen Flora die charakteristischen Gruppen in Proportionen, also numerisch, ausdrückten. Unger adaptierte diese Methode, bezog sie aber nicht auf die Regionen, sondern auf die geologischen Epochen.[189] Der Transfer von der räumlichen zur zeitlichen Dimension war damit vollzogen, die epistemologische Umstellung vom Raum auf Zeit erneut gelungen.

In der letzten Phase seines Wirkens beschäftigte sich Unger noch intensiver mit Fragen der Geschichte, der Kultur, der Bräuche, die ebenfalls eine synthetische Kraft für ihn herstellten. Der romantische Denkstil zeigte sich nun mehr und mehr als romantisch-historistischer Schreibstil, das, was er als ‚Poetik' verstand, legte er nicht mehr ab. Er wurde zu seinem Markenzeichen.

Praxeologische Dimensionen: Vernetzen, Konzipieren, Zeichnen, Publizieren

Netzwerkforschung ist in den letzten Jahren zu dem wohl blühendsten Feld der Geschichtswissenschaft avanciert, besonders auch in der Wissenschaftsgeschichte.[190] Die Praxis des Machens[191] ist ebenfalls in den Vordergrund wissenschaftshistorischen Interesses gerückt.

Wir können uns darüber einig sein, dass Netze gewissermaßen unsichtbar sind. Es sind Konstruktionen, die wir erst durch ein kognitives Mapping syn-

---

187 Franz UNGER, Botanische Briefe (Wien 1852).

188 Nach Junker ist Unger „einer der Interessantesten unter den zahlreichen Vorläufern Darwins". Vgl. Thomas JUNKER, Darwinismus und Botanik. Rezeption, Kritik und theoretische Alternativen im Deutschland des 19. Jahrhunderts: In: Quellen und Studien zur Geschichte der Pharmazie 54 (Stuttgart 1989), S. 104.

189 Eine solche numerische Tabelle befindet sich am Ende des Werkes. Vgl. UNGER, Versuch, S. 332ff.

190 Siehe zur Botanik besonders den Sammelband: Regina DAUSER / Stefan HÄCHLER / Michael KEMPE et al. (Hg.), Wissen im Netz. Botanik und Pflanzentransfer in europäischen Korrespondenznetzen des 18. Jahrhunderts (Berlin 2008); einführend allgemein: Hartmut BÖHME, Einführung. Netzwerke. Zur Theorie und Geschichte einer Konstruktion. In: Jürgen BARKHOFF / Hartmut BÖHME / Jeanne RIOU (Hg.), Netzwerke. Eine Kulturtechnik der Moderne (Köln / Weimar / Wien 2004), S. 17–36.

191 Aus der reichen Literatur beispielsweise Staffan MÜLLER-WILLE, Carl von Linnés Herbarschrank. Zur epistemischen Funktion eines Sammlungsmöbels. In: Anke TE HEESEN / Emma SPARY (Hg.), Sammeln als Wissen (Göttingen 2001), S. 22–38.

thetisieren. Schriftwechsel der Beteiligten machen solche Gefüge teilweise sichtbar, jedenfalls einzelne Fäden und Knoten,[192] in denen Informationen zusammenlaufen oder ihren Ausgang haben. Eine Steigerung dieser Sichtbarkeit – nicht nur für uns, sondern auch für die Zeitgenossen – findet in der Transformation von Korrespondenzen in Medien (in Fachzeitschriften) statt, weshalb auch diese im Folgenden zu berücksichtigen sind.

Infolge meiner intensiven Beschäftigung mit Franz Ungers nachgelassenen Dokumenten und dem umfangreichen Briefwechsel könnte ich zwei diametral unterschiedliche Aussagen zu den Netzwerken machen, in die Unger eingebunden war. Einerseits tritt er uns in diesen Dokumenten als ein auf sich bezogenes Individuum entgegen, als ein Forscher, der sehr eigenwillig seinen Weg geht und besonders in der Zeit in Kitzbühel (1830–35) über Isolation klagt,[193] andererseits existiert eine Fülle von Briefen, die von etwa 200 Personen an Unger gerichtet wurden.[194] Sicher sind damit aber nicht alle Personen, mit denen Unger korrespondierte, erfasst. Beispielsweise ergibt sich aus einem Brief, dass er ein an Lorenz Oken gerichtetes Schreiben[195] nicht per Post, sondern über Vermittler weiterleitete, die Korrespondenz ist jedoch in seinem Nachlass nicht greifbar.

Nur mit wenigen Persönlichkeiten, etwa den Botanikern Stephan Ladislaus Endlicher (1804–1849), Eduard Fenzl (1808–1879)[196] und Carl Friedrich Philipp

---

192 Ich verzichte hier darauf, die Terminologie zu übernehmen, wie sie in der Kommunikationsforschung geprägt wurde, zum Beispiel die Verbindung von zwei Knoten als Kante zu bezeichnen oder den Graph als Folge von Kanten und Knoten zu verstehen. Vgl. dazu bes. Winfried SCHNEEWEISS, Grundbegriffe der Graphentheorie für praktische Anwendungen (Heidelberg 1985); Michael SCHENK, Soziale Netzwerke und Kommunikation (Tübingen 1984).

193 Auch in Graz schreibt Unger zum Beispiel: „Es geht hier wirklich nichts als ein recht innig befreundetes Herz eines Mannes ab, der an den Naturwissenschaften Geschmack findet." Brief von Franz Unger an Martius, 10.11. 1836, Autographen von Unger, Martiusiana II, Bayerische Staatsbibliothek München.

194 Teilnachlass Unger, Briefe; Institut für Pflanzenwissenschaften, Universität Graz, Fasz. I. und 2, insgesamt sind 847 Briefe in diesem Nachlass erhalten; im Teilnachlass in Basel befinden sich keine. Es muss aber davon ausgegangen werden, dass dieser Grazer Nachlass sicher nicht die tatsächlich erhaltenen Briefe in vollem Umfang enthält, zumal viele Briefe Ungers in anderen Bibliotheken existieren, von denen nur eine Seite der Korrespondenz erhalten ist. Auch ist die Suche in anderen Bibliotheken angesichts der hohen Anzahl von Adressaten recht arbeitsaufwendig, ebenso sind die Bestände dann nicht so umfangreich, so existieren beispielsweise nur drei Briefe Ungers an Ewald (Siehe Niedersächsische Staats- und Universitätsbibliothek der Georg-August-Universität Göttingen, Sign. 1421–1426).

195 Brief von Unger an Endlicher, 10.11. 1829, abgedruckt in: HABERLANDT, Briefwechsel, S. 19.

196 Ungers 87 Briefe an Fenzl sind im Nachlass Eduard Fenzls erhalten: Universitätsarchiv Wien. Siehe dazu auch allg. Reinhart DESCHKA, Eduard Fenzl. Leben, Leistung und Wertung eines österreichischen Botanikers, bearbeitet auf Grund des bisher nicht veröffentlichten Briefnachlasses. 3 Bde. (Ungedr. Phil. Diss. Wien 1958).

Martius (1794–1868)[197], pflegte Franz Unger eine wechselseitig ausführliche briefliche Beziehung. Sie erfolgte auf Augenhöhe und beinhaltete über Jahrzehnte hinweg stets eine intensive Auseinandersetzung, Diskussion über Projekte und die gegenseitige wissenschaftliche Hilfestellung. Und diese Briefwechsel dokumentieren auch eine Vertiefung der persönlichen Anteilnahme am privaten Geschehen.[198] Sehr viele vorübergehende Verbindungen ergaben sich für Unger jedoch aufgrund seiner intensiven Publikationstätigkeit, denn er wurde oft brieflich darauf angesprochen. Auch verschob sich das Netzwerk infolge seiner Interessen für die Paläobotanik deutlich auf die dem Thema nahestehenden Erdwissenschaftler, wofür der Briefwechsel mit Oswald Heer (von dem Unger 53 Briefe erhielt und dem er 34[199] schrieb) ein gutes Beispiel darstellt.[200]

Bis in die Mitte des 19. Jahrhunderts hatte sich die Separierung von Laientum und Professionalismus noch in keine klaren Grenzen eingeschrieben. Beide konnten sich in dem expandierenden Markt an ‚wissenden Sammlern'[201] einfügen, sofern die Personen naturkundliches Wissen erlangt hatten. Außerhalb des Hörsaals waren es in der Regel die meist von Universitäten betriebenen botanischen Gärten und die semi-öffentlichen Naturalienkabinette, die einen direkten Kontakt zu exotischem und heimischem Material wie auch zu den in ihnen vorübergehend anwesenden internationalen Naturforschern gewährleisteten. Die Verbindungen bauten auf persönlichen Zusammentreffen und Austauschpraktiken von Herbarbelegen, Büchern und Zeichnungen auf. Solche Gelegenheiten ergaben sich für den am Joanneum studierenden jungen Unger sowohl in Graz als auch während seines Medizinstudiums in Wien.

Botaniker reisten viel und sie waren nicht nur im Feld tätig, sondern besuchten stets auch die für ihre Arbeit wichtigen Räume des Wissens. Noch bevor sich Unger mit seiner Doktorarbeit hervortat, war es nicht zufällig Leopold Trattinnick, Kustos der kaiserlichem Naturaliensammlung, der in einem Fachartikel der Zeitschrift „Flora" Ungers Entdeckung einer „Clypeolaria" nannte

---

197 In der Bayerischen Staatsbibliothek in München sind im Bestand Martiusiana II insgesamt 107 Briefe Ungers an Martius (1833–1867) erhalten.

198 Als Ungers Schwester gestorben war und er sehr trauerte, ließ er sich von seinem Freund Martius trösten: „Ja es ist etwas ruhiger in mir geworden, aber diese Ruhe eine Folge religiös-wissenschaftlicher Betrachtungen ist durch Sie, durch Ihre rührenden Briefe und durch einige Ihrer Schriften, die ich jetzt wieder las, entstanden." Brief von Franz Unger an Martius, 28.3.1835, Martiusiana II, Bayerische Staatsbibliothek München.

199 Die Briefe befinden sich in der Zentralbibliothek Zürich und im Landesarchiv Glarus.

200 Diesen Briefwechsel habe ich dem Team, das eine Biographie über Heer erarbeitete, zur Kenntnis gebracht und meine Kopien zur Verfügung gestellt, da Ungers Nachlass in Graz bisher öffentlich kaum bekannt und schwer zugänglich war. Eine Bearbeitung ist von mir in einem eigenen Artikel vorgesehen. – Conradin A. Burga (Hg.), Oswald Heer 1809–1883. Paläobotaniker – Entomologe – Gründerpersönlichkeit (Zürich 2013).

201 Anke Te Heesen / Emma Spary (Hg.), Sammeln als Wissen (Göttingen 2001).

und dessen Namen erstmals in einem Fachorgan bekannt machte.[202] In diese Zeit des Studiums fällt auch Ungers Bekanntschaft mit Endlicher und Fenzl, die lebenslang halten sollte. Bald publizierte Unger in der damals für den deutschen Sprachraum einzigartigen Fachzeitschrift, der „Flora".[203] Und er veröffentlichte eine Studie in dem von der kaiserlichen Akademie, der „Leopoldina", herausgegebenen Periodikum „Nova Acta".[204]

Wie sehr persönliche Treffen der Botaniker in dieser Zeit für den Aufbau eines brieflichen Netzwerkes von Bedeutung waren, möchte ich anhand von zwei Beispielen im Netzwerk Ungers nachzeichnen. Kitzbühel wurde botanisch in den ersten Jahrzehnten des 19. Jahrhunderts wegen seiner einzigartigen Alpenpflanzen berühmt, einheimische botanische Laien wie der Apotheker Traunsteiner und der Arzt Sauter sorgten für ein Ansteigen von deren Bekanntheitsgrad. Deshalb kam auch im Sommer 1830 der Salzburger Botaniker Franz Alexander von Braune (1766–1853) erstmals nach Kitzbühel, wo er Unger besuchte und bei dem er sich nach seiner Heimkehr brieflich für die freundliche Aufnahme in dessen Hause bedankte.[205] Aus dem Besuch entwickelte sich in den nächsten zwei Jahren ein intensiver Briefwechsel, mittels dessen Braune seinem neuen Briefpartner sein ganzes Netzwerk vermittelte und ihm Botaniker nach Kitzbühel schickte. Auch bei David Heinrich Hoppe (1760–1846), dem Mitbegründer der Botanischen Gesellschaft in Regensburg und Mitherausgeber der Zeitschrift „Flora", legte er mehrmals ein gutes Wort für Unger ein. Dieser hatte aber seinerseits sein Augenmerk auf die Pflanzen der Großglockergegend gerichtet und reiste jeden Sommer nach Heiligenblut, wo er schließlich auch Unger anzutreffen hoffte.[206]

Unger hatte sich in diesen Fachkreisen bereits einen Namen als akribischer Zeichner (siehe Abb. 19) erworben und fertigte für Braune eine Zeichnung der „Sieberia" an, die dieser für die nächste Publikation, eine neue „Flora"[207] von Salzburg und Umgebung[208] nutzen wollte. Unger hatte gerade das auffällige

---

202 Reyer, Leben und Wirken, S. 14.
203 Franz Unger, Beiträge zur speciellen Pathologie der Pflanzen. In: Flora 19 und 20 (1829).
204 Franz Unger, Die Metamorphose der Ectosperma clavata Vauch. In: Nova Acta physico-medica Academiae Caesereae Leopoldino-Carolinae Germaniae Naturae Curiosorum 13 (Bonn 1828), S. 789–808.
205 Brief von Braune an Unger, 20.7.1830, Teilnachlass Unger, Briefe, Institut für Pflanzenwissenschaften, Universität Graz, Fasz. I.
206 Brief von Hoppe an Unger, 7.6.1836, Autograph, Universitätsbibliothek Uppsala. Mehr zu Hoppe und seiner Obsession für das Glockergebiet siehe: Marianne Klemun, … mit Madame Sonne konferieren. Die Großglockner-Expeditionen 1799 und 1800 (Das Kärntner Landesarchiv 25, Klagenfurt 2000).
207 Als „Flora" wird eine systematische Zusammenstellung der in einem Gebiet aufgefundenen Pflanzen bezeichnet.
208 Franz Alexander Braune, Salzburgische Flora, 3 Bde. (Salzburg 1797).

Farbphänomen des „rothen Schnees"[209] auf die Massenvegetation eines kugeligen einzelligen Organismus zurückgeführt und im „Boten für Tirol" eine Notiz darüber publiziert. Braune wollte möglichst viele Arten in seiner projektierten „Flora" anführen, weshalb er Unger um noch mehr Information bat und ihm Hinweise auf Sekundärliteratur vermittelte. Die Briefe Braunes an Unger sind voller Ankündigungen und Pläne, Botanikerfreunde zu einem Besuch in Kitzbühel zu bewegen. Hoppe jedoch, der ab 1799 jedes Jahr nach Heiligenblut reiste, um dort seltene Pflanzen zu sammeln und seine Freunde auch dort zu empfangen, erwartete von Unger, dass er diesen von ihm so zelebrierten Ort ebenfalls aufsuchte,[210] Unger kam diesem Ansinnen jedoch nicht nach, denn er wollte sich diesem Diktat nicht unterordnen.

Ein Muss für Naturforscher waren die alljährlichen Treffen der naturforschenden Ärzte. Lorenz Oken war es, der 1822 die „Versammlung deutscher Naturforscher und Ärzte" in Leipzig begründet hatte, eine erste nationale Vereinigung, die danach einmal jährlich und immer an einem anderen Ort „Deutschlands" stattfand. Lorenz Oken, zwischen 1807 und 1819 in Jena Professor der Medizin, hatte nicht nur die Burschenschafter um sich geschart, sondern auch das Organ „Isis" (1817) begründet, die erste die deutschen Territorien übergreifende naturwissenschaftliche Zeitschrift, die auch über die Zusammenkünfte ausführliche Berichte publizierte. Mit ihr wollte Oken erstmals eine nationale Verständigung zwischen Naturforschern erzielen. Wie der Zeitschrift so kam ebenfalls der Wissenschaft in der von ihm begründeten „Versammlung deutscher Naturforscher und Ärzte" die Funktion als Vehikel politischer Ideen zu. Die jährliche durch Oken ins Leben gerufene Konferenz[211] bezweckte aber nicht nur nationale Identitätsstiftung, sondern bildete ein wichtiges Kontaktforum für junge Naturforscher.[212]

Unger schloss sich erstmals im Jahre 1833 der Versammlung in Wien an[213], schrieb sich in der Rubrik Botanik und nicht in der Geognosie ein und nützte die Gelegenheit, seine Erklärung der Erkrankungserscheinungen bei den Pflanzen in Opposition zur Ansicht des Berliner Botanikprofessors Franz Julius Ferdi-

---

209 Franz UNGER, Ueber den rothen Schnee der Alpen und der Polarländer. In: Bote für Tirol. Oktoberheft (1830).

210 Das geht aus einem Brief von Hoppe an Unger hervor. Brief von Hoppe an Unger, 7.6.1836, Universitätsbibliothek Uppsala.

211 Von 1822 an fanden diese Tagungen im Vormärz nacheinander in Leipzig, Halle, Würzburg, Frankfurt am Main, Dresden, Berlin, Heidelberg, Hamburg, Wien, Breslau, Bonn, Jena, Prag, Bad Pyrmont, Erlangen, Braunschweig, Mainz, Graz und Aachen statt.

212 So hielt er beispielsweise später 1837 einen Vortrag über Pflanzengeographie in der botanischen Sektion der Versammlung in Prag 1837. Vgl. Protokolle der botanischen Section bei der Versammlung deutscher Naturforscher und Aerzte zu Prag, im Herbst 1837. In: Allgemeine botanische Zeitung 27 (1838), S. 425–440, hier 436.

213 Der Bericht über die Versammlung erschien in der Zeitschrift Isis 4 (1833), S. 290–380.

nand Meyen (1804–1840) vorzustellen.[214] Auch reichte er in einer der Sektionssitzungen Probeblätter des in Druck befindlichen Werkes seiner Pflanzenpathologie herum.[215] Jedenfalls war dieses mehrwöchige Treffen eine gute Plattform, Fachkollegen aus vielen Ländern persönlich kennenzulernen bzw. auf sich aufmerksam zu machen, zumal stets auch ein kulturelles Programm die Vortragssitzungen ergänzte.

Die Initiative zog von Jahr zu Jahr mehr Naturforscher an. Weitaus prominenter besetzt war schon die in Prag 1837 stattfindende Versammlung, bei welcher Christian Gottfried Nees von Esenbeck (1776–1858, Professor zu Breslau), Christian Friedrich Schwägrichen (1775–1853, Professor der Naturgeschichte in Leipzig) und Ludwig Heinrich Gottlieb Reichenbach (1793–1879, Professor der Chirurgisch-Medizinischen Akademie in Dresden) die botanische Sektion präsidierten. Unger nahm sich eines neuen Themas an, er dozierte über die „Samenthiere der Pflanzen". Es ergab sich eine heftige Diskussion, in deren Folge Nees von Esenbeck Ungers Parasitenkonzept heftig widersprach. Er behauptete, dass das Keimen nur an der Oberfläche, nicht aber im Innern stattfinde. Unger konnte mit Erfahrungswerten punkten und konterte, dass es ihm nicht gelungen sei, Parasiten durch Aussaat zu erzielen. Er bezog sich hier auf empirische Befunde.[216]

Um nochmals auf mein Argument zurückzukommen, dass persönliche Begegnungen, ob institutionalisiert oder privat gestaltet, wohl den wichtigsten Part der Kommunikation zwischen den Botanikern ausmachten, bleibt zu betonen, dass diese Treffen auch vorhandene Verbindungen stärkten und neue evozierten. Hinzu kamen die Reisen. Es ist hier nicht möglich, alle Reisen zu erwähnen, die Unger auf sich nahm, um seine Diskussionspartner wie Endlicher in Wien, Martius in München (siehe Abb. 20) oder auch andere Kollegen in Deutschland persönlich zu treffen. Im Jahre 1845 schrieb er an Martius, dass er sich auf seine geplante Reise nach München sehr freue, zumal es 9 Jahre her sei, dass er dort gewesen sei.[217] Und auch diese Tour war mit dem Besuch der Versammlung deutscher Naturforscher und Ärzte, diesmal in Nürnberg, verbunden.

In den 50er Jahren führten Unger die Reisen nach Syrien und Kleinasien (1858), Ägypten (1858), Griechenland (1860), Kleinasien (1862), mehrmals nach

214 Bericht über diesen Vortrag [vermutlich eine Mitschrift]. Versammlung der Naturforscher und Ärzte in Wien. In: Isis, Heft 4 (1833), Spalte 373–377.

215 „Dr. Unger aus Kitzbühel legte Probeblätter aus seinem unter der Presse befindlichen Werke über Pflanzen-Exantheme und einige damit verwandte Krankheitsformen der Pflanzen vor." In: Versammlung der Naturforscher und Ärzte in Wien. In: Isis 4 (1833), S. 505.

216 Protocolle der botanischen Section bei der Versammlung deutscher Naturforscher und Ärzte zu Prag, Herbst 1837. In: Allgemeine Botanische Zeitung 25 (1837), S. 399–440; hier S. 417.

217 Brief von Unger an Martius, 27.7.1845, Martiusiana II, Bayerische Staatsbibliothek München.

Dalmatien (1864, 1865 und 1867) sowie nach Ungarn (1864). Während all dieser Reisen wurde gezeichnet oder es wurden Zeichnungen aus Publikationen für die Reisen exzerpiert (siehe Abb. 21 und 22). Es sei bezüglich der Vernetzungswirkung ein Beispiel aus der späteren Lebenszeit angeführt und auf Ungers Reise in den Norden Deutschlands 1852 verwiesen.[218] Zunächst führte ihn diese nach Prag, wo er den Professor der Mineralogie der Prager Universität August Emanuel Reuss (1811–1873), den besten Kenner der fossilen Foraminiferen, aufsuchte. Der Kustos der Sammlung, Maximilian Dormitzer, brachte Unger zu Joachim Barrande (1799–1883), der gerade dabei war, aus seiner Privatsammlung den ersten Band eines später auf 21 Bände anwachsenden Werkes zu den Fossilien des Silur in Druck zu geben.[219] In dessen Museum traf Unger weitere Persönlichkeiten, die ihn sogar im Zug zur nächsten Station seiner Reise begleiteten. In Dresden wurde Ludwig Heinrich Gottlieb Reichenbach (1793–1879) im botanischen Garten der Chirurgisch-Medizinischen Akademie besucht. Reichenbachs Sohn, der in Leipzig lebte, wurde von seinem Vater eingeteilt, Unger zu betreuen und ihn mit Wilhelm Hofmeister (1824–1877)[220], den Unger noch nicht persönlich kannte, zusammenzubringen. Hofmeister hatte kurz zuvor sein Gesetz des Generationswechsels anhand des Lebenszyklus der Moose, Farne und Gymnospermen formuliert. Er zeigte, dass die Individualentwicklung dem Wechsel des geschlechtlichen und ungeschlechtlichen Stadiums unterliegt.[221] Mit Professor Germar wurde eine gemeinsame Exkursion in die Umgebung verabredet und Unger ließ sich die Wohnung von Professor Burmeister zeigen. Auch Jena war auf dem Reiseplan, denn Unger musste Matthias Jacob Schleiden (1804–1881)[222] und Professor Schmid, der das Physiologische Institut leitete, besuchen, um diesen bedeutenden Wissensraum in „Augenschein" zu nehmen. Die Tour diente der Bezeugung gegenseitigen Respekts, auch ließ sich Unger eine neue Technik der Speicherung der Präparate auf Glasplättchen mit Papierstreifen und in Lösungen („Chlorcalcium") vorführen. Beeindruckt schien er von dem Umstand, dass damit mühsame Wiederholungen der Experimente entbehrlich wurden.

---

218 Franz UNGER, Erinnerungen aus dem Norden vom Jahre 1852. Autograph, Universitätsbibliothek Basel, Nachlass Nr. 257, Nr. 20.

219 Joachim Barrande hatte als Lehrer des französischen Königshauses die Bourbonen nach der Revolution auf der Flucht begleitet und das Vermögen des Comte Chambord in Böhmen verwaltet.

220 Hofmeister war ab 1854 Professor der Botanik in Heidelberg, entstammte aber einer in Leipzig ansässigen Musikalienhändlerfamilie.

221 Siehe dazu: Vera EISNEROVA, Botanische Disziplinen. In: Ilse JAHN (Hg.), Geschichte der Biologie (Jena / Stuttgart / Lübeck / Wilhelm), S. 302–322, hier S. 315.

222 So schreibt Unger: „Schleiden selbst kannte ich schon früher, es war also dieses Begegnen nur ein Wiedersehen". Franz UNGER, Erinnerungen aus dem Norden vom Jahre 1852. Autograph, Universitätsbibliothek Basel, Nachlass Nr. 257: Nr. 20, fol 36.

Es geht hier in dieser Episode freilich nur um einen Ausschnitt der überlagerten Kommunikationswege, die in der Kommunikationsforschung als *set*[223] bezeichnet werden. Aber besonders ist es auch die selbstgenerative Produktivität, die einen Grundmechanismus jedes Netzgebildes darstellt und die hier zwar zu diskutieren wäre, aber der Kürze halber nur am Beispiel der Reise in den Norden 1852 angedeutet, aber nicht ausführlich anhand des Briefwechsels analysiert werden kann und somit einer weiteren Studie vorbehalten bleiben soll.

Kommen wir zu einer Thematik, die im wissenschaftlichen Alltag allgegenwärtig war, die Herstellung von Abbildungen. Das Zeichnen hatte besonders auch für Botanik[224] und Biologie in Ungers Zeit Relevanz. Bilder spielen auf vielen Ebenen der Wissensproduktion eine entscheidende und je nach Forschungsfeld unterschiedliche Rolle. Sie sind Teil einer spezifisch-professionellen Sehkultur,[225] einer Verschränkung von sozialen, epistemologischen und diskursiven Bedingungen, welche Sichtbarkeit des schwer Begreifbaren zu einem Zeitpunkt gewähren. So haben Bilder das Vermögen, im Prozess des Vergegenwärtigens von wissenschaftlichen Ideen und Konzepten ebenso zu wirken, wie sie kognitive Anhaltspunkte und Verbindungen zwischen (vor-)wissenschaftlichen Annahmen und ihren räumlichen Anschauungsobjekten ermöglichen.[226]

Zunächst interessiert hier nicht nur der Prozess des Bildergebrauchs, sondern jener der Produktion. Aber auch der Prozess des Herstellens impliziert einen Gebrauch einerseits, jenen des „visuellen Arguments".[227] Unger ging es besonders um die Professionalisierung bereits vorhandener und um die Ausbildung

---

223 Wolfgang REINHARD, Freunde und Kreaturen. „Verflechtung" als Konzept der Erforschung historischer Führungsgruppen. In: Wolfgang REINHARD (Hg.), Ausgewählte Abhandlungen (Historische Forschungen 60, Berlin 1997), S. 289–310, hier bes. 294.

224 Siehe hiefür Kärin NICKELSEN, Wissenschaftliche Pflanzenzeichnungen – Spiegelbilder der Natur? Botanische Abbildungen aus dem 18. und frühen 19. Jahrhundert (Bern 2000); Kärin NICKELSEN, Botanists, Draughtsmen and Nature. The Construction of Eighteenth-Century Botanical Illustrations (Dordrecht 2006); Kärin NICKELSEN, „Abbildungen belehren, entscheiden Zweifel und gewähren Gewissheit" – Funktionen botanischer Abbildungen. In: Veronika HOFER / Marianne KLEMUN (Hg.), Bildfunktionen in den Wissenschaften (Wiener Zeitschrift zur Geschichte der Neuzeit 7/1, Wien 2007), S. 52–68.

225 Zum Begriff der „Sehkultur", allerdings nicht in der Wissenschaft, dennoch aber übertragbar: Svetlana ALPERS, Kunst als Beschreibung. Holländische Malerei des 17. Jahrhunderts (Köln 1985).

226 Siehe dazu: Veronika HOFER / Marianne KLEMUN, Wissenschaftstheoretische Positionen von Bildfunktionen (Hefteditorial). In: Veronika HOFER / Marianne KLEMUN (Hg.), Bildfunktionen in den Wissenschaften (= Wiener Zeitschrift zur Geschichte der Neuzeit 7/1, Wien 2007), S. 3–7.

227 Den Begriff des visuellen Arguments bzw. visueller „Argumentation" verdanke ich: Hort BREDEKAMP / Pablo SCHNEIDER (Hg.), Visuelle Argumentation. Die Mysterie der Repräsentation und die Berechenbarkeit der Welt (München 2008).

adäquater neuer Visualisierungsformen. Zu denken ist an seine Verbesserung der Aufzeichnung des mikroskopischen Sehens, die Entwicklung der Schlifftechnik fossiler Hölzer[228] und die Visualisierung vorzeitlicher Epochen. Ich gehe hier von einem erweiterten Bildbegriff aus, der Diagramme, Modelle, Herbarblätter, Landschaftsrekonstruktionen früherer geologischer Epochen etc. ebenso in die Analyse einbezieht wie auch Glasplättchen.

In konstitutiver Weise stifteten all diese Bilder die systematische Ausdehnung ihrer eigenen Referenzverhältnisse als wissenschaftsimmanente Strategien des Belegens und Beglaubigens und steigerten damit ihre diskursiven Anschlussmöglichkeiten. In diesem Sinne konstruierte und setzte Unger seine Handzeichnungen ein. Als Meister, der diese Technik des Zeichnens beherrschte (siehe Abb. 23), übte er sich in diesem Metier und stand auch stets seinen Freunden wie Endlicher und Martius zur Seite, wenn sie Bildmaterial von ihren Naturobjekten benötigten.[229] Aber dieses Zeichnen war nicht bloß Dienst eines guten Handwerkers, sondern Unger war in die Forschungsproblematik stets eingedacht und in sie einbezogen. So zeichnete er regelmäßig für den Palmenspezialisten Martius, wenn dieser ihm Palmenteile zur Verfügung gestellt hatte.[230]

Arbeit und Überarbeitung charakterisierten diese Phasen, in denen er diese Zeichnungen einerseits perfektionieren wollte, andererseits ihr Ergebnis als Ausgangspunkt für die Erweiterung seines spezifischen biologischen Wissens direkt nutzte.

Unger konstruierte im Jahre 1832 Blütendiagramme (Abb. 24), die als „schematische Darstellungen"[231] zu systematischen Zwecken dienen sollten. Sie sollten seinen Freund Endlicher unterstützen, der gerade an seinem neuen System arbeitete,[232] an dessen Entstehung Unger großen Anteil hatte. Kurz zuvor hatte Alexander Braun (1805–1877)[233] seine ersten „Blütenrisse" entworfen.[234] Ob Unger diese schon kannte, muss bezweifelt werden, denn in Kitzbühel war an neueste Literatur nicht so schnell heranzukommen. Aber auch wenn Unger diese

228 Siehe dazu den Text von Bernhard HUBMANN in diesem Buch, bes. S. 209–213.
229 Dazu gibt es in den Korrespondenzen der Protagonisten viele Belege.
230 Siehe dazu die Briefe von Unger an Martius, bes. 12.1.1833, 10.1. 1836, Martiusiana II, Bayerische Staatsbibliothek München.
231 Brief von Unger an Endlicher, 3.11. 1832, abgedruckt in: Haberlandt, Briefwechsel, S. 33 f.
232 Stephan Ladislaus ENDLICHER, Genera plantarum secundum ordines naturales disposita (Vindobonae 1836–1841).
233 Mit Alexander Braun existiert ein Briefwechsel mit Unger, aber erst ab der Zeit nach 1852. Siehe dazu Teilnachlass Unger, Briefe, Institut für Pflanzenwissenschaften, Universität Graz, Fasz. I.
234 Alexander Carl Heinrich BRAUN, Vergleichende Untersuchung über die Ordnung der Schuppen an den Tannenzapfen. In: Nova Acta phys.-med. Acad. Ceas. Leop.-Carol. Nat. Cur. 15 (1831), S. 195–402.

Idee aufgriff, nutzte er die Diagramme in eine andere Richtung, nicht wie Braun morphologisch-phyllotaktisch (die Blattanordnung betreffend), sondern systematisch, um Endlichers Differenz der Familien zu stützen. Unger schreibt an seinen Freund Endlicher:

> „[…] lege ich Dir folgendes Probeblatt bei, woraus Du ersehen magst, wie ich die besprochenen idealen Blumendarstellungen auszudrücken mich bemühen werde. Ich halte es noch keineswegs für vollkommen gelungen, doch lässt sich diese Sache nur verbessern, wenn man einmal eine grosse Menge von Familien auf diese Weise darzustellen versucht hat. Die Bilder brauchen keine Erklärung, nur das Einzige habe ich bei Lobelia beizusetzen, dass der aus breiteren Strichen geformte Kreis und den Fruchtknoten das Halbe-Verwachsensein mit dem Kelch etc. ausdrücken soll."[235]

Dieses Zitat macht deutlich, dass theoretisches Wissen über den Umweg von praktischer Erfahrung erworben wurde. Die Zeichnungen dienten als Werkzeuge dafür, die Unterschiede zwischen den Familien klarer zu formulieren:

> „Ich habe absichtlich verwandte Familien hier gewählt, um zu zeigen, wie auch trotzdem die Differenzen deutlich und auf den ersten Blick ersichtlich sind. Es wäre noch möglich (bei etwas vergrösserter Figur) auch das Vorhandensein oder den Mangel des Albumens, die Lage und Form des Embryos u. s. w. auszudrücken. Doch solches kann ich nur versuchen, wenn ich einmal die Blüthen- und Fruchttheile der exotischen Pflanzen untersucht haben werde. Deinem Werke würde es sehr angemessen sein, wenn Du solche schematische Darstellungen der Familien beigeben wolltest, und zu dem biete ich Dir gerne die Hand."[236]

Das Herz dieses praktischen Erfahrungsprozesses war der Akt des Zeichnens, des Entwerfens, aber auch dass hier die Möglichkeiten des Mediums „Bild" jenseits der direkten Verbindungen zum Verbalen ausprobiert wurden, das Sagbare eben im Sichtbaren modelliert wurde. Im Dispositiv des Bildes lag das Begreifen ‚auf den ersten Blick', wodurch die zweite Funktion des Bildes jenseits der Erkenntnisgewinnung auf die Vermittlungsebene weist. Denn die Beobachtungsevidenz als Nachweis zielte auf Akzeptanz. So schreibt Unger an seinen Freund Martius einige Jahre später, nachdem Endlicher offensichtlich die Blütendiagrame Ungers nicht in sein Werk aufgenommen hatte:

> „Mir ist es lieb, daß Sie mich wegen den Palmenblüten stimulieren, denn ich habe die Arbeit, da sie mir so viele Schwierigkeiten machte, einige Zeit auf die Seite gelegt. In der That fehlt mir die Gewandtheit mit gekrachten Blüthen und Früchten gut umzugehen und etwas heraus zu bringen."[237]

---

235 Brief von Unger an Endlicher, 3. 11. 1832, abgedruckt in: HABERLANDT, Briefwechsel, S. 32.
236 Brief von Unger an Endlicher, 3. 11. 1832, abgedruckt in: HABERLANDT, Briefwechsel, S. 33 f.
237 Brief von Unger an Martius, 17. 11. 1836, Martiusiana II, Bayerische Staatsbibliothek München. .

Bilder konstituieren Beziehungsverhältnisse einerseits zwischen den Akteuren und ihren Objekten, andererseits zwischen den Wissenschaftlern als Akteuren untereinander in Bezug auf ihre Objekte und sind imstande, gegebenenfalls neue Bilder zu generieren:

> „Nun möchte ich Ihnen noch eine Proposition machen. Wie ich aus einer Tafel des letztausgegebenen Faszikels Ihres Palmenwerkes ersehe, werden Sie auch über die fossilen Baumstämme u.s.w etwas sagen. Da mich die Sache ungemein interessiert u. ich auch seit einem Jahr in der Anatomie fossiler Pflanzenstämme mich etwas einge-arbeitet habe, so würde ich Ihnen gerne Zeichnungen u. Beobachtungen für Ihren Gebrauch überlassen, so ferne Sie mich nur mit Material unterstützen. Ich erhalte in einigen Wochen eine eigene Schleiferey, wo ich mir die Fossilien selbst für anatomische Untersuchungen präparieren ganz so wie Witham, Nicol u. andere Engländer es thaten. Ich besitze auch schon eine hübsche Sammlung von solchen aus Glas aufgekitteten papierdünnen Durchschnitten mancher interessanter Stämme vorweltlicher Pflanzen. Schicken Sie mir nur die Steine, das übrige lassen Sie nur mich machen; versteht sich, Sie erhalten dieselben nach genommenen Durchschnitte wieder zurück."[238]

Bei Bildern handelt es sich allgemein gesehen um eine nonverbale Kommunikation. Sie stellen nicht nur ein Hilfsmittel dar, sondern konstituieren den Inhalt der Wissenschaft selbst (siehe Abb. 25). Das mikroskopische Sehen ist dafür ein gutes Beispiel. Für die Morphologie und Anatomie wird die Arbeit mit dem Mikroskop seit der Mitte des 19. Jahrhunderts quasi zu einem neuen Charakteristikum des nicht taxonomisch orientierten Botanikers. Unger prägt diesen Trend bereits am Joanneum in Graz mit, an der Universität Wien vermittelt er den Umgang mit dem Mikroskop in eigenen Übungen. Gelehrt wurde nicht nur der richtige Gebrauch des Mikroskops, sondern die „Kunst des Sehens"[239]. Ein gutes Mikroskop war für den Erfolg mit dem Instrument zwar eine Voraussetzung, weit wichtiger war es jedoch, wie es die Leitfigur des Faches Matthias Jacob Schleiden (1804–1881) forderte,[240] dass der Naturforscher selbst zeichne und die Arbeit nicht einem Künstler überlasse. Was der Naturforscher im Mikroskop gesehen habe, könne er erst nach langer Übung des Sehenlernens und „Vertrautheit mit dem Objekt"[241] überhaupt aufzeichnen.

Unger hatte in seinen Forderungen für die Dotation seines Unterrichts an der Universität Wien dezidiert die „Zeichnungsrequisiten, Papier, Farben, Pinsel u.s.w." vor den anderen Requisiten wie „verschiedene Gläser und chemische

---

238 Brief von Unger an Martius, 8.11.1839, Martiusiana II, Bayerische Staatsbibliothek München.

239 Soraya de Chadarevian, Sehen und Aufzeichnen in der Botanik des 19. Jahrhunderts. In: Michael Wetzel / Herta Wolf (Hg.), Der Entzug der Bilder. Visuelle Realitäten (München 1994), S. 121–144.

240 Mathias Jacob Schleiden, Grundzüge der Botanik nebst einer methodologischen Einleitung als Anleitung zum Studium der Pflanzen. 2 Bde. (Leipzig 1842/43).

241 Chadarevian, Sehen, S. 129.

Glaswaaren, cubierte Röhren, Kautschuk u. dgl."[242] aufgezählt, da für die Zeichnungsarbeit viel Material gebraucht wurde. „Fehlende Apparate, welche nach und nach angeschafft werden können, wie z. B.: Eudiometer, Pneumatische Wanne, Polarisationsapparat, Gasometer, Platinwaagen, Gramgewichte u. a. m. und neu erfundene Instrumente, namentlich optische, welche der Fortschritt der Wissenschaft nothwendig macht"[243], waren ebenfalls vorgesehen (siehe Abb. 26).

Die renommierte Wissenschaftshistorikerin Evelyn Fox Keller hat für die Kategorisierung von Modellen in der Biologie die simple, aber äußerst gewichtige Unterscheidung von „models of" und „models for" eingeführt[244]. Während die Kategorie „models for" bedeutet, dass Modelle die Forschung erst evozieren, impliziert „models of" die Funktion der Imitation eines bestimmten realen Phänomens, wie es etwa durch ein Diorama gegeben ist. Impliziert wird aber nicht nur die Realität, sondern auch die Repräsentanz eines Erkenntnisstandes, womit entscheidende wissenschaftliche Schritte des Erkenntniszuwachses entsprechend anschaulich öffentlich dargestellt oder popularisiert werden.

Während die Blütendiagramme Ungers im Sinne eines „models for" verstanden werden können, zumal sie weitere Schritte der Systematik evozierten, kann für Ungers Visualisierung von vorweltlichen Perioden die Zuweisung als „models of" gemacht werden. Was die Rekonstruktion der vorweltlichen Perioden[245] betrifft, wählte Unger einen Weg, den kaum jemand vor ihm gegangen war: Unger visualisierte zeitliche Einheiten der Erdgeschichte, für die es zuvor keine konkreten räumlichen Vorstellungen gab. Fossilien, die in Serien in den Glasschränken der Sammlungen aufgestellt waren, gaben ja nur ein fragmentiert-abstraktes Bild. Sie waren nur steinerne isolierte Zeugen allenfalls einer Schicht der Erde. Unger kombinierte die Reste einer Fundschicht in einer Rekonstruktion der vorweltlichen Perioden zu einem Vegetationsbild. Die Referenz für seine Idee waren Landschaftsbilder.

Unger selbst hatte bereits in seiner Haftzeit in Graz eine außerordentlich ausgeprägte Vorstellungskraft für räumliche Dimensionen, so schrieb er in sein Tagebuch, dass die versuchte Beschreibung des Haftgebäudes Stückwerk bleibe, da er es „mit ziemlich pochenden Herzen in der Hand eines Hrn Comissars durchschritten habe, daher weder Fassung noch Zeit übrig blieb, dergleichen

---

242 AVA (Allgemeines Verwaltungsarchiv Wien), Ministerium für Cultus und Unterricht, Allg. Reihe 1848–1940, Fasz. 627, Phil. Bd. 4., Eingaben Franz Ungers an das Ministerium, Nr. 4255.855.

243 Ebd.

244 Evelyn Fox KELLER, Models of and Models for: Theory and Practice in Contemporary Biology. In: Philosophy of Science 67 (2000), S. 72–86.

245 Franz UNGER, Die Urwelt in ihren verschiedenen Bildungsperioden (Wien 1851).

Lagerungsreflexionen zu machen, wie ich es etwa im Gebürge durch Felswände wandernd zu thun gewohnt bin."[246]

In Zusammenarbeit mit dem Kunstmaler Josef Kuwasseg (1799–1859) entstanden in der Grazer Zeit vierzehn botanische Landschaftsbilder, die eine erdgeschichtliche Entwicklung vom Unterkarbon bis zur Jetztzeit darstellen. Die Sepiabilder und den Text hatte Unger, nachdem es 1847 zur Gründung der Österreichischen Akademie der Wissenschaften in Wien gekommen und er auch Mitglied geworden war, zur Publikation eingereicht. Unger musste aber bald erkennen, dass in der Akademie die Publikation nicht so forciert wurde,[247] wie er es als äußerst aktiver Naturforscher für sich wünschte:

> „Die Kais. Academie hat mir meine ‚Landschaftlichen Darstellungen vorweltl. Perioden' zurückgestellt, ohne hierüber noch zu einem Entschlusse gekommen zu seyn. Ich will nun aber nicht länger mehr säumen, und sie in München lithographiren lassen. Um mir den rechten Künstler dazu auszusuchen, der jetzt vielleicht eher als zu einer anderen Zeit, zu haben seyn dürfte, muß ich selbst nach München kommen. Vieles wird sich durch mündliche Instructionen besser deutlich machen lassen, als durch die ausführliche briefliche Anweisung."[248]

Die Akademie ließ das Manuskript vorerst liegen. Erkannte man die Brisanz der Botschaft, oder war nur die Langsamkeit der Bürokratie, die uns in den Quellen überliefert ist, die Ursache der Verzögerung des Druckes? Oder mangelte es einfach an einem ausgezeichneten Graphiker, der die Bilder den Vorlagen adäquat für den Druck vorbereiten konnte?

Hilfe fand Unger bei Martius, dem ‚Humboldt Brasiliens', der ihm einen Lithographen vermittelte und als Brasilienreisender mit seiner authentischen Erfahrung beistand. Die Anweisungen an Martius, der den Graphiker persönlich betreute, lauteten beispielsweise folgendermaßen:

> „Was das Bild Nr. V (Landschaft des bunten Sandsteins) betrifft, so sind die vorhandenen Bäume nach dem Typus von Araucaria excelsa und die alten Stämme nur in der Verzweigung, nicht aber Belaubung nach der Gestaltung von Pinus Cedrus auszuführen. Die übrigen krautartigen Pflanzen haben in der Typha u. Equisetum (jedes mit breiten Blättern, was heute nicht mehr der Fall ist) ihre Analoga."[249]

---

246 Ungers Aufzeichnungen während der Haft. Universitätsbibliothek Basel, Nachlass Nr. 257: Nr. 8.

247 „Würde unsere stinkfaule Academie in Wien auch nur ein einziges Lebenszeichen von sich geben, so wäre ich froh.– Mein ihr schon vor einem Jahr mitgetheilter Aufsatz über die Färbung der Hyacinthe dürfte allem Anschein nach wohl erst in ein paar Jahren zum Drucke kommen. So stehen die Sachen bei uns." Brief von Unger an Martius, 2.1.1849, Martiusiana II, Bayerische Staatsbibliothek München.

248 Brief von Unger an Martius, 25.7.1848, Martiusiana II, Bayerische Staatsbibliothek München.

249 Brief von Unger an Martius, 24.6.1849, Martiusiana II, Bayerische Staatsbibliothek München.

Die Sequenz von 14 Szenen schien geeignet, den natürlichen Prozess der Erdgeschichte einer in menschlichen Zeiterfahrungsdimensionen nicht greifbaren
Zeit darzustellen. Die visuelle Repräsentanz half das schwierig Erfassbare in
einzelnen aufeinanderfolgenden Schritten erkennbar zu machen. So zeigte sich
schon bald der ungeheure Erfolg dieser Bilder. Sie wurden gleichermaßen von
Fachleuten und von Laien gekauft, als „dissolving views" öffentlich gezeigt und
machten 1859 in Hydrogen-Oxygengas-Beleuchtung die Runde durch ganz
Europa. Sie wurden auch alsbald im Unterricht eingesetzt. Alexander Braun
schrieb etwa aus Berlin an Unger: „Sehr freue ich mich auf die vorweltlichen
Landschaften, die mir bei meiner Vorlesung über die Flora der Vorwelt herrliche
Dienste leisten werden."[250]

Die Innovation, verschiedene Stadien der Erdgeschichte nicht mehr durch
einzelne Spezies in Museum abstrakt zu dokumentieren, sondern wie „Szenen"
auf der Bühne eines Theaters als Sukzession von klimatisch-vegetativen Er-
scheinungsformen zu inszenieren, hatte mit wenigen Ausnahmen keine Vor-
bilder. Unger gab in seinem erläuternden kurzen Kommentar eine Art Bildbe-
schreibung, die den Betrachter dabei unterstützte, sich – wie er es immer wieder
betonte – selbst direkt ins „Bild" zu versetzen. Die dabei gewählte Visualisie-
rungsform des Landschaftsbildes hatte sechs besondere Vorzüge der Überzeu-
gungsleistung. Erstens knüpfte Unger epistemisch an eine allseits anerkannte
Vorstellung von einer holistischen Wissenschaft an, die Vegetation räumlich
erfasste. Zweitens schloss sie sich bereits existierenden Sehgewohnheiten an, wie
sie sich infolge der englischen Gärten in Analogie zur Landschaftsmalerei aus-
geformt hatten. Beide erfuhren einen hohen Grad an Akzeptanz.

Drittens ließen sich durchaus Assoziationen zu den imperialen Palmenhäu-
sern und Darstellungen von Exotik in Reisewerken herstellen. Es ist in der
Korrespondenz nachweisbar, dass Carl Philipp von Martius, Palmenspezialist[251]
und Brasilienreisender, seinen Freund persönlich bei der Konzeption beriet. Mit
der visualisierten Exotik knüpfte Unger an das Paradigma an, indigene Kulturen
als frühere Stadien einer angeblich höherwertigen Kultur zu deuten, mit der
Exotik quasi in die Geschichte einzutauchen.

Ferner ist auch zu betonen, dass das traditionelle Ideal der Visualisierung der
Natur von einem wichtigen Faktor bestimmt war, von der Vorstellung des Erhabenen. Unger selbst sah in der Rekonstruktion keine Exaktheit, sondern nur
eine Art Charakter. Unger hatte in Kuwasseg einen Meister der idealisierten wie

---

250 Brief von Alexander Braun an Unger, 15. 2. 1851, Teilnachlass Unger, Briefe; Institut für
     Pflanzenwissenschaften, Universität Graz, Fasz. I.
251 Carl Friedrich Philipp MARTIUS, Nova Generea species Palmarum. 2 Bde. (Leipzig 1924);
     Carl Friedrich Philipp MARTIUS, Historia Naturalis Palmarum (Leipzig 1823–1853). Das
     Werk enthielt 410 Illustrationen, an denen Unger auch beteiligt war. Siehe dazu auch: H.
     Walter LACK (Hg.); The Book of Palms – Das Buch der Palmen. Reprint (Köln 2010).

auch realen Landschaftsdarstellung für sein Projekt gewinnen können. Kuwassegs Besonderheit war es, sich nicht in Details zu verlieren, sondern jede Vegetationseinheit in ihrer Charakteristik zu erfassen, ein Aspekt, der dem Humboldt'schen Ideal entsprach. Nicht zuletzt war es diese hochwertige malerische Perfektion, die er für die Konstruktion eingesetzt hatte.

Unger bezog sich in seiner Rekonstruktion erdgeschichtlicher Epochen auf die Zeitspanne zwischen dem ersten Auftreten organischer Wesen bis zum Auftreten des Menschen. Mit dem Erscheinen des Menschen erreichte die Serie ihren End- und Höhepunkt. Martin Rudwick hat bereits darauf verwiesen, dass „[t]he Edenic overtones of its culminating final scene, with its overtly biblical allusions, suggest, that it is not fanciful to see in Unger's work the definite assimilation of the tradition of biblical illustration into the newer genre."[252] Ungers Anknüpfen an Sehkonventionen habe ich an anderer Stelle ausführlich gedeutet. In dieser Publikation habe ich darauf verwiesen, dass die Bleistiftzeichnung für den Druck bezüglich der Darstellung der Menschengruppe verändert wurde. Während die erste Zeichnung zwei Männer und eine Frau mit Kindern darstellte, wurde die Druckversion mit einem deutlich von einer Frau abgehobenem Paar ersetzt. Diese Änderung habe ich als den zeitgenössischen Sehgewohnheiten adäquate Version gedeutet.[253]

Fassen wir zusammen: Die Funktionen der Bildlichkeit sind in Ungers Tätigkeit auch innerhalb des Erkenntnisprozesses zu unterscheiden, beginnend mit Ahnung, mit Formierung, über Konkretisierung wird Repräsentation zur Überprüfungsinstanz und kann zur der vorübergehenden Stabilisierung der Episteme beitragen. Ganz wichtig jedoch war ihm die Vermittlung, der Wissenstransfer zwischen den Kollegen, für die er die vielen Zeichnungen machte. Ebenso ist die Gestaltung der Lehrbücher hervorzuheben, in denen er erstmalig Illustrationen in den laufenden Text montierte, um die Schulung mithilfe von Bildern zu optimieren. Einen Höhepunkt der Verbindung zwischen Kreativität und Wissen stellte das Projekt die „Urwelt in ihren verschiedenen Bildungspe-

---

252 Martin RUDWICK, Scenes from Deep Time: Early Pictorial Representations of the Prehistoric World (Chicago and London 1992), S. 132.

253 Marianne KLEMUN, Franz Unger and Sebastian Brunner on evolution and the visualization of Earth history; a debate between liberal and conservative Catholics. In: Geology and Religion. A History of Harmony and Hostility. Geological Society. Special Publications (London 2009), S. 259–267. Siehe dazu auch: David N. LIVINGSTONE, Science and Religion: towards a New Cartography. In: Christian Scholars' Review 26/3 (1997), S. 270–292; Frank Miller TURNER, Rainfall, Plagues, and the Prince of Wales: A Chapter in the Conflict of Religion and Science. In: Journal of British Studies 13 (1974), S. 46–65; Frank Miller TURNER, The Victorian Conflict between Science and Religion. A Professional Dimension. In: Isis 69 (1978), S. 356–376; Sander GLIBOFF, Evolution, Revolution, and Reform in Vienna: Franz Ungers Ideas on Descent and Their Post-1848 Reception. In: Journal for History of Biology 31 (1998), S. 179–209.

rioden" dar, mit dem sich Unger als Wissenschaftskommunikator ersten Ranges erwies.

Mit dem Anspruch auf hohe Bildqualität ergab sich für Unger so manches Problem bezüglich seiner Publikationen. Er war ungemein produktiv, verfasste etwa 30 Monographien, von den vielen sehr umfangreichen Artikeln in Fachzeitschriften und ab 1847 in der Akademie der Wissenschaften publizierten Beiträgen gar nicht zu reden. Er war aber auch recht ungeduldig und konnte nicht lange warten, bis eine Arbeit gedruckt wurde. Die Publikation über die Verteilung der Gewächse war ursprünglich für die „Nova Acta" der Leopoldinischen Akademie vorgesehen. Als er erfuhr, dass ihm ein anderer Autor vorgereiht wurde, suchte er sich eine neue Möglichkeit[254] und landete bei dem Verleger Rohrmann in Wien. Dennoch machte er sich manchmal Luft über die schwierigen Bedingungen:

> „Es ist sehr demüthigend, wenn der Naturforscher, der so vielen Schweiss auf seine Arbeit verschwendet, zuletzt in Verlegenheit geräth, einen Verleger zu finden, doch mir scheint, es begegnet dieß auch anderen und tüchtigeren Männern."[255]

Das Finanzierungsproblem begleitete Unger bei den ersten Werken. Für seine „Chloris protogaea" (1847) musste sich Unger eine Summe von 1800 Gulden, also fast das Doppelte seines Jahresgehaltes von den Steirischen Ständen vorschießen lassen, um dieses aufwendige Werk überhaupt privat finanzieren zu können. Durch Vermittlung des bedeutenden Botanikers Karl Schimper, der als Erfinder der Blattstellungsgesetze gilt, hatte Unger den besten Lithographen, Simon in Straßburg, für die graphische Umsetzung des entscheidenden Bildmaterials gewählt.[256]

Der Druck erfolgte in Leipzig bei Engelmann, jenem Verleger, der auf Berichte von Forschungsreisenden spezialisiert war. Zwei Drittel der Kosten gingen für das Bildmaterial auf. Unger ließ es sich nicht nehmen, Minister Graf Thun sechs Exemplare als Geschenk zu übermitteln, wofür sich der Minister sehr wohlwollend persönlich bedankte.[257] Für sein Werk „Synopsis Plantarum fossilium" bekam Unger immerhin für eine Auflage von 500 Stück eine Aufwandsentschädigung von 400 Gulden von dem Leipziger Verleger Voss zugesprochen.[258] Die Rechte an dem Werk „Die Urwelt in ihren verschiedenen Bildungsperioden"

---

254 Brief von Unger an Martius, 16.2.1835, Martiusiana II, Bayerische Staatsbibliothek München.

255 Brief von Unger an Martius, 8.3.1835, Martiusiana II, Bayerische Staatsbibliothek München.

256 Teilnachlass Unger, Institut für Pflanzenwissenschaften, Universität Graz, Fasz. III, 8.

257 Brief von Thun an Franz Unger, 22.2.2854, Teilnachlass Unger, Briefe; Institut für Pflanzenwissenschaften, Universität Graz, Fasz. III. 8.

258 Vertrag vom Nov. 1844 zwischen Voss und Unger. Teilnachlass Unger, Briefe; Institut für Pflanzenwissenschaften, Universität Graz, Fasz. III.

(1851) verkaufte Unger im Jahre 1857 an den Verlag Weigel in Leipzig, der die zweite Auflage besorgte.[259] Mit der Ernennung zum Mitglied der Akademie in Wien eröffnete sich für Unger eine Möglichkeit der Publikation, die er sehr intensiv nutzte.[260]

Zusammenfassung

Der Blick auf Ungers Ausformung zum Naturforscher in einem politischen Kontext in der Verschränkung von deutscher Burschenschaftsbewegung und biedermeierlicher Kultur führte auf produktive Analogien, die sich in seinen Konzepten fassen lassen. Zentral sowohl für die Epistemologie wie auch für die Erklärungsstrategien in Ungers Arbeiten sind visuelle und metaphorische Verfahren. Damit lassen sich synthetisch-romantische und empirische Ansätze im Werk Ungers nicht als Gegensätze, sondern als Nebeneinander oder Übereinander, als Schichten erklären, die zwischendurch auch von Verwerfungen gekennzeichnet sind. Die Fokussierung auf die Praktiken des Konstruierens und Zeichnens identifizieren ihn als kreativen Repräsentanten einer Naturforschung, deren Dynamik und Potential in Ungers Tätigkeit und Werk besonders gut zu fassen ist.

---

259 Kaufvertrag zwischen Unger und Weigel, Dezember 1857, Unger erhielt dadurch die Summe von 573 Thaler Preuss. Current. Teilnachlass Unger, Institut für Pflanzenwissenschaften Graz, Fasz. III., 8.
260 Die wichtigsten Werke sind bei Reyer aufgelistet.

Abbildungen

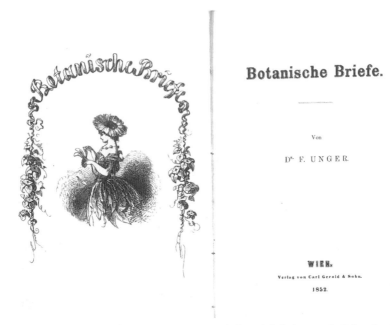

Abb. 1: Titelblatt des Werkes: Franz Unger, Botanische Briefe (Wien 1852), Universitätsbibliothek Wien, Foto: Marianne Klemun.

Abb. 2: Leutschach, Geburtshaus Franz Ungers, Handzeichnung Franz Ungers, datiert 1821, Bleistift, Universitätsbibliothek Basel: NL 257: 9.

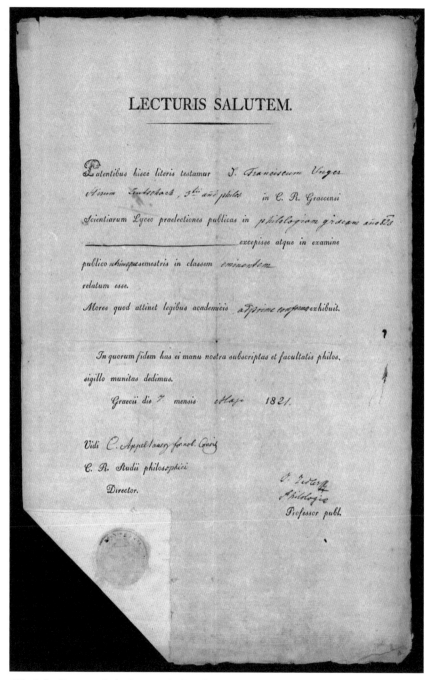

Abb. 3: Studienzeugnis des Lyzeums in Graz für Franz Unger, 3. Jg., 1821, Universitätsbibliothek Basel: NL 257: 2.

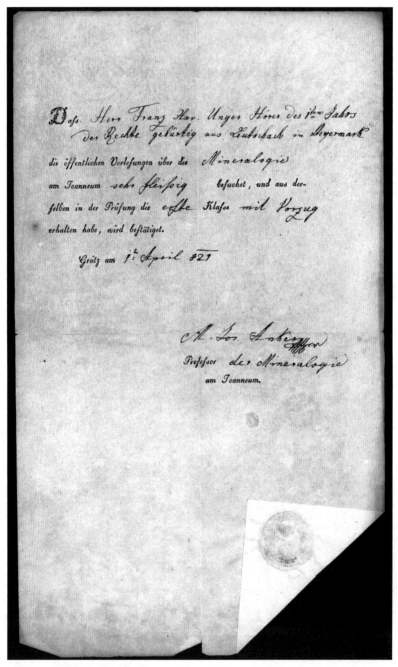

Abb. 4: Studienzeugnis für Franz Unger, das die von Matthias Anker gehaltenen Kurse zur Mineralogie am Joanneum belegt, Universitätsbibliothek Basel: NL 257: 2.

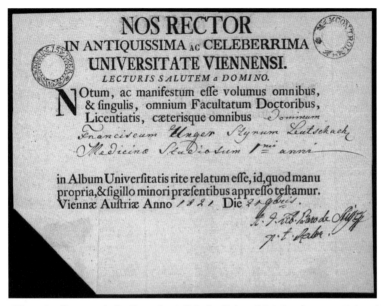

Abb. 5: Studienzeugnis für Unger bezüglich der Universität Wien für 1821. Universitätsbibliothek Basel: NL 257: 2.

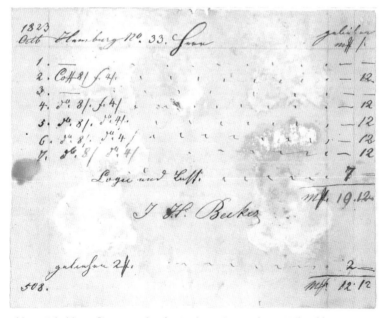

Abb. 6: Schuldenauflistung, Beleg für Auslagen in Hamburg, Teilnachlass Unger, Institut für Pflanzenwissenschaften, Universität Graz.

Abb. 7: Franz Ungers Stammbuch aus den Jahren 1822–1833 mit Einträgen während seiner Reise: „Der Markt zu Jena", Universitätsbibliothek Basel: NL 257: 15.

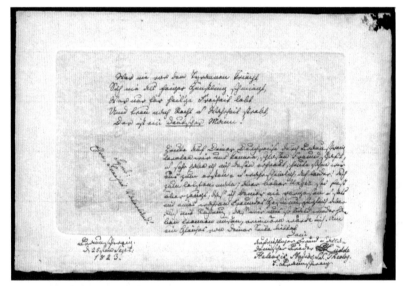

Abb. 8: Franz Ungers Stammbuch aus den Jahren 1822–1833 mit Einträgen während seiner Reise, mit dem burschenschaftlichen Eintrag „Ehre, Freiheit, Vaterland!" Universitätsbibliothek Basel: NL 257: 15.

Abb. 9: Mögliches Selbstporträt von Unger in der Haft. Teilnachlass Unger, Institut für Pflanzenwissenschaften, Universität Graz.

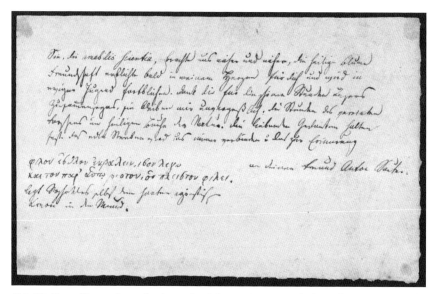

Abb. 10: Franz Ungers Stammbuch aus den Jahren 1822–1833 mit dem Eintrag seines Studienfreundes Anton Sauter: „Sie, die amabilis scientia, brachte uns näher und näher, die heitere Blumen Freundschaft erblühte bald in meinem Herzen für Dich und wird in ewiger Jugend fortblühen. Dank Dir für die schönen Stunden unseres Zusammenseyns, sie bleiben mir unvergeßlich, die Stunden des verirrten Forschens im heiligen Buche der Natur. Die liebenden Gedanken halten fest das edle Streben wird uns immer verbinden und das zur Erinnerung an Deinen Freund Anton Sauter." Universitätsbibliothek Basel: NL 257: 15.

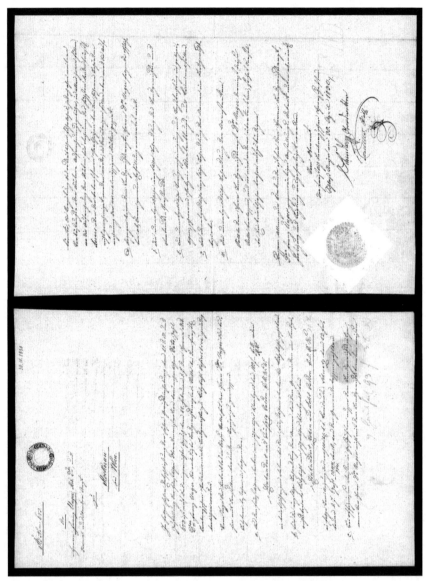

Abb. 11: Personalakten über Franz Unger, Dekret der Ernennung zum Landgerichtsarzt zu Kitzbühel, dat. 30. 4. 1830, zwei Blätter, Universitätsbibliothek Basel: NL 257: 1.

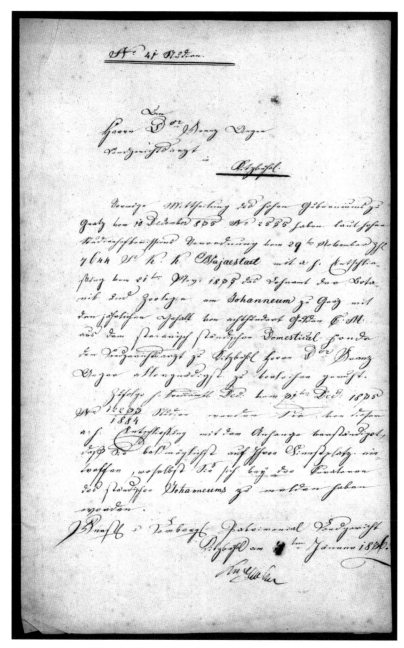

Abb. 12: Personalakten über Franz Unger, Dekret der Ernennung zum Kustos am Joanneum in Graz, dat. 7.1.1836, Universitätsbibliothek Basel: NL 257: 1. Dieses Dokument enthält einen Eintrag am oberen Rande „Nr. 41 Studien", der belegt, dass diese Dokumente bereits zu Lebzeiten Ungers für den Nachlass durchnummeriert wurden, aber später nicht alle komplett erhalten wurden.

Abb. 13: Handzeichnung Franz Ungers, Kitzbühel, Bleistift, Universitätsbibliothek Basel: NL 257: 9.

Abb. 14: Handzeichnung Franz Ungers, „Einsiedeln bei Kitzbühl", datiert von Unger, 1833, Bleistift, Universitätsbibliothek Basel: NL 257: 9.

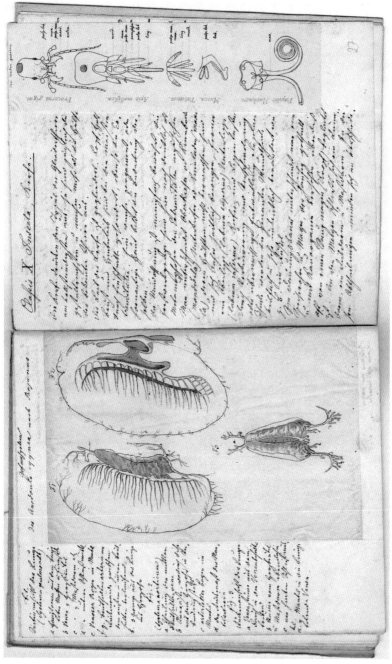

Abb. 15: Beispiel für Ungers Lehrtätigkeit in Graz: „Ungers Leitfaden für die Vorlesung der Zoologie III", Heft 3, S. 27, Teilnachlass Unger, Institut für Pflanzenwissenschaften, Universität Graz.

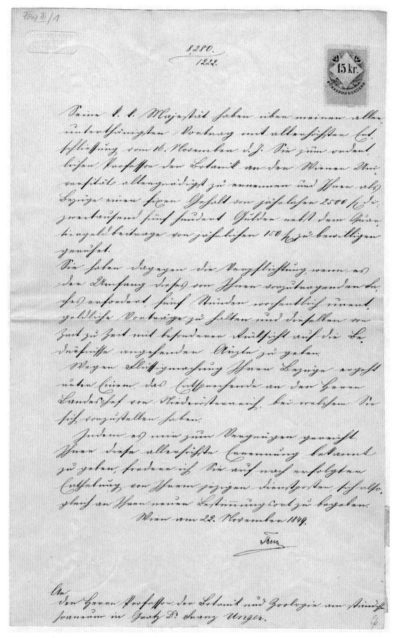

Abb. 16: Dekret der Ernennung Franz Ungers zum Professor der Botanik an der Universität Wien, 22. November 1849, Teilnachlass Unger, Institut für Pflanzenwissenschaften, Universität Graz.

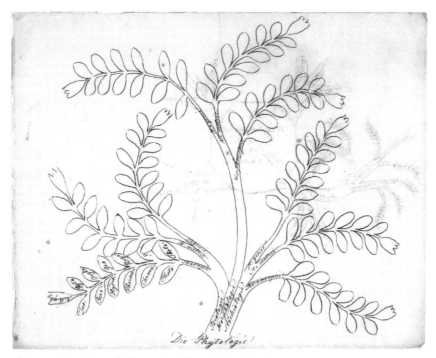

Abb. 17: „Die Wissenschaft von der Pflanze", die „Phytologie", von Franz Unger gezeichnet, visualisiert als Stammbaum, 2 Blätter, Teilnachlass Unger, Institut für Pflanzenwissenschaften, Universität Graz.

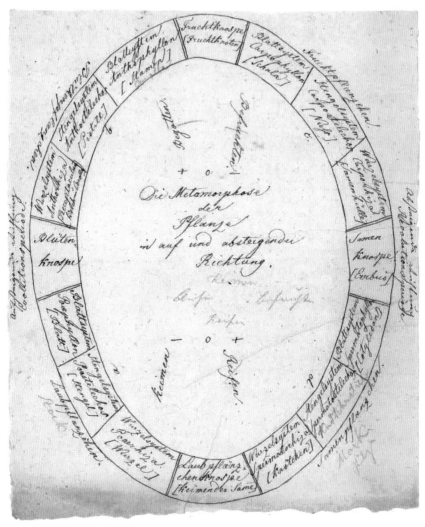

Abb. 18: Die Metamorphose der Pflanze in auf und absteigender Richtung. Zeichnung von Franz Unger, Teilnachlass Unger, Institut für Pflanzenwissenschaften, Universität Graz.

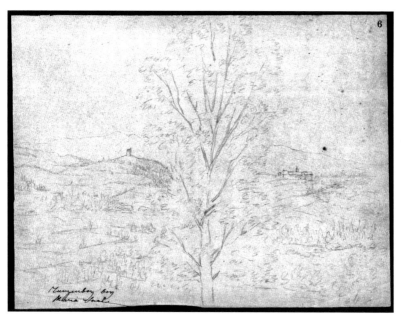

Abb. 19: Handzeichnung Franz Ungers, die Gegend von Maria Saal in Kärnten, Bleistift, Universitätsbibliothek Basel: NL 257: 9.

Abb. 20: Steuerrechnung für den Reisepass bezüglich Ungers Reise nach Erlangen, 31. August 1840, Teilnachlass Unger, Institut für Pflanzenwissenschaften, Universität Graz.

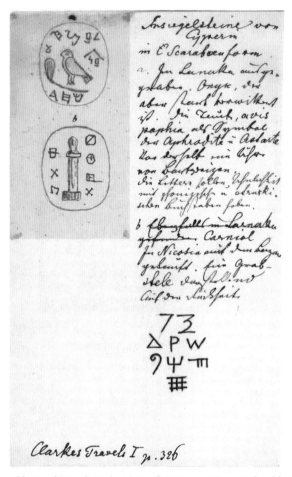

Abb. 21: Skizze als Vorbereitung für Ungers Reisen, Teilnachlass Unger, Institut für Pflanzen-wissenschaften, Universität Graz.

Abb. 22: Reisenotizen und –zeichnungen von Franz Unger, Universitätsbibliothek Basel: NL 257: 18.

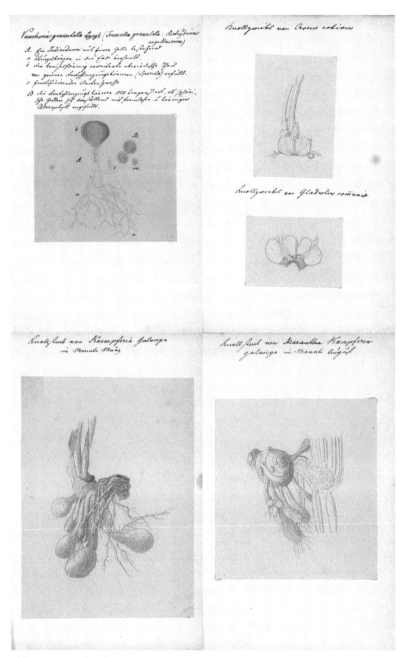

Abb. 23: Originalzeichnungen Ungers zu botanischen Untersuchungen, Bleistift und Wasser-
farbe: a) Vaucheria granulata Lyngb. b) Knollzwiebel, c) Knollstock, d) Knollstock, Universitätsbibliothek Basel: NL 257: 16.

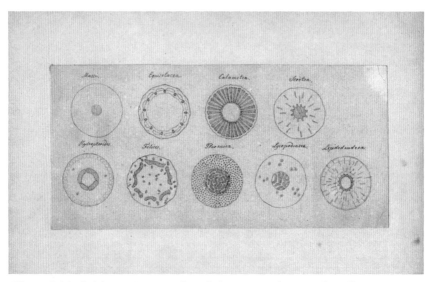

Abb. 24: Originalzeichnung Ungers zu botanischen Untersuchungen, Blütendiagramme, Universitätsbibliothek Basel: NL 257: 16.

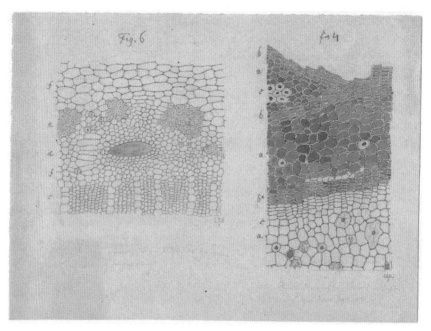

Abb. 25: Aquarell Ungers, Vorlage für eine seiner Publikationen, Teilnachlass Unger, Institut für Pflanzenwissenschaften, Universität Graz.

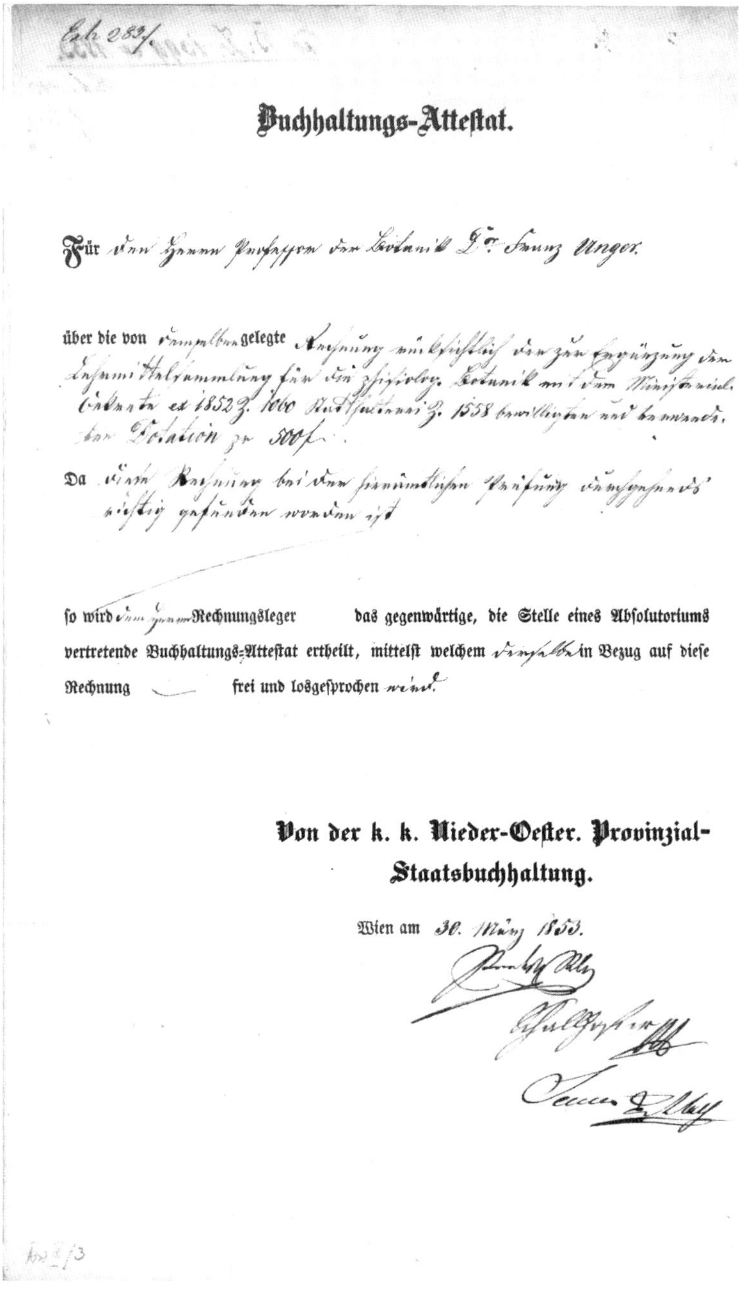

Exh 283/

Buchhaltungs-Attestat.

Für den Herrn Professor der Botanik Dr. Franz Unger

über die von demselben gelegte Rechnung rücksichtlich der zur Ergänzung der Instrumentalsammlung für die physiolog. Botanik mit dem Ministerial-Erlasse ex 1852 Z. 1060 Z. 1558 bewilligten und verwendeten Dotation pr 500 f.

Da diese Rechnung bei der sämmtlichen Prüfung durchgehends richtig gefunden worden ist

so wird dem Herrn Rechnungsleger das gegenwärtige, die Stelle eines Absolutoriums vertretende Buchhaltungs-Attestat ertheilt, mittelst welchem derselbe in Bezug auf diese Rechnung — frei und losgesprochen wird.

Von der k. k. Nieder-Oester. Provinzial-Staatsbuchhaltung.

Wien am 30. März 1853.

Abb. 26: Buchhaltungsbeleg für die Abrechnung der Einrichtung des physiologischen Labors. Teilnachlass Institut für Pflanzenwissenschaften, Universität Graz.

Abb. 27: Portrait Ungers, erschienen in der Illustrirten Zeitung (20. Sept. 1856), Universitäts-bibliothek Wien.

Sander Gliboff

Franz Unger and Developing Concepts of *Entwicklung*

Introduction

Standard historical accounts of pre-Darwinian evolution and morphology tend to emphasize the transcendental ideas and archetypes and the vital and teleological forces that drive organic change ever upward toward "perfection". Embryonic development, historical progressions in the fossil record, and the arrangement of the taxonomic system are all supposed to have been seen as instantiations of the same linear scale of perfection and as "recapitulations" of the same sequence of forms. They were all examples of the same process of *Entwicklung*, a term usually translated as "development", but sometimes also as "evolution". It is an unflattering picture, and it derives from many sources, the most influential of which have been the classic account of E.S. Russell and Stephen J. Gould's well known *Ontogeny and Phylogeny*.[1]

Not only is the biology depicted negatively for its rigid linearity, determinism, and teleology, but especially in Gould's version, it is also linked to undesirable social consequences. Gould warns of the value-ladenness of the scale, and the dangers inherent in arranging not only animals and embryos, but also human individuals and groups in ranks. The pre-Darwinian view is compared unfavorably with modern Darwinism which instead leaves development, evolution, and systematics open-ended, free to vary in many directions and with no yardstick by which to measure progress and superiority.

The ethical concerns are not entirely unfounded. Gould has many examples from the twentieth century, of biologists, psychologists, and sociologists who thought of human development as a recapitulation of the animal scale, or at least the human and proto-human portions of it. Among Gould's examples is the criminal anthropology of Cesare Lombroso, which held that some people were "born criminals" and throwbacks to savages, apes, and children, morphologi-

---

1 Edward S. Russell, Form and Function. A Contribution to the History of Animal Morphology (London 1916); Stephen J. Gould, Ontogeny and Phylogeny (Cambridge, MA, 1977).

cally as well as morally and behaviorally. They stood, developmentally, at a low level on the scale and could never progress beyond it. Similarly, some theories of race placed the Europeans at the top of a linear scale, with the other races at lower points, closer to children or to apes, and with limited ability to progress toward the European/adult level of civilization.

Early versions of developmental psychology made use of the scale of nature as well. Children were assumed to develop along the straight-line trajectory that began in the womb and continued to parallel human evolutionary history. Biological conceptions of gender included variations on this developmental theme that placed the woman between the child and the man, on the grounds that the man possessed additional physical, mental, and moral qualities that do not yet appear at the woman's level.[2]

Theories such as these tended to make social, behavioral, and moral problems into developmental defects, for which there was little or no remedy, other than perhaps to help the defective person climb a little bit higher in the one direction allowed. Conversely, these theories also can be viewed as ascribing moral significance to biological attributes. In either case, they recognize only one scale of organic change, so change had to be either upward or downward. Any difference, whether mental, moral, or biological, implied a difference in ranking.

Historically, however, there are serious problems with cautionary tales like these, which seek to discredit biological theories because of their supposed social consequences. One is that they take the biology-based social programs out of context and hold them to late twentieth-century standards of knowledge and equality. For all their faults, it is quite possible that some of those programs offered some constructive solutions to the problems of their day. Perhaps some were even humane and progressive, at least in comparison to older attitudes and practices. Even Gould includes a caveat to this effect.[3] A good example of how this could be is the study by Leila Zenderland of Henry H. Goddard's recapitulational concepts of mental development and methods of IQ evaluation. She shows how the approach addressed the dire needs of an overwhelmed school system when few alternatives were available, and might have done some good for some children before it fell into disrepute.[4]

A second problem is that even granting that these social applications of biology were entirely misguided, it is not clear what biology they were trying to apply. To what extent were they really borrowing from early nineteenth-century

---

2 Gould, Ontogeny and Phylogeny (see n. 1, p. 120–166).

3 Ibid., p. 164–5.

4 Leila Zenderland, Measuring Minds. Henry Herbert Goddard and the Origins of American Intelligence Testing (Cambridge / New York 1998).

morphology? As I argue elsewhere,[5] even before Darwin, morphologists were not making such naïve developmental assumptions any more. The old scale of nature had fallen into disuse in biology, because it failed to capture the evident diversity and variability of life. Alternative views of organic change had become widespread decades before Darwin, and conceptions of *Entwicklung* were quite flexible and multidimensional, in ways that are not well represented in Russell's and Gould's accounts. If pre-Darwinian morphology were as influential as claimed, it should not have steered social thinkers toward a simple linear developmental scale.

As an antidote to the older historiography, I would like to survey a range of interpretations of *Entwicklung*, and then focus on one of the last and most creative of the pre-Darwinian plant morphologists and paleobotanists, Franz Unger (1800–1870). He makes a good example, because he experimented with several different usages of *Entwicklung* over the course of his career, before settling in early 1850s on a system of species transformation with universal common descent.[6]

The Animal Scale in Pre-Darwinian Morphology

To be sure, linear arrangements had indeed long been used to organize species into a system of classification. As Aristotle originally put it,

> "Nature proceeds little by little from things lifeless to animal life in such a way that it is impossible to determine the exact line of demarcation, nor on which side thereof an intermediate form should lie. Thus, next after lifeless things in the upward scale comes the plant, and of plants one will differ from another as to its amount of apparent vitality....Indeed,...there is observed in plants a continuous scale of ascent towards the animal".[7]

In the Aristotelian conception of the scale of nature, something was *added* at each step upward, more and more vitality at the lower levels, then increasing sensibility, once the animal level was reached.

Particularly in the early modern period, the scale of nature also took on moral

---

5 Sander GLIBOFF, H. G. Bronn, Ernst Haeckel, and the Origins of German Darwinism. A Study in Translation and Transformation (Cambridge, MA, 2008), ch. 1.

6 For more detailed treatment of Unger's career and his evolutionary thinking, see Sander GLIBOFF, Evolution, Revolution, and Reform in Vienna. Franz Unger's Ideas on Descent and their Post-1848 Reception. In: Journal of the History of Biology 31.2 (1998), p. 179–209; Marianne KLEMUN, Franz Unger and Sebastian Brunner on Evolution and the Visualization of Earth History. A Debate Between Liberal and Conservative Catholics. In: Geological Society Special Publications 310 (2009), p. 259–267.

7 ARISTOTLE, History of Animals. Trans. by D'Arcy Thompson, book VIII, pt. 1.

or religious significance and was extended beyond the animals and humans to the superhuman perfection of the saints, angels and God.[8] This is where the ethical problems that concerned Gould become apparent, when biological progress and moral and spiritual advancement are placed on a single scale. It encourages arbitrary and superficial comparisons and rankings, and suggests that the morphologically higher also possess *additional* mental and moral faculties, not just improved versions of the same ones that the lower possess.

But even before the end of the eighteenth century, naturalists began moving away from a strictly linear, additive, and continuous scale of nature, and they were reanalyzing their concepts of what it meant to be higher or more perfect. The scale, for them, became more strictly biological than moral, spiritual, or anthropocentric. Authors such as Charles Bonnet or Georges-Louis Leclerc, Comte de Buffon in France, and Johann Wolfgang von Goethe or Karl Friedrich Kielmeyer in Germany began to enunciate concrete functional and morphological criteria by which to measure progressive changes. They also described higher forms not only as adding new functions or faculties, but also subtracting and backtracking, dividing up into organ-systems, multiplying serially repeatable structures and segments, or differing into more and more specialized organs and parts.[9]

At the beginning of the nineteenth century, the pioneering comparative embryologist Johann Friedrich Meckel the Younger described and measured progress in a number of such ways in his comprehensive system of development and taxonomy. In Russell's or Gould's depiction, Meckel has the embryo simply run through all the lower adult forms on the scale of nature, but we actually find him describing a much more involved and complicated process that generates diversity as well as increasing perfection. Meckel described embryos first as adding a new function or organ, then dividing it up into specialized components, then concentrating or condensing and centralizing those components in various ways, rearranging and merging them with other subdivisions to form complex organ systems. He also noted differences between organs and parts in the tempo and the degree of their developmental progression, which allowed for myriad variations in the body as a whole, even if individual organs have well defined pathways to follow.[10]

In the standard narrative of Russell and Gould, Karl Ernst von Baer makes the decisive break from the linear scale of nature in 1828, when he emphasizes

---

8 Arthur O. LOVEJOY, The Great Chain of Being. A Study in the History of an Idea (Cambridge 1936), p. 8–9.

9 Georg USCHMANN, Der morphologische Vervollkommnungsbegriff bei Goethe und seine problemgeschichtlichen Zusammenhänge (Jena 1939).

10 GLIBOFF, Origins of German Darwinism (see n. 5, p. 46–53); Johann F. MECKEL, System der vergleichenden Anatomie. 5 vols (Halle 1821), v. 1, p. 5–11.

differentiation and specialization above all else, and ridicules the naïve linearity of his predecessors' systems.[11] But the matter is not so simple. Baer's account of differentiation owes a great deal to Meckel's concepts of condensation, specialization, and what both Meckel and Baer called "*Grad der Ausbildung*" or degree or grade of development. The break from a strictly additive, linear scale of development had already been made in the 1810s.

Also in the early nineteenth century, the study of paleontology had become sophisticated enough to begin making inferences about progressive sequences of fossil forms and possible historical interpretations of *Entwicklung*. At the very beginning of the century, the zoologists Friedrich Tiedemann and Gottfried Reinhold Treviranus were among the first to discuss the idea, and they applied developmental metaphors not only to individual forms or sequences of fossil forms, but to whole fossil faunas. They viewed the faunas holistically as the developmental stages of a superorganism comprising the entire animal kingdom. Like the stages of an embryo, each such faunal stage progressed in some way in comparison to the previous one, by becoming more complex or diverse.[12]

In the 1840s and 1850s, the paleontologist H. G. Bronn described at least four independent developmental directions and tendencies, observable in the fossil record: toward fuller expression of the archetype, better adaptation to the environment (which itself changed progressively and demanded that life keep up), increasing diversity of forms in the taxonomic system and in the history of life, and greater division of labor.[13] The emphasis on the environment is especially significant, because it had not been a major concern of the embryologist. Indeed, one of Bronn's goals had been to diminish the influence of embryological parallels and analogies in paleontology. By the time Bronn's contemporary Franz Unger began writing about the history of the plant world in developmental terms, he had a great many conceptions of development, taxonomy, and the history of life to draw on.

---

11 RUSSELL, Form and Function (see n. 1, 120–123); Gould, Ontogeny and Phylogeny (see n. 1, 52–57); see also Karl Ernst von BAER, Über Entwickelungsgeschichte der Thiere. Beobachtung und Reflexion. 2 vols. (Königsberg 1828–1837), especially v. 1, p. 199–206.

12 Friedrich TIEDEMANN, Zoologie. Zu seinen Vorlesungen entworfen. 3 vols. (Landshut 1808–1814), v. 1, p. 73–74; Gottfried Reinhold TREVIRANUS, Biologie. Oder Philosophie der lebenden Natur für Naturforscher und Aerzte. 6 vols. (Göttingen 1802–1822), v. 1, p. 34–50.

13 Sander GLIBOFF, H. G. Bronn and the History of Nature. In: Journal of the History of Biology 40 (2007), p. 259–294.

Unger's Theory of Floral Succession (*Chloris protogaea*)

In his 1847 compendium of paleobotany, *Chloris protogaea*, Unger initially tried out a variation on the superorganism model of Treviranus and Tiedemann. He portrayed the earth's present vegetation as the latest in a series of developmental stages of a plant-world-organism. Like an embryo, the plant world followed an ideal pattern in its development, and each stage brought it closer to completion. Unger wrote,

> "Die jetzige Pflanzenwelt entstand wie die früheren durch Urzeugung nach der Idee des sich in steter Vervollkommnung darstellenden Pflanzen-Organismus."

> [The present plant-world originated, like the earlier ones, by means of spontaneous generation, according to the idea of the plant-organism that represents itself in constantly increasing perfection.][14]

How this was supposed to work was not made entirely clear. The assertion that the *idea* of the adult organism directed development – rather than the mechanically interacting parts of the embryo – is reminiscent of Baer. Baer had observed greater variation among early embryos than in later stages, and argued that blind mechanics could not account for the move back toward the norm. Something else had to correct the early variations. He wrote,

> "[Dass] nicht der jedesmalige Zustand ganz allein und nach allen seinen Einzelheiten den zukünftigen bestimmt, sondern allgemeinere und höhere Verhältnisse ihn beherrschen. So kann, glaube ich, die Naturforschung...die streng materialistische Lehre widerlegen und den Beweis führen, dass nicht die Materie, wie sie grade angeordnet ist, sondern die Wesenheit (die Idee nach der neuen Schule) der zeugenden Thierform die Entwicklung der Frucht beherrscht."

> [It is not each momentary state all by itself and according to all its details that determines the future state, but more general and higher relationships that govern it. Thus natural science...can, I believe, refute the strict materialistic doctrine and make the case that it is not the material, as it happens to be arranged, but rather the essence (the idea, according to the new school) of the generating animal form that governs the development of the fruit.][15]

Yet, Unger also added a dimension to Baer's conception of *Entwicklung*. He found that more was required to account for the developing forms and floras than either the material constitution of the embryo or the guiding idea of the adult plant or plant-world-organism. Like Bronn, he also ascribed important roles to external conditions and, perhaps even more than Bronn, to historical contingencies. Unger continually reminds us that the environment determines

---

14 Franz Unger, Chloris protogaea. Beiträge zur Flora der Vorwelt (Leipzig 1847), p. VI.
15 Baer, Über Entwickelungsgeschichte der Thiere (see n. 11, v. 1, p. 148, emphasis original).

where and when a plant species with given physiological tolerances *can* grow, and that within those limits, historical contingencies determine when and where they actually *do* grow. His own early studies of present-day plant distribution in relation to soil chemistry[16] also suggested something important about the past: local environments, the history of the Earth, and unique historical events have played as great a role as anything inside the organism in determining which plants were found at a given time and place. Again from *Chloris protogaea:*

> "Das Bild, welches die Vegetation gegenwärtig darbietet, ist zwar das Resultat klimatischer, physikalischer, chemischer, mechanischer u.s.w. Ursachen, allein keineswegs dieser allein, sondern sicherlich auch die Wirkung vorausgegangenen Zustände, und wenn wir in jenen nicht den vollen Grund des gegenwärtigen Bestandes finden, so kann uns nur das historische Moment hiezu den Schlüssel geben."

> [The picture that the vegetation presents at present is indeed the result of climatic, physical, chemical, mechanical, and so on causes, only in no way of these alone, but rather, surely also the effect of preceding states. And if we do not find in those former causes the full reason for the present stock of plants, then only the historical moment can give us the key to it.][17]

Environmental effects appear especially important when one considers that Unger in the 1840s did not yet think that each historical stage of the plant world developed directly out of the preceding one, as would the stages of an individual embryo. According to Unger, some kind of physical process, not normal reproduction, generated the new species and flora, and this process could potentially be influenced by environmental forces.

Unger drew on Matthias Schleiden's idea of free cell formation – the spontaneous generation or condensation of cells within a matrix of organic material – for his account of spontaneous generation. Once it was admitted that novel cells could be generated, novel species and floras followed:

> "Die Vegetation ging, so weit sich aus den dermaligen Erfahrungen schliessen lässt, wahrscheinlich aus einer kohlenstoffhaltigen schleimigen Unterlage (Matrix) hervor, aus welcher sich Keime, und diese zu Pflanzen entwickelten....Es war nur nöthig, dass aus dem Schleimstoff eine Zelle entstand, denn damit war auch das Gewächs erzeugt."

> [The vegetation probably came forth, as far as can be concluded from current experience, from a carbonaceous, slimy substrate (matrix), out of which germs developed, and these into plants....It was only necessary for a cell to arise out of the slimy substance, for with that, the plant, too, was generated.][18]

---

16 Franz UNGER, Ueber den Einfluß des Bodens auf die Vertheilung der Gewächse. Nachgewiesen in der Vegetation des nordöstlichen Tirol's (Wien 1836).

17 UNGER, Chloris protogaea (see n. 14, p. II).

18 Ibid., p. VI–VII.

At this point in his career, Unger was still proposing a successional model much like Bronn's, not an evolutionary one.[19] It was also a catastrophist model, in which the Earth gave rise to each new floral stage only after the previous one went extinct. In Unger's interpretation, each new flora was also more advanced, morphologically and taxonomically, than its predecessor. He ascribed this biological progress in part to an increasing intensity and power of the productive forces – whatever they were – that generated new species, and in part to the progressive development of the physical Earth. The Earth was changing in such a way as to support (even necessitate) ever-more-perfect floras.

This conception of paleobotanical development was therefore a grand synthesis of elements of Baerian idealistic embryology, Schleiden's cell theory, and early paleobiogeographical thinking about the effects of a changing environment on the generation and distribution of species.

Continuity and Common Descent (*Botanische Briefe*)

By 1851, when Unger's *Botanische Briefe* began to appear in serialized form,[20] opinions (including Unger's own) had turned against the possibility of free cell formation. Cell division, of which Unger himself had provided one of the earliest descriptions, appeared by then to be the most common, if not the exclusive means of producing new cells. Unger therefore reconsidered his successional account of the fossil record, which had relied on free cell formation to generate new species and floras. If cells reproduced by division, that seemed to Unger to imply material continuity of life, not only from cell to cell, but from species to species and flora to flora. He now gave up his earlier theory of species succession in favor of species transformation and common descent.

He wrote,

> "Hat sich die Einheit des Pflanzenleibes überhaupt nur dadurch möglich gemacht, dass alle seine einzelnen Elemente eines aus dem andern hervorgegangen sind, so ist diese Einheit in der gesammten Schöpfung der Pflanzenwelt gewiss ebenfalls nur dadurch möglich, dass ein Glied aus dem andern, eine Gattung aus der andern, ein Geschlecht, eine Familie aus der andern ihren Ursprung nahm. Und eben so wenig im Pflanzenleibe auch nur eine einzige Zelle von Aussen hinzukommt, eben so wenig kann eine Gattung, ein Geschlecht, eine Ordnung u.s.w. von Pflanzen von Aussen hergekommen, und nicht aus ihrem Schoosse entstanden sein."

---

19 For an overview of the successional approach as a "third way" that was neither evolution nor creation, see Nicolaas A. RUPKE, Neither Creation nor Evolution. The Third Way in Mid-Nineteenth Century Thinking about the Origin of Species. In: Annals of the History and Philosophy of Biology 10 (2005), p. 143–172.

20 Later collected in Franz UNGER, Botanische Briefe (Wien 1852).

[If the unity of the plant body in general was made possible only by the fact that all of its individual elements arose one from the other, then surely the unity of all plant creation likewise is only possible because one member originated out of another, one species out of another, one genus, one family out of another. And just as in the plant body not a single cell originates from outside, no species, no genus, no order, etc. of plant can come from the outside either, and not come forth from its womb.][21]

Every level of the morphological or taxonomic hierarchy had its own life-cycle, Unger argued. Cells, individuals, species, genera all sprang from pre-existing life-forms, developed, flourished, senesced, reproduced, and died. The history of the plant world thus became an *Entwicklung* in a different sense from that in *Chloris protogaea*. The emphasis was no longer on the embryonic stages of the world-organism as a whole, but on the life-cycles of the individual species and the continuity of their reproductive processes:

"So schreitet die Idee der Pflanze, wie früher von Zelle zu Zelle, von Blatt zu Blatt, von Spross zu Spross, von Individuum zu Individuum auch hier in stetem Absterben und Neuerzeugen der Geschlechter in ununterbrochenem Wellenschlage der Verjüngungen vorwärts, eine Schöpfungsperiode um die andere bedingend, jede neu, jede fremd, jede aus den früheren verwandten aber durchaus veredelten Elementen hervorgehend."

[And so the idea of the plant – as before from cell to cell, from leaf to leaf, from sprout to sprout, from individual to individual – strides forward here, too, in the constant dying off and new generation of lineages in an uninterrupted wave action of rejuvenation, causing one period of creation after another, each one new, each one strange, each one coming forth from elements related to the earlier ones, but quite improved.][22]

Fossil floras were no longer important units of development. The units of interest were the continuous plant lineages, which developed cyclically, producing one species after another, each of which could be viewed as an organism in its own right. Every lineage also had its own unique path to follow; there was no single scale of nature for every lineage to climb:

"Es liegt also der Pflanzenwelt im Ganzen nicht etwa eine einseitige lineare Entwicklung zum Grunde, sondern eine allseitige, strahlenförmige Ausbreitung."

[The basis for the plant world as a whole, therefore, is not, for instance, a one-sided, linear Entwicklung, but a radiating proliferation to all sides.][23]

Moreover, this radiation of plants and animals proceeded from a single point of origin. Unger refers to the:

---

21 Ibid., p. 126.
22 Ibid., p. 144.
23 Ibid., p. 144.

"ursprünglich gleichen Lebensgrunde der Thier-und Pflanzenwelt, aus dem zwar Beide entsprossen, aber sich nach verschiedenen Richtungen abzweigen."

[originally identical life-basis of the animal and plant worlds, from which both sprouted, but branched off in different directions.][24]

Unger's Mature Theory (Versuch einer Geschichte der Pflanzenwelt)

Unger expounded most fully upon his theory of common descent in his *Versuch einer Geschichte der Pflanzenwelt* [Essay on the history of the plant world] of 1852. Here again he clearly rejected the idea of repeated catastrophic mass extinctions and re-generations of entire floras that he had described in *Chloris protogaea* in the 1840s. He gave every species its own natural life-span, and had species go extinct one at a time, to be replaced by descendant species one at a time, with gradual turnover of the flora as the result, instead of mass replacement.

But in contrast to the *Botanische Briefe*, the flora of each geological period was also treated here as a unit once again. Despite any overlap in their species composition, the geological periods were still distinct, and each period, Unger explained, was dominated by plants from a different (and higher) division of the Unger-Endlicher system of taxonomy: first the algae and mosses, then the horsetails, ferns, and club mosses, then monocots, gymnosperms, and finally the dicots.[25] Statistical tables, giving species counts by geological period and taxonomic group, supported his characterization of each period and quantified the progression, which Unger claimed was governed by a mathematical law of progress.

Despite the clear statements about evolutionary continuity, the analysis of whole floras is sometimes still reminiscent of *Chloris protogaea*, rather than of *Botanische Briefe*, where Unger emphasized radiating lineages. Perhaps he opted for a more conservative approach in this technical book than in his popularizing letters. Also puzzling is that *Geschichte der Pflanzenwelt* revived and reinforced the idea that the progression of forms was orderly and fully pre-determined by internal, developmental considerations, without much of a role for historically contingent environmental effects:

---

24 Ibid., p. 155.
25 Franz UNGER, Versuch einer Geschichte der Pflanzenwelt (Wien 1852), p. 336–339; he also wrote something like this in UNGER, Botanische Briefe (see n. 20, p. 144), but did not elaborate there.

"Nichts ist in diesem geregelten Entwicklungsgange der Pflanzenwelt hinzugekommen, was nicht vorher vorbereitet und gleichsam angedeutet gewesen wäre. Keine Gattung, keine Familie und Classe von Pflanzen ist in die Erscheinung getreten, ohne dass dieselbe in der Zeit nothwendig geworden wäre."

[Nothing has come into this well regulated path of the plant world's *Entwicklung* that was not previously prepared and, in a manner of speaking, foreshadowed. No species, no family and class of plants has ever appeared unless it had become necessary at the time.][26]

Conclusion

In all of Unger's theories of organic change, the concept of *Entwicklung* was a rich source of ideas and metaphors that could be applied in many different ways to development, evolution, species succession, and taxonomy. Unger was far from alone in exploring the possibilities, since many other pre-Darwinian morphologists had already been applying developmental analogies in diverse ways. Although they always viewed *Entwicklung* an orderly, law-abiding process of change, it was not as rigidly deterministic as in some of its depictions in the secondary literature. And, except perhaps at the very beginning of the 19th century, it was not strictly linear and additive, either, but was applied to branching and differentiating patterns as well.

Any late nineteenth-century developmental psychologists and social thinkers who desired an evolutionary or developmental grounding for their work had a number of different conceptions of organic change to choose from, including not only the various theories of *Entwicklung* surveyed here, but also Darwin's and those of Darwin's later competitors. If they did initially adopt a linear, re-capitulational view, that is rather poor evidence for a direct influence from morphology. They appear, actually, to have rejected key insights from mor-phology and reached back to much older idealizations or perhaps popular ac-counts of the scale of nature.

---

26 UNGER, Versuch einer Geschichte der Pflanzenwelt (see n. 25, p. 45).

Bibliography

ARISTOTLE: Historia Animalium, Transl. by D'Arcy Wentworth Thompson (Oxford 1910).

BAER, Karl Ernst von: Über Entwickelungsgeschichte der Thiere. Beobachtung und Reflexion. 2 vols. (Königsberg 1828–1837).

GLIBOFF, Sander: Evolution, Revolution, and Reform in Vienna. Franz Unger's Ideas on Descent and their Post-1848 Reception. In: Journal of the History of Biology 31.2 (1998), p. 179–209.

GLIBOFF, Sander: H. G. Bronn and the History of Nature. In: Journal of the History of Biology 40 (2007), p. 259–294.

GLIBOFF, Sander: H. G. Bronn, Ernst Haeckel, and the Origins of German Darwinism. A Study in Translation and Transformation (Cambridge, MA, 2008).

GOULD, Stephen J.: Ontogeny and Phylogeny (Cambridge, MA 1977).

KLEMUN, Marianne: Franz Unger and Sebastian Brunner on Evolution and the Visualization of Earth History. A Debate Between Liberal and Conservative Catholics. In: Geological Society Special Publications 310 (2009), p. 259–267.

LOVEJOY, Arthur O.: The Great Chain of Being. A Study in the History of an Idea. 1933 (Cambridge 1936).

MECKEL, Johann F.: System der vergleichenden Anatomie. 5 vols. (Halle 1821).

RUPKE, Nicolaas A.: Neither Creation nor Evolution. The Third Way in Mid-Nineteenth Century Thinking about the Origin of Species. In: Annals of the History and Philosophy of Biology 10 (2005), p. 143–172.

RUSSELL, E. S.: Form and Function. A Contribution to the History of Animal Morphology (London 1916).

TIEDEMANN, Friedrich: Zoologie. Zu seinen Vorlesungen entworfen. 3 vols. (Landshut 1808–1814).

TREVIRANUS, Gottfried Reinhold: Biologie. Oder Philosophie der lebenden Natur für Naturforscher und Aerzte. 6 vols. (Göttingen 1802–1822).

UNGER, Franz: Botanische Briefe (Wien 1852).

UNGER, Franz: Chloris protogaea. Beiträge zur Flora der Vorwelt (Leipzig 1847).

UNGER, Franz: Ueber den Einfluß des Bodens auf die Vertheilung der Gewächse. Nachgewiesen in der Vegetation des nordöstlichen Tirol's (Wien 1836).

UNGER, Franz: Versuch einer Geschichte der Pflanzenwelt (Wien 1852).

USCHMANN, Georg: Der morphologische Vervollkommnungsbegriff bei Goethe und seine problemgeschichtlichen Zusammenhänge (Jena 1939).

ZENDERLAND, Leila: Measuring Minds. Henry Herbert Goddard and the Origins of American Intelligence Testing (Cambridge, New York 1998).

Werner Michler

Franz Ungers *Die Urwelt:* Naturwissenschaft, Naturphilosophie und Literatur

Schöpfungsgeschichte – und Irritationen

„Der schönste Schöpfungstag", so kommentiert der Paläobotaniker Franz Unger die letzte der sechzehn „landschaftliche[n] Darstellungen" *Die Urwelt in ihren verschiedenen Bildungsperioden*, die der Landschaftsmaler Josef Kuwasseg unter seiner Anweisung geliefert hat (1851, ²1858), „bricht heran. Am entwölkten Himmel erhebt sich das Tagesgestirn und ergiesset seine Strahlen über die nach so gewaltigen Kämpfen zur Ruhe gelangte Erde, die sie mit bräutlichem Verlangen empfängt." „So sehen wir" nun den Menschen

> „auf einmal in Mitten der mannigfaltigsten Gestalten gleichzeitig mit diesen auf die grosse Schaubühne treten und *das Wort Fleisch werden.* [|] Wahrhaftig ‚bedurfte es nicht des Säens von Drachenzähnen, um ihn ins Dasein zu rufen, denn sein Same lag vom Anbeginn im Boden und wartete der nothwendig herannahenden Zeit, da er emporschiessen durfte. Entzückt beschaut er sich, aus dem Naturschlummer erwachend, und einer wird sich am andern klar.'"[1]

Frömmer, sollte man denken, ließe sich Menschwerdung nicht beschreiben, als in diesen Kommentaren zu jener Reihe von bildlichen Rekonstruktionen vergangener Erdperioden, mit denen Unger ein Genre wo nicht begründete, so doch befestigte und mit großem Erfolg verbreitete. Der schönste ist der letzte Schöpfungstag, an dem das Wort Fleisch geworden ist (Joh 1,14) und der Mensch auf der Erde erscheint (Gen 1, 27–31). Doch stellen sich bei näherem Hinsehen Irritationen ein.

Die bildliche Darstellung der „Jetztwelt", Tafel XVI der *Urwelt*, die das Er-

---

1 Franz UNGER, Die Urwelt in ihren verschiedenen Bildungsperioden. Sechszehn landschaftliche Darstellungen mit erläuterndem Texte (Leipzig ²1858, erstm. Wien 1851), S. XVI. Mit der Sigle „U I–XVI" wird der Textkommentar der einzelnen Tafeln bezeichnet. – Ein ausführlicher wissenschaftshistorischer Kommentar aus paläonotologischer Sicht, der Unger auch hinsichtlich der einschlägigen Darstellungtraditionen situiert, findet sich bei Martin J. S. RUDWICK, Scenes From Deep Time. Early Pictorial Representations of the Prehistoric World. Chicago (London 1992), s. Reg.

scheinen des Menschen auf der Erde zum Gegenstand hat, zeigt nicht erwartungsgemäß das erste Menschenpaar, den Zeitgenossen nicht nur durch die ikonographische Tradition vertraut, sondern etwa auch durch van Swietens Libretto zur Schöpfung von Joseph Haydn, die wieder Miltons *Paradise Lost* folgt. Das Blatt bei Unger zeigt einen bärtigen Mann mit *zwei* jüngeren Frauen, deren einer wieder drei Kinder verschiedenen Alters zugeordnet sind, gewiss auffällig in einem Zeitalter, das sich über Ernest Renans kulturgeschichtliche Archäologie des Neuen Testaments *Vie de Jésus* (1863) erregen konnte und das, insbesondere im Nachmärz, Darstellungen wie John Everett Millais' *Christ in the House of His Parents* (1850, London, Tate Gallery: Jesus in der Werkstatt seines Vaters im Kreis seiner Brüder) mit Protest quittierte.

Dazu kommt – und diese und ähnliche Fragen handelt sich ein, wer auf kulturell verbindliche Ikonographien zur Durchsetzung einer neuen *Geschichte der Erde* rekurriert –, dass die Szene offensichtlich ohne Sündenfall auskommt, da sie zugleich prä- (als Paradies) und postlapsarisch (mit Kindern) gestaltet ist. Seine Geschichte wird erst beginnen, teilt der Kommentar mit:

> „Weder Welttheil noch Zone, wo der Mensch das Licht zuerst erblickte, sind bekannt, und so mag es uns, mehr einer leisen Ahnung als einer klaren Anschauung folgend, erlaubt sein, seine Wiege unter den freundlichsten Himmel zu stellen und sie mit der segenreichsten Natur zu umgeben. Freigebige Palmen, Bananen, Bromelien mögen ihre süssen nährenden Früchte auf den hilflosen Ankömmling herunterschütteln, bis er in sich unbefriedigt nach neuer Daseinsform, nach anderer Nahrung und Wohnstätte suchend, in Zwiespalt und Kampf mit der Natur und sich selbst geräth, und damit seine Geschichte beginnt." (U XVI)

Eine Darstellung ferner, in der die Erde die Strahlen der Sonne „mit bräutlichem Verlangen empfängt", erzählt nicht von der biblischen Genesis, sondern von einem mythischen *hieros gamos*, von Gäa und Uranos, wie er zeitgenössisch in der romantischen Literatur aufgerufen wird; etwa dort, wo gesagt werden kann, es habe „der Himmel│die Erde still geküsst,│dass sie im Blütenschimmer│von ihm nun träumen müsst." Damit ist zugleich der romantische Geschichtsmythos evoziert, der, bei Eichendorff etwa, einen triadisch synkopierten Weg in die Zukunft erzählt.

Dass diese Spur nicht in die Irre führt, zeigen die explizit gemachten Verweise der Stelle. Während dort im ersten Zitat – dem kursiv gesetzen *Verbum caro factum est* – Unger nur insoweit unorthodox vorgeht, dass er das Bibelwort nicht auf Christus, sondern auf den ihn in der Tradition präfigurierenden Adam bezieht, so weist er das zweite (es „bedurfte nicht des Säens von Drachenzähnen") durch Anführungszeichen als Zitat aus; ohne es freilich nachzuweisen.

Antiklerikalismus und Naturphilosophie

Das lässt sich nachholen. Die Stelle stammt aus einem literarischen Lebensbild Giordano Brunos (1846) von Ferdinand Falkson (1820–1900), einem antiklerikalen Hamburger Mediziner, der in eine Reihe von Auseinandersetzungen um interkonfessionelle Ehe und Liberalismus verstrickt war; der *Bruno* ist dem radikalen Demokraten Johann Jacoby zugeeignet. Der Philosoph Bruno, dem das 19. Jahrhundert als Geisteshelden und Inquisitionsopfer besondere Sympathien entgegenbrachte, spricht bei Falkson an der von Unger zitierten Stelle vom Menschen, vom

> „Höchsten [...], das es giebt, [...] von der denkenden Form der Natur! Ueberall ist der Gedanke im Weltall die verschlossene Möglichkeit, die erst durch den Menschen zur Wirklichkeit wird; überall klebt die träge, blühende oder herumschreitende Masse am Boden, der sie ernährt! ohne hinauf oder in sich selbst hineinzuschauen, traumartigem Gefühle hingegeben. Da naht der Held, der aus der Erde gewappnet hervorspringt."[2]

Die Rede, die Falkson seinem Bruno in den Mund legt, hat in der Folge eine deutlich atheistische Schlagseite, im Sinn der Religionskritik Ludwig Feuerbachs:

> „Da bemühen sie sich, die eigene Trefflichkeit zu verehren und hochzuhalten, und versetzen sie als Gott in die wolkige Höhe, der freundlich, ein nachgeahmtes Bildniß, auf seinen unbewußten Schöpfer herabsieht, oder ihnen furchtbar zürnt, wenn sie von ihm abfallen; denn das Bildniß gleicht auch im Sturm der Leidenschaft seinem Bildner. Von oben herab lassen sie nun die eigene Klugheit tönen, und leben freudig, eigenem Gesetze gehorchend, und gehorsam, da sie es ein fremdes wähnen."[3]

Bei Falkson liegt der Fokus auf dem Priestertrugsmotiv; die Priester verlören ihre Pfründe, setzte sich die Erkenntnis durch, dass Gott nur, mit Feuerbach gesagt, der verhimmelte Ausdruck des Menschen sei. (Das belegt auch die Wahl eines Mottos aus dem legendären mittelalterlichen religionskritischen Traktat *De tribus impostoribus*, dem zufolge Moses, Jesus und Mohammed gleichermaßen Betrüger gewesen seien.) Im neoabsolutistischen Nachmärz des Jahres 1851 ist der Rekurs eines beamteten Professors auf ein solches Manifest radikalvormärzlicher Einstellungen, wie es Falksons literarische Biographie ist, jedenfalls ein mutiger Akt, wenn auch Religionskritik keineswegs Ungers Darstellungsinteresse ist, jedenfalls kein primäres.

Die Integration der Falkson-Bruno-Stelle von Drachensaat und Same hat an der Klimax eines natur-historischen Werks wie dem Ungers aber noch andere, stärker wissenschaftsmethodische Weiterungen. Betrachtet man mit Interesse

---

2 Ferdinand FALKSON, Giordano Bruno (Hamburg 1846), S. 141.
3 Ebd., S. 142.

an der kulturgeschichtlichen Rahmung von Falksons *Bruno* die Motti der einzelnen Kapitel, so finden sich neben literarischen Referenzen sowohl aus der
„Wolfgang Goetheschen Kunstperiode" (Heine) – wie Goethe und Hölderlin –
als auch aus Jungem Deutschland und Vormärz (Heine und Herwegh) insbesondere Referenzen, die in das naturphilosophische Fach hinüberdeuten. Goe-
thes „Natur hat weder Kern|Noch Schale,|Alles ist sie mit einem Male" (aus dem
naturphilosophischen Gedicht „Allerdings. Dem Physiker") bildet das Titel-
motto, weitere Referenzen sind Humboldts *Kosmos* und, nicht fernliegend,
Schellings Dialog *Bruno oder Über das göttliche und natürliche Prinzip der Dinge*
(1802), von dem Goethe erklärt hatte, dessen Thesen träfen mit seinen eigenen
„innigsten Überzeugungen"[4] zusammen. Dazu kommt noch das bis dahin nur
fragmentarisch publizierte Gedicht Schellings, *Epikurisch Glaubensbekenntniß
Heinz Widerporstens*, ein Manifest der frühen Naturphilosophie. Es ist diese
Diskursallianz aus aufklärerischer Religionskritik und idealistischer Naturphilosophie, die Falksons Schreiben antreibt und charakterisiert.

Ungers Konflikte mit der katholischen Kirche, seit *Botanische Briefe* (1852),
waren im Österreich des 19. Jahrhundert notorisch und haben später, im Kontext der Durchsetzung des österreichischen Liberalismus Ende der 1860er Jahre,
auch zu schroffen Formulierungen Ungers geführt; Kirchenmänner miss-
brauchten die Kanzeln, „um die Repräsentanten und Größen" der Naturwissenschaft „vor einem meist urtheilsunfähigen Publikum mit Koth zu bewerfen
oder am höllischen Feuer schmoren zu lassen, um mit Einem Worte gerade das
zu verdammen, was in mehr als Einer Beziehung als erhebend, heil- und se-
genbringend erscheinen muß"[5]; es werde „indeß glücklicher Weise die so sehr
befremdliche feindliche Stellung der Kirche gegen die Naturwissenschaft im-
merdar ohne alle Bedeutung bleiben."[6] Doch war nichts unzutreffender als der
von katholischer Seite geäußerte Vorwurf, Unger sei Materialist und der österreichische „Büchner-Vogt-Moleschott"[7], der wohl eher damit zusammenhing,
dass man Materialisten gewohnheitsmäßig alles zutrauen durfte, als mit näherer

---

4 Goethe an Schiller, 16.3.1802. Werke. Hg. im Auftrage der Großherzogin Sophie v. Sachsen.
   [„Weimarer Ausgabe".] 4 Abt., 133 Bde. in 143 Tln. Weimar: Böhlau 1887–1919 (= WA), Abt.
   IV/ Bd. 16, S. 55.
5 Joseph Bona HOLZINGER, Eine Rede des Hofraths Unger. In: Tagespost (Graz), 25.5.1869
   (Morgen), S. 3. (Text und Kommentar).
6 Ebd.
7 Alexander REYER, Leben und Wirken des Naturhistorikers Dr. Franz Unger (Graz 1871), S. 59.
   Brunners Artikel gegen Unger, „Isispriester und Philister", erschien am 29.1.1856 in der
   Wiener Kirchenzeitung und löste eine publizistische Affäre aus, die im Vorfeld des österrei-
   chischen Hochliberalismus eine wichtige Rolle spielte. Vgl. dazu im Kontext Werner MICH-
   LER, Darwinismus und Literatur. Naturwissenschaftliche und literarische Intelligenz in
   Österreich, 1859–1914 (Wien / Köln / Weimar 1999), S. 38f. und pass.; Sander GLIBOFF,
   Evolution, Revolution, and Reform in Vienna: Franz Unger's Ideas on Descent and Their Post-
   1848 Reception. In: Journal of the History of Biology 31/2 (1998), S. 179–209.

Vertrautheit mit dem Oeuvre des Angegriffenen. Im Gegenteil ist Unger einer der nicht vielen österreichischen Wissenschaftler des 19. Jahrhunderts gewesen, die konsequent innerhalb des naturphilosophischen Paradigmas dachten.[8]

So erklärt sich Ungers Kommentar zur letzten Tafel der *Urwelt in ihren verschiedenen Bildungsperioden* zum Auftreten des Menschen:

> „Lange übten sich die bildenden Kräfte in Hervorbringung von Pflanzen und Thiergestalten vom Einfachen zum Zusammengesetzten, vom massenhaft Rohen zum ausdrucksvoll Edleren fortschreitend. Tausend und Tausend Gestalten sind vorübergegangen wie ungenügende Versuche, stets Vollkommeneres aus ihrem Schoosse hervorrufend. Endlich gelang ihnen der grosse Wurf, und der Mensch stand da, ein Gebilde der Meisterschaft, ein Spiegel aller Schöpfungsakte, der *endlich erschlossene Gedanke des Weltalles.*" (U XVI)

Erzählprobleme: Epochen, Plot, Akteure

Ungers Darstellungsmethode in *Die Urwelt* muss allerdings anderen Schwierigkeiten begegnen, als das in seinen expositorischen Schriften wie *Chloris protogaea* (1847) und vor allem dem zeitnahen *Versuch einer Geschichte der Pflanzenwelt* (1852) der Fall ist. So lassen sich in *Die Urwelt* in der Frage von Zeit und Narration Spannungen zwischen Entwicklungskonzepten und Erzählmustern erwarten. Welche Kategorien werden variabel, welche werden konstant gesetzt, damit sich „Entwicklung" zeigen kann, die nicht bloß Abfolge, sondern Entwicklung/Evolution/Realisierung eines Angelegten wäre? Wie können Epochen gegeneinander differenziert werden und dennoch den Rahmen für den Lebenslauf eines Protagonisten ‚in aufsteigender Linie' bilden, und welches Protagonisten?

In Ungers Entwicklungstheorie gibt es „bildende Kräfte", die fortschreitend Wesen: „Pflanzen und Thiergestalten", in einer Linie aufsteigender Komplexität produzieren, bis im Menschen zweierlei erreicht ist: zum einen die höchste Form, die die bildenden Kräfte zu entwickeln imstande gewesen sein werden, vom Einfachen zur Meisterschaft; und zum anderen ist im Menschen die Natur selbst reflexiv geworden, d. h. die erkennenden Kräfte erkennen sich selbst, indem sie ein Wesen erschaffen, das, mit Klopstock gesagt, ‚den großen Gedanken der Schöpfung noch einmal denkt', ein Wesen also, das imstande ist, den Prozess, der es hervorgebracht hat, selbst im Gedanken nachzuvollziehen (mit

---

8 Damit ist auch eine gewisse deutschpatriotische, von später her gesehen deutschnationale Orientierung verbunden gewesen, insofern die Organisation der deutschen Naturwissenschaft mit dem frühen oppositionellen Nationalliberalismus koinzidierte; Ungers Fußreise zu deutschen Naturforschern wie Oken, Carus und Rudolphi im Jahr 1823 implizierte bezeichnenderweise in Österreich ein Passvergehen, das mit einer – glaubt man den Zeugnissen, nicht allzu hart exekutierten – Gefängnisstrafe geahndet wurde. Vgl. REYER, Unger, S. 10–14.

Falksons *Bruno:* „Entzückt beschaut er sich, aus dem Naturschlummer erwachend, und einer wird sich am andern klar", er schlägt die Augen auf wie Pygmalions Statue – oder wie Frankensteins Geschöpf bei Mary Shelley).

Dieses teleologische Modell (es war ja der Sinn und das Ziel der Strebungen der Natur, vom Unbewussten zum Selbstbewusstsein vorzudringen) ist weit von Darwin entfernt, auch wenn aus heutiger Sicht in manchen Aspekten nicht mehr so sehr die Naturphilosophie Darwin nahegerückt werden kann, sondern Darwin der Naturphilosophie.[9] Der Blick in die Vergangenheit der Pflanzenwelt zeigt bei Unger zwar ein Ringen, aber keine zufälligen Resultate eines solchen Ringens, sondern eine „Gesetzmässigkeit in der Aufeinanderfolge der Vegetationen der grösseren Zeiträume", „keinem Zufalle unterworfen".[10] Das erzeugt, anders als bei Darwin, der die hypothetische Geschichtserzählung ja scheut und in *Origin of Species* (1859) auf eine problemorientierte Disposition setzt, auf der Ebene der Darstellung sehr wohl eine Epochengliederung nach den Entwicklungsstufen der Natur, wie sie im Idealismus, insbesondere bei Schellings Widersacher Hegel, aber auch bei Schelling selbst, nach selbem Muster auch in Geschichte und Kunstgeschichte abgesehen werden können. Das führt zu der paradoxen Situation, dass eine ‚natürliche Schöpfungsgeschichte', wie das später in Ernst Haeckels Konkurrenzerzählung zu den Mythen von Religion und Theologie heißen wird, gerade nach dem Muster der Schöpfungstage der Genesis vorgehen kann. Der Text beutet deren Repertoire weniger aus, als dass er sich selbstverständlich darauf verlässt. Vom Silur (Tafel I) heißt es,

> „Endlich gelang es dem Lichte diesen finsteren Deckmantel zu zerreissen und der erregende und belebende Strahl konnte ungehindert bis an die Wasserfläche vordringen. Die Bedingungen der organischen Schöpfung waren nun gegeben; sie konnte nicht mehr auf sich warten lassen. So weit unsere Erfahrungen in die ursprünglichen Zustände derselben zurückgehen, sehen wir Pflanzen und Thiere wie mit einem Schlage ins Dasein gerufen. Wie es nicht anders möglich, waren die einen wie die andern auf das feuchte Element angewiesen und zündeten an dem Strahl der Sonne die Fackel ihres Lebens an." (U I)

Es ist das Licht, das die Urzeugung in Gang setzt und an die Stelle des Wortes Gottes tritt: „Der Schleier ist dort und da zerrissen und lässt den Geist Gottes über den Wassern schwebend ahnen." (U I)

In der Typologie der Naturformen ist Ungers Kronzeuge hingegen Goethe, der Goethe der „Urpflanze", der ‚idealen Pflanze'[11], des Bildungstriebes[12], den für

---

9 Robert J. Richards, The Romantic Conception of Life. Science and Philosophy in the Age of Goethe (Chicago 2002).

10 Franz Unger, Versuch einer Geschichte der Pflanzenwelt (Wien 1852), S. 339.

11 Franz Unger, Botanische Briefe (Wien 1852), S. 71f.

12 Ebd., S. 62.

die Goethezeit Johann Friedrich Blumenbach formuliert hatte und damit das
Stichwort ‚Bildung' zu einem der Zentralwörter der Epoche gemacht hatte.
Unger, diese Einschätzung darf gewagt werden, ist derjenige, der die intellek-
tuellen und narrativen Möglichkeiten der Naturphilosophie so weit treibt und
die Spekulation so weit mit empirischem Material sättigt, dass sie eine plausiblen
Rahmen abgibt, in den immer mehr Empirie eingefügt werden kann; er arbeitet
erst an der Konstruktion und dann an der Vervollständigung des ‚Archivs der
Natur', an der Beseitigung der „imperfection of the geological record" (Darwin)
und kann die Historizität der Natur getrost voraussetzen. Dass er nach 1848, als
das kulturelle System von der revolutionären auf die reformistisch-evolutionäre
Linie einschwenkt, auch den Gedanken der Transmutation der Arten forciert, ist
im naturphilosophischen Paradigma, das seine Kernvorstellungen aus der Alchemie und den Epistemen der Frühen Neuzeit bezogen hatte[13], völlig plausibel.

Man hat gesehen, dass die Verbindung von einheitlichem Subjekt und epo-
chaler Differenzierung durch den Rekurs auf das Geschichtsmodell des Idealismus erfolgt, in dem ein Prozess der Evolution und Reflexivierung in Stadien
zerlegt und damit historisch konturiert wird. Anstelle von jenen kataklysmen-
theoretischen Diskontinuitäten (Neuschöpfungen der Pflanzenwelt nach Un-
tergängen[14]), die im Symbolhaushalt der Jahrhundertmitte mit der Revolution
verbunden sind und wo das kontinuierliche Element nur die abstrakte Natur
selbst sein konnte, werden nun Kontinuitäten auf der Ebene der Gattung ange-
nommen, rezente Formen sind Erben der verschwundenen, Entwicklungspro-
dukte, denen ‚stehengebliebene' Formen und Fossilien die geschichtsphiloso-
phische Uhr stellen. Die Anläufe der Natur zum Menschen hin, und, wie Ungers
Versuch einer Geschichte der Pflanzenwelt am Ende in Aussicht stellt, darüber
hinaus zu weiterer Perfektion, bedürfen nicht mehr der vollständigen Löschung,
sondern dürfen, sich fortsetzend, sich verändernd ‚bessern'. Der Bildungstrieb,
der Proteus Herders und Goethes, kann die von ihm selbst zunächst gesetzten
Grenzen auch verlassen:

> „Ueberall ist es der nach Sättigung dürstende Bildungstrieb, welcher bald versteckt,
> bald offen dieses Erscheinungen [Unger nennt: Schößlinge, gefüllte Blumen, durch-
> wachsene Blüten – letztere übrigens ein wichtiges Beispiel in Goethes *Metamorphose
> der Pflanzen*, WM] hervorruft. Und es sollte diesem Wandelgeist [dem ‚Proteus', WM],
> diesem Vertreter des Unsteten und Veränderlichen in der That nicht gelingen, sich über

---

13 Zusammenfassend Karen GLOY, Die Geschichte des ganzheitlichen Denkens. Verständnis der
    Natur (München 1996). Zu Schellings Position hinsichtlich der Gattungsfrage vgl. Arthur O.
    LOVEJOY, Die große Kette der Wesen. Geschichte eines Gedankens. [1936] Übers. v. Dieter
    Turck (Frankfurt/M. 1985).
14 Franz UNGER, Chloris protogaea. Beiträge zur Flora der Vorwelt (Leipzig 1847), S. VII.

die engen Grenzen der Gattungseigenthümlichkeit hinauszuschwingen? Dies ist kaum glaublich."[15]

Die Transmutation auf Grund einer inneren Strebung, wie sie die Alchemie voraussetzt, wenn das Einfache das Komplexe, das Unedle das Edle, das Blei zu Gold werden *will*, ist ja eine der älteren Ideen Ungers (*Die Pflanze im Momente der Thierwerdung*, Wien 1843). Man müsse versuchen, „in dem Genius, der die Gattung bestimmt, ihre Einheit durch alle Zeiten und Räume zu bewahren sucht […], dennoch die Kraft zu erkennen, die nicht blos aus Wasser Wein macht, sondern mit gleicher Zaubermacht auch eine Gattung in die andere überzuführen im Stande ist."[16] Gattungen, Geschlechter, Ordnungen von Pflanzen können nicht „von Aussen" hergekommen sein, sondern müssen „aus ihrem Schoosse entstanden sein."[17]

Das Wirken innerer Naturtriebe hat damit Raum für verschiedene Modellierungen der Abfolge bzw. Auseinanderentwicklung der Arten.[18] Auch ist der Abschied vom geologischen Katastrophismus und der Vorstellung von der vollständigen Zerstörung und Neuschöpfung des Artenensembles, wie sie in *Chloris protogaea* noch vertreten wurde, mittlerweile vollzogen, es sind „Schöpfungsperioden"[19] geworden, „Bildungsstadien" „für die Entwicklung der Pflanzenwelt im Ganzen".[20]

Als Akteure kommen die ihren Bildungstrieben folgenden Naturkräfte in Frage. (Darwin wird Schwierigkeiten haben, in seinen Texten den metaphorischen Status seines Begriffs der *natural selection* aufrechtzuerhalten; oft genug agiert die Natur *als* und nicht bloß *wie* eine Züchterin, die Auslesen vornimmt.) Klimatische Umweltereignisse werden als einander widerstreitende Kräfte konzeptualisiert; als sie Frieden schließen und „feste" Verhältnisse gewähren, vollenden sie die Schöpfung:

> „Die drückende Schwüle einer gewitterschwangern Luft ist zum lieblich duftenden Odem des Frühlings geworden, – der gifterfüllte Qualm der aus dem Innern der Erde hervordrängenden Dünste ist nach und nach versiegt, – keine die Vesten des Bodens zertrümmernden Bewegungen schreiten wie Würgeengel über die zitternde Erde. Festland und Meeresgrund, Thäler und Berge sind zu festen bleibenden Umrissen gelangt, kurz es ist Frieden eingetreten zwischen den bisher unversöhnten Kräften, sei es auch nur, um sich zu sammeln und den letzten grossen Schöpfungsakt zu vollenden." (U XVI)

---

15 UNGER, Botanische Briefe, S. 125.
16 Ebd., S. 126.
17 Ebd.
18 Vgl. auch den Beitrag von Sander GLIBOFF in diesem Band.
19 UNGER, Versuch, S. 338.
20 UNGER, Versuch, S. 339.

Die zweite Kategorie von Kräften, die inneren, bildenden, hatte sich, die Stelle wurde schon zitiert, ‚lange geübt' „in Hervorbringung von Pflanzen und Thiergestalten vom Einfachen zum Zusammengesetzten, vom massenhaft Rohen zum ausdrucksvoll Edleren fortschreitend", bis ihnen „der große Wurf" gelang, „und der *Mensch* stand da, ein Gebilde der *Meisterschaft*" (U XVI). Diese Dialektik von Umwelteinfluss und Bildungstrieb lässt sich gewiss in den Begriffen moderner Biologie formulieren; doch ist unüberhörbar, dass sich die Stelle (und bei Unger gilt das keinesfalls nur für die populäreren Schriften, sondern verrät eine Denkweise, eine kulturelle Matrix, auf der seine Naturwissenschaft aufruht) auf die literarischen Szenarien der ‚Menschwerdung' verlässt, die die Goethezeit ausgebildet hat: jenen *Bildungs*roman, wie ihn Goethe im Wilhelm *Meister*-Komplex entworfen hat, in dem das Eigene entelechisch so weit und in solcher Weise zur Ausformung kommen und sich durchsetzen kann, als Umstände es ermöglichen; und das Modell dieses Wachstums ist nach dem Muster Goethe'scher Naturforschung gedacht. Für das *Meister*-Projekt hat Goethe nachträglich in botanischer Terminologie festgehalten, schon vor 1780 werde man die „Anfänge des *Wilhelm Meister* […] gewahr, obgleich nur kotyledonenartig: die fernere Entwickelung und Bildung zieht sich durch viele Jahre."[21] Die ‚Bildung' bezieht sich auf das Romanprojekt und den Protagonisten gleichermaßen; beiden ist die Metamorphose der Pflanzen zugedacht, die kontinuierliche Differenzierung aller Organe aus einem einheitlichen Grundorgan (dem Blatt), die dem ‚Typus' der Pflanze verpflichtet ist.[22]

Die Literatur, und es ist nicht übertrieben, wenn man sagt: auch die gesamte kulturelle Selbstverständigung, die Erzählmodelle und die Plotkonstruktionen, die Lebensmodelle und die Erlebnismodi, stellen im Nachmärz vom dramatischen auf den epischen Modus um, von Konflikt auf Evolution, von Kataklysmus auf Entwicklung, gut zu beobachten an Ungers Zeitgenossen Adalbert Stifter.[23] In der *Urwelt* zeigt Unger nicht selten dramatische Szenarien, im Ganzen („Feurige Blitze durchzucken die Dampfwolken, das Meer wallt und kocht rings umher und gibt dem Phänomen einen eben so erhabenen als schauerlichen Character", U VI) wie im Einzelnen („Mit gierigem Blicke betrachtet sie als

---

21 Goethe, WA I/35, 6 („Tag- und Jahreshefte", „Bis 1780").
22 Boyle hat die Bildungs-Dynamik der „Lehrjahre" anhand der Metamorphosenschrift rekonstruiert: Nicholas Boyle, Goethe. The poet and the age. Vol. II: Revolution and renunciation (Oxford 2000), S. 412–415.
23 Vgl. Werner Michler, Vulkanische Idyllen. Die Fortschreibung der Revolution mit den Mitteln der Naturwissenschaft bei Moritz Hartmann und Adalbert Stifter. In: Primus-Heinz Kucher / Hubert Lengauer (Hg.), Bewegung im Reich der Immobilität: Die Revolution von 1848–49 in Mitteleuropa (Wien / Köln / Weimar 2001), S. 472–495, sowie: Werner Michler, „Wirkliche Wirklichkeit" und „wirklicher Lebensprozess". Realitäten um 1848 bei Adalbert Stifter und Karl Marx. In: Deutsche Vierteljahrsschrift für Literaturwissenschaft und Geistesgeschichte (DVjs) 84/1 (2010), S. 105–127.

willkommene Beute ein seltsames Ungeheuer von crocodilartiger Gestalt", U
VIII). Damit aber angesichts der epochalen Wechselfälle von Geologie und
Klima, denen das Leben koordiniert ist, aber nicht ‚angepasst' im Darwin'schen
Sinn („[m]it dieser eigenthümlichen Beschaffenheit der Thier- und Pflanzenwelt
steht im innigsten Einklange die warme und feuchte Atmosphäre", U IX; „eine
heisse Atmosphäre [...], welche sich auch in den Formen der Pflanzen- und
Thierwelt nicht unzweideutig ausspricht", U X), eine Kontinuität zu stiften
bleibt und die Geschichte des Lebens ihren Gang gehen, die agonale Dramatik
der Katastrophen in ein episches Fahrwasser geleitet werden kann, greift Unger
auf die Denk- und zugleich Darstellungsmittel zurück, die in der idealistischen
Allianz von Literatur und Philosophie in Goethezeit und Romantik entwickelt
wurden.

Volker Wissemann

„Ja ich möchte glauben, dass erst von jetzt an eine klare, detaillierte Vorstellung der Genesis des Krankheitsprozesses möglich wird" – Franz Unger und die mykologische Phytopathologie um 1800

„Nicht alle Gewächse sterben eines natürlichen Todes, indem sie nicht mehr leben können. Die meisten müssen sterben, indem sie gewaltsam zerstört oder von Krankheiten angegriffen werden. […] Vielfache Ursachen können diese Krankheiten herbeyführen, und so sterben viele Pflanzen, ehe das natürliche Ziel ihres Lebens, ihr eignes endliches Unvermögen, den Lebenssaft zu bewegen, herannaht."[1]

Einleitung

Diese Arbeit[2] untersucht die Wissenschaftsstrukturen der mykologischen Phytopathologie in der zweiten Hälfte des 18. Jahrhunderts und der ersten Hälfte des 19. Jahrhunderts in Deutschland. Auf der Basis zeitgenössischer Literatur wird aufgezeigt, dass zu dieser Zeit hier nicht nur die durch die idealistische Philosophie beeinflusste und später unter dem Namen „Deutsche Romantik" generalisierte Wissenschaftsstruktur vorherrschte, sondern zeitgleich parallel hierzu weitere signifikante Denkströmungen über die Entstehung von Pflanzenkrankheiten existierten. Jede dieser Richtungen wiederum zeigt personen- oder

---

1 August Johann Georg Carl BATSCH, Botanik für Frauenzimmer und Pflanzenliebhaber welche keine Gelehrten sind (Weimar 1791), S. 30–31.

2 „Ihr teuern Ufer, die mich erzogen einst / Stillt ihr der Liebe Leiden, versprecht ihr mir, / Ihr Wälder meiner Jugend, wenn ich / Komme, die Ruhe noch einmal wieder?" (Friedrich HÖLDERLIN, „Die Heimat"). Die vorliegende Studie entstand aus meiner jahrelangen Arbeit in, und der Beschäftigung mit praktischer mykologischer Phytopathologie, eine Tätigkeit, die auf mich bis heute eine enorme Faszination ausübt. Dass mir dieses Gebiet für viele Jahre eine Heimat war, verdanke ich Frau Dr. A. Mauler-Machnik (Bayer Leverkusen, Monheim) sowie Herrn Prof. emer. Dr. H. Fehrmann (Göttingen). Ihnen beiden gilt mein Dank. Ferner weiterhin danke ich meinem Lehrer und Begleiter Prof. emer. Dr. Gerhard Wagenitz (Göttingen), er hat entscheidenden Einfluss darauf, dass mir die Bedeutung eines historischen Bewusstseins und die Kenntnis eigener Fachgeschichte eine Conditio sine qua non für ein Leben als Pflanzensystematiker und Evolutionsbiologe ist, ihm widme ich diese Arbeit aus purem Vergnügen.

personenkreisbezogene Modifikationen, so dass das bislang in Historiographen aufzufindende Bild einer relativ einheitlichen Geistesströmung und Wissenschaftskultur in der Phytopathologie der romantischen Periode aufgegeben und stattdessen durch eine retikulare Struktur vielfältiger Beziehungen ersetzt werden muss. Im Zentrum des hier als „romantische Phytopathologie" bezeichneten ganzheitlichen Wissenschaftsverständnisses steht das 1833 durch Franz Unger publizierte Werk „Die Exantheme der Pflanzen und einige mit diesen verwandte Krankheiten der Gewächse, pathogenetisch und nosographisch dargestellt."[3] Die zweite große Linie, die sich in vielerlei Hinsicht von der romantischen Phytopathologie unterscheidet, beginnt mit den Arbeiten von Matthieu Tillet in der Mitte des 18. Jahrhunderts und existiert ununterbrochen bis heute. Den Wendepunkt, an dem diese zweite Richtung die romantische Phytopathologie definitiv ablöst, ist die Veröffentlichung von Anton de Barys „Untersuchungen über die Brandpilze und die durch sie verursachten Krankheiten der Pflanzen mit Rücksicht auf das Getreide und andere Nutzpflanzen" im Jahr 1853.

Die beiden zentralen Fragen der Phytopathologie in der Zeit sind unabhängig von ihrem theoretischen Hintergrund: Was ist die Erregernatur der beobachteten krankhaften Veränderungen an Pflanzen? und: Ist die beobachtbare Struktur der krankhaften Veränderung Folge oder Ursache einer Erkrankung? Mit Blick auf das Werk von Franz Unger wird in dieser Studie dargestellt, dass „romantische mykologische Phytopathologie" nicht nur durch einen neuen ganzheitlichen Anspruch an die kranke Pflanze als Organismus gekennzeichnet ist und es hier zwangsläufig eines erweiterten Denkmodells bedarf, sondern sich methodisch durch einen neuen Weg auszeichnet: der Hinzuziehung der vergleichenden Anatomie und Physiologie. Legitimiert durch die neue Erkenntnis der Cytologie im ersten Drittel des 19. Jahrhunderts z. B., dass alle Organismen aus prinzipiell gleichen Grundbauteilen (Elementarteilchen) – den Zellen – aufgebaut sind, ergibt sich durch die Anwendung der neuen Methode der vergleichenden Anatomie und Physiologie erstmalig die Möglichkeit, vor dem Hintergrund eines ganzheitlichen Denkens die Bereiche Morphologie, Anatomie, Physiologie, Pathologie, Medizin und Philosophie durch Analogien zu vereinen. Die Studie verfolgt am Beispiel Ungers die Hypothese, dass sich die romantische mykologische Phytopathologie durch zwei Besonderheiten auszeichnet:

1) Die Anwendung der vergleichenden Anatomie und Physiologie ist die <u>neue Methode</u> romantischer mykologischer Phytopathologie und

2) die Unterscheidung von Exanthemen als spezielle Untergruppen der Afterorganismen einerseits, d. h. dem physischen Produkt eines Krankheitspro-

---

3 Franz UNGER, Die Exantheme der Pflanzen (Wien 1833).

zesses in einem dynamischen Organismus, der in seinen äußeren Formen Pilzen nachgebildet sein kann, und andererseits Pilzen, die nach dem Tod der Organismen entstehen, ist die zentrale <u>neue Idee</u> romantischer mykologischer Phytopathologie.

Während die zweite Hypothese bereits ausführlich bei Wehnelt (1943)[4] dargestellt wurde und hier lediglich ergänzt und teilweise modifiziert wird, wird in dieser Arbeit mit der Betonung vergleichender Anatomie und Physiologie als Methodik der Meinung von Wehnelt (1943) entgegengetreten, dass „die gesamte romantische Pflanzenpathologie [...] gekennzeichnet [ist] durch den Versuch, die Hauptfrage nach dem Wesen der auf und in Pflanzen lebenden pilzartigen Geschöpfe in mehr oder weniger bedeutendem Umfange auf philosophischem Wege zu lösen."[5] Gerade für das zentrale originäre Opus romantisch-mykologischer Phytopathologie von Franz Unger ist dies – trotz der selbstverständlich vorhandenen Einbindung in einen philosophischen Rahmen – nicht zutreffend.

Bei der Untersuchung der Rezeptionsgeschichte der romantischen Phytopathologie fällt auf, dass diese nur vor einem medizinischen Hintergrund konstruktiv geschieht. Auf gesellschaftlicher Ebene findet sich die Entsprechung darin wieder, dass die Vertreter einer romantischen Phytopathologie im Wesentlichen aus der Medizin hervorgingen. Es wird untersucht, ob sich Hinweise finden, inwieweit sich ganzheitlich arbeitende Phytopathologen im Kontext einer erwachenden Fürsorge, dargestellt am Beispiel der aufkommenden preußischen Hygienevorschriften, stärker mit dem ganzheitlichen Ansatz romantischer Topoi identifizierten als die Protagonisten einer zergliedernden, unterteilenden Biologieforschung, bei denen nicht die kranke Pflanze als dynamischer Gesamtorganismus im Mittelpunkt des Interesses stand, sondern die Einzelerscheinung des Krankheitserregers, z. T. losgelöst vom Krankheitsbild. Dieses Schisma widerspiegelt die Rezeptionsgeschichte dergestalt, dass romantisch-phytopathologische Vorstellungen in der biologischen Fachliteratur nahezu nicht rezipiert werden, sondern diese sich weitgehend ungerührt parallel zur romantischen Phytopathologie auf die Traditionslinie seit Tillet beruft und in diesem Kontext den Forschungsstand diskutiert und bewertet. Durch die negativ ausfallende medizinische Rezeption durch Julius Rosenbaum[6] und den Nachweis der beobachteten Pflanzenkrankheiten als Ursache von Pilzinfek-

---

4 Bruno Wehnelt, Die Pflanzenpathologie der deutschen Romantik als Lehre vom kranken Leben und Bilden der Pflanzen, ihre Ideenwelt und ihre Beziehungen zu Medizin, Biologie und Naturphilosophie historisch-romantischer Zeit (Bonn 1943).
5 Wehnelt, Pflanzenpathologie, S. 39.
6 Julius Rosenbaum, Zur Geschichte und Kritik der Lehre von den Hautkrankheiten mit besonderer Rücksicht auf die Genesis der Elementarformen (Halle 1844), S. 93–109.

tionen durch Anton de Bary[7] endet die romantische mykologische Phytopathologie abrupt.

Mykologie um 1800

Wie für fast die gesamte organismische Biologie ist auch für die Mykologie das 18. Jahrhundert die in vielerlei Hinsicht anregendste Zeitspanne, in der Probleme aufgeworfen werden, die bis in die heutige Zeit Grundlage aktueller Forschung sind. Für die Mykologie bilden sich die zwei großen Fragenkomplexe heraus, nach einer Systematik der Organismen einerseits und andererseits der Problematik der Genese und Reproduktion der Pilze. Beide Fragen werden zeitgenössisch im Kontext der Pflanzensystematik behandelt. Der Zeitraum beginnt 1700 mit dem System von Joseph Pitton de Tournefort,[8] in dem die ersten Pilzgattungen im modernen Sinn erfasst werden. Er endet 1801 mit dem in Göttingen durch Christiaan Hendrik Persoon veröffentlichten ersten modernen System der Pilze,[9] das bis heute die nomenklatorisch verbindliche Referenz für die Pilztaxonomie, der Starting Point der Nomenklatur ist.

In dieser Zeitspanne finden, oft im Kontext taxonomischer Fragen, die grundlegenden Diskussionen über die Entstehung und Fortpflanzung der Pilze statt, mit z. T. leidenschaftlicher und rüder Vehemenz.[10] Um 1800 ist jedoch mitnichten eine Einigung in dieser Frage erzielt, zahlreiche Vorstellungen existieren parallel, auch Urzeugung wird nicht ausgeschlossen, dennoch bilden sich klarere Strukturen heraus. Ein Beispiel hierfür ist der weitgehende Konsens über die Zugehörigkeit der Pilze zum Pflanzenreich, eine Einschätzung, die erst zum Ende des 20. Jahrhunderts aufgegeben wurde, als man die Pilze als eigenständiges Reich neben Tiere und Pflanzen zu stellen beginnt.

Der Anknüpfungspunkt für die mykologische Phytopathologie der Zeit ist die zweite Frage, die nach dem Ursprung und der Vermehrung der Pilze. Während einerseits den Symptomen einer Erkrankung eine organismische pilzliche Natur zugesprochen wird, bildet den Gegenpol die – romantische – Vorstellung einer

---

7 Anton DE BARY, Untersuchungen über die Brandpilze und die durch sie verursachten Krankheiten der Pflanzen mit Rücksicht auf das Getreide und andere Nutzpflanzen (Berlin 1853).

8 Joseph PITTON DE TOURNEFORT, Institutiones rei herbariae (Paris 1700).

9 Christian Hendrik H. PERSOON, Synopsis methodica fungorum, sistens enumerationem omnium huc usque detectarum specierum, cum brevibus descriptionibus nec non synonymis et observationibus selectis (Göttingen 1801).

10 Vgl. hierzu z.B. Friedrich Kasimir MEDICUS, Über den Ursprung und die Bildungsart der Schwämme. Vorlesungen der Churpfälzisch physikalisch-ökonomischen Gesellschaft in Heidelberg. Von dem Winter 1786–1788, 3. Bd. (Mannheim 1788), S. 333–386.

pilzstrukturähnlichen Nachbildung, eines „Afterorganismus", der Folge, aber nicht Ursache der beobachteten Krankheitsphänomene ist.

Generelle Mykologie und Systematik

Ein wesentliches Moment in der Mykologie um 1800 ist es, die Frage nach der Biologie und Fortpflanzung der Pilze zu klären. Dieser Versuch verläuft zeitgleich etwa parallel mit der Aufklärung der pflanzlichen Sexualität durch die Arbeiten von Camerarius und Koelreuter. So vergleicht Lister (1674)[11] die Köpfchenstruktur der Asteraceenblüten mit der morphologischen Struktur bei Röhrlingen. Er folgert aus der Analogie eine Homologie von Blüte und Achäne der Composíten, dass also die Röhren der Röhrlinge zugleich Blüte und Frucht seien. Gerade die Analogie bei den Untersuchungen liefert wesentliche Erkenntnisse, zugleich aber falsche Sichtweisen durch eine falsche Terminologie und die unklaren Homologisierungsverhältnisse der Reproduktionsorgane.

Eine besondere Stellung in der mykologischen Systematik nimmt das System von Lorenz Oken (1825) ein.[12] Oken erkennt die Wesensnatur der beobachteten Schädigungen als Pilze an,[13] ihre Entstehungsweise sei jedoch die einer Urzeugung aus dem Pflanzenmaterial:

> „Die Pilze entstehen von selbst aus verfaulenden organischen Stoffen, mögen diese ursprünglicher Schleim aus dem Unorganischen seyn, oder von fertigen Pflanzen und Thieren herkommen. Sie sind daher der Anfang und das Ende der organischen Welt. Einmal entstanden zerfallen sie aber wieder in Bläschen oder Staubkörner, die man Keimpulver nennt und das sich fortpflanzt. Es kann daher wohl Samen heißen. Sind der Ursamen der Pflanzenwelt. [9–10]. Diese Pflanzen, bekannt unter dem Namen Rost und Schimmel, sind nichts anders als Schleim, welcher sich zu Pflanzenzellen gestalten will. Sie entstehen daher fast überall, wo Pflanzensaft oder thierische Feuchtigkeit aus der Verbindung mit dem größeren Organismus tritt, und sich selbst überlassen, in Gährung geräth. Diese Pflanzen entstehen demnach aus der Zerstörung der höheren Pflanzen oder Thiere, überhaupt aus der Fäulniß organischer Körper, und sind daher die Nachgeburt des Pflanzen- und Thierreichs. Sie entstehen aber auch aus dem

---

11 Siehe hiezu: Heinrich Dörfelt / Heike Heklau, Die Geschichte der Mykologie (Schwäbisch Gmünd 1998).

12 Lorenz Oken, Lehrbuch der Naturgeschichte, Zweyter Teil: Botanik; Zweyter Abtheilung erste Hälfte. Mark- und Stammpflanzen (Jena 1825). Dieses System ist bis heute nicht adäquat wissenschaftshistorisch aufgearbeitet, dies kann auch nicht hier an dieser Stelle geschehen. Eine wenig aussagekräftige und reflektierende Bearbeitung findet sich bei Dörfelt / Heklau, Geschichte der Mykologie.

13 Oken, Lehrbuch, S. 9: „Die Pilze, welche diese Classe ausmachen, sind in der Regel erdfarbene (meist gelbe oder braune) Pflanzen, ohne Stamm und Blüthenteile, außer dem sogenannten Samen."

ursprünglichen Schleim, der sich aus der unorganischen Natur entwickelt, in so fern er aufs Trockne kommt, und sind demnach auch die Vorgeburt des Pflanzenreichs."[14]

Diese Pilze sind Folge, nicht Ursache einer Erkrankung.[15] In einem ähnlichen Sinne äußert sich Batsch, dass für ihn die Rostpilze z. B. auf der Berberitze, aber auch der Wolfsmilch endogene Produkte der Pflanze darstellen, die dieser angeboren sind und nicht infektiös sind:

> „Man glaubt mit Recht, ohne den Gedanken bis zur Deutlichkeit bringen zu können, sie seyen angebohren, da der andere Gedanke des Hinzukommens von aussen offenbar unstatthaft ist."[16]

Die Pilznatur erscheint ihm eindeutig, gleichwohl lassen sich an seiner Äußerung Zweifel erkennen, die erstmalig genau den Komplex berühren, den Unger dann später ausbaut:

> „So müssten auch die für gewisse Gewächse bestimmten innern parasitischen Gewächse, wie diese Sphaerien, denen Gewächsen, von welchen sie sich nähren, und innerhalb welcher sie sich entwickeln, angeerbt, und eingepflanzt seyn. Der Ausdruck sey, wie er wolle, wenn nur die Sache, und die Aehnlichkeit, als eine Haupterscheinung der organischen Reiche gewiss bleibt."[17]

Mykologische Phytopathologie

In der mykologischen Phytopathologie um 1800 stehen zwei Fragen im Zentrum der Diskussion: Erstens, was die Erregernatur, das Wesen, der beobachteten Veränderung ist, und zweitens, ob die beobachtbare Veränderung Folge oder

---

14 OKEN, Lehrbuch, S. 9. Bereits Flörke (1811) hatte sich auf Persoon (1801) stützend dahingehend geäußert, dass die Brände Pilze darstellen, über deren Entstehung aber Unklarheit herrsche.

15 OKEN, Lehrbuch, S. 13 f: „Man findet diese Pflanzen gewöhnlich auf lebendigen, aber verletzten Pflanzen, und auf abgestorbenen, auch auf verschiedenen Thierstoffen. Sie bezeichnen gewöhnlich den Faulungsproceß, in so fern er an die Luft tritt und sich in Gährungsproceß verwandelt. Sie sind das gemeinschaftliche Product des faulungs- und Gährungsprocesses. Man kann nicht sagen, daß Rost und Schimmel die Pflanzen und Thiere ursprünglich angreifen und verderben; sie sind vielmehr umgekehrt Folgen der ursprünglichen Krankheit, und vorzüglich der Verletzung der Pflanzen, die Folgen von theilweisen Tödtungen durch Quetschung, Kerfstiche, Sonnenstich, Frost u. dergl." Oken erkennt jedoch im Gegensatz zu Fourcroy (1810) und Flörke (1811) deutlich den eigenständigen Charakter der Pilze und sieht z. B. die Brandsporen in den Getreidekörnern nicht als bloße Veränderung des Korns: „Das ganze Korn besteht aus einer pulverartigen Masse, deren Körner unter dem Microscop noch kleinere Körner enthalten und also kein verdorbenes Mehl sind." (OKEN, Lehrbuch, S. 17).

16 August Johann Georg Carl BATSCH, Botanische Bemerkungen. Erstes Stück (Halle 1791), S. 20.

17 Ebd., S. 20.

Ursache einer Erkrankung ist. Bei der Beantwortung dieser Fragen gibt es erhebliche Differenzen, die für die Frage, inwieweit „romantische mykologische Phytopathologie" eine Parallelentwicklung oder nicht ist, von erheblicher Relevanz sind.

Häufig wird die Veränderung und das Auftreten von Pilzen durch Urzeugung als Folge abiotischer Umwelteinflüsse gesehen, (z. B. durch Sonnenstrahlen),[18] aber auch durch Nachtfröste[19]. Hedwig (1793) rezipiert sogar implizit die Diskussion um Krankheitserreger, die den Pflanzen von außen anhaften,[20] wie sie z. B. von Otto von Münchhausen vertreten wird.

---

18 Z. B. OKEN, Lehrbuch, S. 14: „Man kann nicht sagen, daß Rost und Schimmel die Pflanzen und Thiere ursprünglich angreifen und verderben; sie sind vielmehr umgekehrt Folgen der ursprünglichen Krankheit, und vorzüglich der Verletzung der Pflanzen, die Folgen von theilweisen Tödtungen durch Quetschung, Kerfstiche, Sonnenstich, Frost u. dergl." Danach heißt es noch: „Indessen scheint auch unpassendes Feld, übermäßige Düngung, schlechtes Wetter denselben zu begünstigen" (siehe OKEN, Lehrbuch, S. 17).

19 Johannes HEDWIG, Beantwortung über die Bewässerungen mit Quellwasser, und der Ursache des Mehlthaues im Getreide. Schriften der Churfürstl. Sächsischen gnädigst bestätigten Leipziger Ökonomischen Gesellschaft 6 (1793), S. 205: „Unläugbar ist es wohl, daß der Mehltau, Brand, Ruß oder Rost allemal ein Fehler, ein Gebrechen, ein Verderben, kurz, eine Krankheit der Pflanzen ist." In einem Analogieschluss zu menschlichen Erkältungskrankheiten, bei denen im Frühjahr durch Veränderung der Körpersäfte diese in Umstrukturierung geraten und sich durch Aus- und Absonderungen bemerkbar machten, interpretiert er die beobachteten Phänomene gleichermaßen: „Nun stelle man sich vor, wenn das aus dem gut gedüngten Boden vollsäftig gewordene Getreide im vollen Betrieb dieser eingesogenen Nahrung ist, und es fällt eine Kälte ein, die die überwiegende, im vollen Zuge begriffene Menge von Säften in diesen herzelosen lebendigen Kreaturen ganz, oder wenigstens größtentheils ins Stocken bringt, was da für Veränderungen sowohl in den festen als flüssigen Theilen vorgehen können. […] Also begreife ich, wie auch von späten Nachtfrösten im Frühjahre unter den Getreidearten die Epidemie entstehen könne, die man den Mehlthau, Rost, Brand u.s.w. nennt." (HEDWIG, Beantwortung, S. 207).

20 HEDWIG, Beantwortung, S. 207: „Es muß jedoch darum diese verderbliche Ursache eben so wenig an Halm vor Halm, oder Stock vor Stock haften, als eine von dergleichen allgemeinen Ursachen unter Menschen und Vieh entstandene Epidemie, Mann vor Mann, oder Stück vor Stück befällt." Ebenfalls implizit geht Hedwig auf einen individuellen Konstitutionspathologiebegriff ein, wenn er schreibt: „Nicht alle Halme ein und eben des Ackers sind von ein und eben der Stunde her; sie haben nicht einerley Stärke, einerley Festigkeit; fast jeder hat im ganz eigene genommen, sein Eigenthum." – Dieser Gedanke findet sich explizit z. B. im Vorbericht bei Dietrich Georg KIESER, Ueber das Wesen und die Bedeutung der Exantheme (Jena 1812), S. VI: „Denn nur auf diesem höheren und allgemeinen Standpuncte, welcher nicht nur das individuelle Leben des Menschen, sondern auch das allgemeine der Menschheit übersieht, kann man die gewagte Behauptung rechtfertigen und durchführend beweisen, daß die dem individuellen Leben nothwendig als das größte körperliche Uebel erscheinenden, und die Mehrzahl der Jugend wegraffenden epidemischen Krankheiten dem allgemeinen Leben der Menschheit eine Wohlthat sind, indem durch dieselben die Idee des menschlichen Lebens überhaupt, und also auch die des individuellen Menschen reiner ausgeprägt, die Menschheit selbst höher ausgebildet wird. Das individuelle Leben kämpft nothwendig gegen diesen dem Individuum als Krankheit erscheinenden Lebensproceß, und so auch die individuelle, beschränktere Ansicht der Krankheit gegen diese Behauptung."

Dieser (1766) ist der Hauptvertreter einer zweiten These über die Erregernatur der beobachteten Phänomene: der von Pilzsporen als Insekteneiern[21] oder
tierähnlichen[22], den Polypen vergleichbaren Organismen, dies gilt für ihn für alle
in der Zeit beobachteten Getreideerkrankungen Rost, Brand, Mehltau, aber auch
Mutterkorn.[23] Besonders interessant ist, dass Münchhausen auch die Brand-

---

21 Otto von MÜNCHHAUSEN, Der Hausvater. Erster Theil (Hannover 1766), S. 151–152: „Bey der
    Weizen-Saat ist der alte Weizen auch vorzuziehen, als das sicherste Mittel gegen den nur gar
    zu gewöhnlichen Brand. Der Brand ist so häufig, daß er den dritten oder vierten Theil der
    Aehren einnimmt, so daß alle Körner darinn, statt eines weissen Mehls, mit einem schwarzen
    Staube angefüllet sind. Eine genaue Untersuchung desselben unter dem Vergrösserungsglase
    und einige hundert damit angestellte Versuche haben mich belehret, daß dieser schwarze
    Staub aus lauter kleinen durchsichtigen, inwendig mit schwarzen Pünktgens versehenen
    Kügelchen bestehe, die nichts anders als die Eyer von einem unmerklich kleinen Insecte sind,
    oder vielmehr der junge Wurm. Diese Eyer wenn sie in der Feuchtigkeit und in einem Grad
    der Wärme stehen, kommen aus, oder entwickeln sich in ein eyförmiges Thier, welches am
    Ende crepiret und eine Menge Eyer zurück lässt. Wenn der Weizen gedroschen wird, gehet
    ein grosser Theil derer mit dem Brande inficirten Körner entzwey, und es setzen sich von
    diesen Eyern in dem an der Spitze der Weizen-Körner befindlichen Barte vest, werden also
    mit demselben ausgesät, kommen in der Erde aus; die ausgekommenen Thierchen schlei-
    chen sich an den Keimen, wachsen mit dem Halme in die Höhe, vermehren sich, finden
    vornehmlich in den Saamen-Körnern Nahrung, verzehren den noch feuchten Kern, und
    lassen am Ende die Eyer zurück.“
22 MÜNCHHAUSEN, Der Hausvater, Zweyter Theil, S. 751–752: „Schwämme, wenn sie alt wer-
    den, und insbesondere die Lycoperda, auch aller Schimmel streuen einen schwärzlichen
    Staub von sich; betrachten wir diesen unter guten Vergrösserungsgläsern, so finden wir halb
    durchsichtige, inwendig mit schwarzen Pünktgen angefüllte, und der Substanz eines vor-
    beschriebenen Polypen nicht gar unähnliche Kügelgen. Ich habe von diesem Staube in
    Wasser gegeben, und solches in gelinder Wärme stehen lassen, da denn die Kügelgen all-
    gemählig aufschwollen, und sich in eyrunde bewegliche Thieren ähnliche Kugeln verwan-
    delten. Diese Thiergen (wenigstens will wegen ihrer Aehnlichkeit so nennen laufen im
    Wasser herum; wenn man weiter auf sie Acht giebt, so wird man des andern Tages schon
    wahrnehmen, daß sich Klumpen von einem härtern Gespinste zusammen setzen, und aus
    diesen entstehen weiter entweder Schimmel oder Schwämme: Wo Schwämme wachsen
    wollen, zeigen sich erst weisse Adern, welche man zwar für deren Wurzeln zu halten pfleget,
    in der That aber nichts anders sind, als die Röhren, worin sich die Polypen hin und her
    bewegen, welche bald darauf ein grosses Gebäude aufführen.“
23 MÜNCHHAUSEN, Der Hausvater, Erster Theil., S. 331: „Diese Mutterkörner entstehen fol-
    gendergestalt: wenn es zu der Zeit, da der Roggen eben ausgeblühet hat, und das Saamen-
    korn sich bilden will, viel und anhaltend regnet, so, daß die Hülsen, oder glumi, welches das
    Saamenkorn einschließen, davon angefüllet werden, und die Nässe unten an dem Fuße des
    zarten Saamenkorns stehen bleibt; so geräth dieß in Fäulnis: die Fäulniß allein würde nun
    das Saamenkorn wohl vergehen machen, aber kein neues Gewächse hervorbringen; es muß
    zugleich noch eine besondere Ursache eintreten, welche gelegenheit giebt, daß ein beson-
    deres, dem Wesen und der Gestalt nach, sich allemal ähnliches, Gewächse zum Vorschein
    kommt. Die zuerst durch den fleißigen Herrn Needham bekannt gewordene Entdeckung,
    daß die weiße Masse von diesen Mutterkörnern, wenn sie in Wasser eingeweicht wird, sich in
    lauter bewegliche aalähnliche Körper, oder Thiergen auflösen läßt, scheint keinen weiteren
    Zweifel übrig zu lassen, daß eine Art von unendlich kleinen Insekten, oder molecules
    mouventes, deren Eyer, oder Brut in der Luft zerstreuet worden und mit dem Regen an die

pilzerkrankungen des Getreides unter den Pilzen anführt, aber diese Pilze als Organismen dennoch polypenähnlich bewertet.[24] Münchhausen sieht das beobachtete Phänomen als Folge einer Stoffwechselstörung, nicht als Ursache. Die Vorstellung von Pilzsporen als Insekteneier hat sich nicht halten können, sie war den meisten Naturforschern zu abwegig. Solange die eigentliche Ursache der Erkrankung unklar war, wurde diese Vorstellung dennoch diskutiert und bewertet.[25]

Eine dritte Vorstellung ist die von dem Wesen der Erkrankung als Pilz, zugleich auch als Ursache der Erkrankung. Im Rahmen seiner Arbeiten zum System der Pilze weist Persoon bereits 1796[26] parasitische Pilze als Krankheitserreger an einer Vielzahl von Wirtspflanzen nach und bildet diese z. T. ab.[27] 1801 integriert Persoon die phytopathologischen Pilze als eigenständige Organismen in sein System,[28] er beschreibt die Pilze zusammen mit ihren Wirten und den Folgen des Befalls für die Wirtspflanzen.[29] Für den landwirtschaftlich

---

Pflanze kommen, sich für das Mutterkorn gleichsam zur Wohnung bauen. [...] ich trage daher kein Bedenken, jene Mutterkörner mit unter die Geschlechte der Schwämme zu rechnen."

24 MÜNCHHAUSEN, Der Hausvater, S. 752.: „Der Raum gestattet mir nicht, mich bey dieser Materie weiter aufzuhalten; Genug, mir scheinet ausser Zweifel zu sein, daß alle Korallen, Schwämme, Schimmel, Lichenes, der Brand im Korne, ja vielleicht alle Gährung [...] von den Polypen ähnlichen, Geschöpfen herrühre, die ich nicht für völlige Thiere erkennen kann, welche mir aber desto mehr Anlaß geben, der Sache weiter nachzudenken."

25 So z. B. noch bei Heinrich Gustav FLÖRKE, Ueber die verschiedenen Arten des Brandes im Getreide. In: Archiv der Agriculturchemie für denkende Landwirthe, oder Sammlung der wichtigsten Entdeckungen, Erfahrungen und Beobachtungen aus dem Reiche der Physik und Chemie für rationelle Landwirthe, Güterbesitzer, Forstmänner und Freunde der ökonomischen Gewerbe 5/1 (1811), S. 65–84. Erstaunlicherweise erweitert Flörke die Diskussion um einen weiteren Aspekt, den des Hyperparasitismus. Er betrachtet den möglichen Befall der Getreidekörner mit Insekten als Folge einer Branderkrankung, nicht als Ursache für eine Erkrankung: „Kleine Würmer können in dem schmierigen Safte der verdorbenen Körner allerdings in Menge seyn, wie fast keine Infusion davon frey ist; aber diese sind sehr wahrscheinlich nicht Ursache der Krankheit des Brandes, sondern die Folge derselben. Entweder sie erzeugen sich mit derselben, oder werden durch die dort vorhandene Nahrung angelockt, sich einzunisten, wo sie alsdann durch ihre Vermehrung allerdings freylich wieder etwas zur Vergrößerung des Uebels beitragen können." (S. 79).

26 Christian Hendrik PERSOON, Observationes mycologicae. Teil 1 (Leipzig 1796).

27 Ebd.: Tafel 1, Getreiderost mit mikroskopischer Darstellung der Sporen.

28 Christian Hendrik PERSOON, Synopsis methodica fungorum, sistens envmerationem omnivm hvc vsqve detectarvm speciervm, cvm brevibvs descriptionibvs nec non synonymis et observationibvs selectis (Göttingen 1801), S. XII: „§.10. Locus natalis in variis sunt, in plerisque parasiticus est, ut pleraeque plantae aphyllae parasiticae sunt. Omnes minutissimae species ex. gr. Sphaeriae, Pezizae, Trichiae, Aecidiae etc. in truncis putrescentibus aut in foliis crescunt."

29 Z. B. bei Alchemilla, dem Frauenmantel. PERSOON, Synopsis, S. 215 : „ 3. Uredo Alchemillae: conferta flava et lineas subparallelas erumpens. [...] Incolit folia Alchemilla vulgaris, locis praesertim montosis, ex gr. in Hercynia vulgaris. Singulare, quod talia folia reliquis tunc minora sint." [215]. Ebenso bereits PERSOON, Observationes, S. 98: „163. Uredo Alchemillae

wichtigen Getreiderost ist die 1805 von Joseph Banks an Felice Fontana[30] an-
knüpfende Schrift[31] stellvertretend. Ebenfalls 1805 beschreibt A. P. de Candolle
die Stellung der phytopathologischen Pilze im System der Mykologie.[32] 1807[33]
weist de Candolle auf die endophytische Lebensform im Blatt hin,[34] Erysiphe
graminis, der Mehltau wird jedoch als exophytischer Pilz behandelt.[35] Eindeutig

---

[…]. Hab. in foliis Alchemilla vulgaris languescentis, & hactenus in pratis montosis her-
cynicis eam reperi. […] Folia quibus innascitur haecce species, reliquis multo minora sunt."
30 Felice FONTANA, Osservazioni sopra la Ruggine del Grano (Lucca 1767).
31 Joseph BANKS, A short account of the cause of the disease in corn, called by farmers the
blight, the mildew, and the rust (London 1805). Banks greift in dieser Schrift die für den
wirtswechselnden Getreiderost wichtige Frage nach der Berberitze als Winterwirt auf. Eine
Darstellung der Diskussion über dieses Problem kann hier nicht gegeben werden, stellvertretend für die Intensität des Disputes siehe Jens Wilken HORNEMANN, Erörterung der Frage:
ob der Berberitzenstrauch Rost am Getreide verursacht. In: Sigismund Friedrich. Hermb-
städt (Hg.), Archiv der Agriculturchemie für denkende Landwirthe; oder Sammlung der
wichtigsten Entdeckungen, Erfahrungen und Beobachtungen aus dem Reiche der Physik und
Chemie für rationelle Landwirthe, Güterbesitzer, Forstmänner und Freunde der land-
wirthschaftlichen Gewerbe 7/2 (1818), S. 290–309.
32 Jean-Baptiste Pierre Antoine de Monet de LAMARCK / Augustin Pyramus de CANDOLLE,
Flore francaise, ou descriptions succintes de toutes les plantes qui croissent naturellement en
France (Paris 1805), S. 65: „Les chamignons vivent sur la terre, sur les bois humides ou sur les
feuilles elles-mêmes; quelques-uns vivent dans l'eau, quelques autres croissent sous terre;
plusieurs sont parasites sur les autres végétaux." – Unter der zweiten Ordnung findet sich
eine Zusammenstellung phytopathogener Pilze: „Végétaux parasites protégés dans leur
jeunesse par l'épiderme de la plante sur laquelle ils croissent." (S.216); wie z. B. Rostpilze:
„XXXIII. Puccinie. Puccinia. […] Elles naissent sur les feuilles et les jeunes pousses vivantes,
soit sous l'épiderme qu'elles percent pour parvenir à l'air libre, soit sur l'épiderme lui-
même." (S. 218) aber auch Brandpilze und Gymnosporangien. „Les plantes de ce genre sont
toutes parasites sur l'écorce des diverses espèces de génevriers." (S. 216).
33 Augustin Pyramus de CANDOLLE, Sur les champignons parasites. Annales du muséum
d'histoire naturelle 9 (Paris 1807), S. 56–74.
34 CANDOLLE, Champignons, S.56 : „[…] les troisièmes ne naissent que sur les végétaux vivans,
se développent presque tous sous leur épiderme, qu'ils percent pour parvenir à l'air libre, et
se nourrissent évidemment des sucs mêmes de la plante. C'est à ces derniers qu'on a donné le
nom de parasites." Dies hatte jedoch bereits Banks (BANKS, A short account, S. 10–11) getan
und auch in einer Abbildung dokumentiert: „By these pores, which exist also on the leaves
and glumes, it is presumed that the seeds of the fungus gain admission, and at the bottom of
the hollows to which they lead, (See Plate, fig 1,2,) they germinate and push their minute
roots, no doubt (though these have not yet been traced) into the cellular texture beyond the
bark, where they draw their nourishment, by intercepting the sap that was intended by
nature for the nutriment of the grain […]"
35 CANDOLLE, Champignons, S. 272: „Parmi les champignons parasites, les uns, tels que les
gymnosporanges, les puccinies, les urédos, les bullaires, les aecidiums, les xyloma et quelques sphaeria, naissent sous l'épiderme des plantes et le percent ensuite pour parvenir à l'air
libre; les autres, en nombre beaucoup moins grand, se développent sur l'épiderme, mais
paroissent tirer leur nourriture de la plante qui les porte: tels sont les eryneums et les
érysiphés. Ebenso bereits Lamarck / de Candolle, Flore francaise, S. LIII. „Érysiphé. Erysiphe. […] Elles naissent sur les feuilles vivantes."

erkennt de Candolle die Pilze als Ursachen der Krankheit, nicht als Folgen.[36] Damit liegt ein System und ein Verständnis der phytopathologischen Pilze vor, an das letztendlich Corda (1842),[37] Tulasne (1847), de Bary (1853) und Braun (1854)[38] anknüpfen, das jedoch für Oken (1825) und Unger (1833) keine ausreichende Antworten auf ihre Fragen bot. Diese Vielfalt an Vorstellungen zu Wesen und Ursache der Pflanzenerkrankungen zeigt sich sehr deutlich im um 1800 führenden Handbuch für Landwirte.[39] Aufbauend auf das Wissen bei Tillet werden (wie auch später bei de Bary, 1853) externe und endogene Krankheitsursachen dargestellt. Auch das Wesen der Krankheiten ist eindeutig, Pilze als Krankheitsverursacher sind für Crome selbstverständlich.[40] Unklar ist jedoch die Entstehungsweise der Pilze.

> „Ob aber die Blattschwämme, zum wenigsten mehrere derselben, als wirkliche selbstständige Pflanzen, oder als Excrescenzen (Auswüchse) oder Hautkrankheiten anderer größerer Pflanzen anzusehen sind, das wollen wir noch dahin gestellt seyn lassen." [526],

sowie:

> „Wahrscheinlich ist es mir, daß der Rost ebenfalls von gestörter Ausdünstung oder fehlerhafter Assimilation der Säfte entsteht – die Schwämmchen mögen nun Auswurfsmaterie selbst, oder kleine selbstständige Gewächse seyn, welche darauf ihre Nahrung finden -, und daß jener Fehler wol lediglich in einer unangemessenen Nahrung oder in einer fehlerhaften Grundmischung des Bodens liegt. Wir müssen über diese, so wie über mehrere andere Krankheiten, erst mehrere richtig aufgefaßte Erfahrungen haben, ehe wir in ihrer Kenntniß Fortschritte machen und gehörige Vorkehrungen gegen sie treffen können!"[41]

---

36 Z. B. Candolle, Champignons, S. 70–71: „L'uredo des blés attaque les glumes, les ovaires des graminées, et pénètre même dans l'interieur du grain, dont il consume la fécule, et qu'il remplit d'une poussière noire."

37 August Karl Joseph CORDA, Anleitung zum Studium der Mycologie, nebst kritischer Beschreibung aller bekannten Gattungen, und einer kurzen Geschichte der Systematik (Prag 1842).

38 Alexander BRAUN, Ueber einige neue oder weniger bekannte Krankheiten der Pflanzen, welche durch Pilze erzeugt werden (Berlin 1854).

39 Georg Ernst Wilhelm CROME, Handbuch der Naturgeschichte für Landwirthe. Mit einer Vorrede von Albrecht Thaer (Hannover 1810).

40 Z. B. CROME, Handbuch, S. 526: „§.283. Der Rost. [...] Wir sind längst darin übereingekommen, daß diese braunen Flecke kleine Blattschwämme sind, die zu der Gattung *Aecidium* gehören, und sich nicht allein auf dem Getreide und den Grasarten, sondern auf unzähligen anderen Gewächsen findet. Ihre Zahl ist in neuern Zeiten durch die Untersuchungen im Gebiete der Kryptogamie so sehr vermehrt, daß es in der That wenige Gewächse gibt, auf denen nicht ein Blattschwamm anzutreffen wäre."

41 CROME, Handbuch, S. 527.

Diese Unklarheit ist das Feld, auf dem sich die Arbeiten Ungers ansiedeln, bis zu den entscheidenden Arbeiten von de Bary. Schon jetzt fällt auf, dass Crome bereits fast komplett das Ideenprogramm Ungers in Kurzform vorwegnimmt.

Mykologische Phytopathologie in der Tradition Tillets

Tillet war der Erste, der eine Reihe von Versuchen zum Nachweis von Stein- und Flugbrande als Krankheitsverursacher geführt hatte. Er setzt sich dabei nicht nur bewusst mit anderen Theorien zur Erregernatur auseinander, sondern versucht auf parzellierten Versuchsflächen diese experimentell aufzuzeigen.[42] Dennoch gelingt es ihm nicht, die genaue Erregernatur nachzuweisen, er lehnt jedoch eine tierische Natur der Erreger ab und zieht einen Analogieschluss der Brandsporen zu den Sporen von Lycoperdon. Diese Ähnlichkeit ist es, die Persoon letztendlich (1801) zu seinem System der Pilze führt. Auf diese Arbeit bauen sowohl Oken als auch Unger ihre romantischen Vorstellungen auf, ebenso aber auch de Bary. Der Grund hierfür ist, dass ungeachtet der Erkenntnis, dass die beobachtete Erregernatur der Krankheit Pilze sind, die Ursache für ihre Entstehung unklar blieb und Anlass für eine Vielzahl von Theorien gab. Oken und Unger[43] als die führenden Romantiker gehen hier beide einen eigenen Weg. Oken erkennt die Pilznatur an, führt deren Entstehung aber auf äußere Ursachen und letztendlich eine *generatio spontanea* zurück, Unger hingegen verneint die Pilznatur, es entstehe ein Afterorganismus, der als Exanthem Formen nachbilde,

---

42 Z. B. Mathieu TILLET, Précis des expériences faites par ordre du roi a Trianon sur la cause de la corruption des blés, et sur les moyens de la prévenir; à la suite duquel est une Instruction propre à guider les Laboureurs dans la manière dont ils doivent préparer le Grain avant de le semer (Strasbourg 1785).

43 Bis heute existiert keine Biographie über Franz Unger, die seinen ideengeschichtlichen Hintergrund untersucht. Abgesehen von den beiden maßgebenden Biographien von Hubert LEITGEB, Franz Unger. In: Mitteilungen des naturwissenschaftlichen Vereins für Steiermark (1870), S. 270–294 und Alexander REYER, Leben und Wirken des Naturhistorikers Dr. Franz Unger (Graz 1871) sind die anderen Lebensbeschreibungen eher exkursorischer Natur so. z. B. Wilhelm Theodor GÜMBEL, Unger. In: Allgemeine Deutsche Biographie 39 (1895), S. 286–289. (Nachdruck: Berlin 1971) sowie: Walter GRÄF, Franz Unger. Begründer der paläobotanischen Sammlung des Landesmuseums Joanneum. In: Mitteilungen der Abteilung für Geologie und Paläontologie am Landesmuseum Joanneum 47 (1988), S. 3–6. Ferner auch: Karl MÄGDEFRAU, Geschichte der Botanik. Leben und Leistung großer Forscher (Stuttgart u. a. 1992); Julius SACHS, Geschichte der Botanik vom 16. Jahrhundert bis 1860 (München 1875); Emil WINCKLER, Geschichte der Botanik (Frankfurt a. M. 1854); Karl Friedrich Wilhelm JESSEN, Botanik der Gegenwart und Vorzeit in Culturhistorischer Entwickelung. Ein Beitrag zur Geschichte der Abendländischen Völker (Leipzig 1864); Frans VERDOORN (Hg.), Chronica Botanica (Pallas Vol. 1) (Waltham, Mass. 1864 u. 1948); Hans Werner INGENSIEP, Geschichte der Pflanzenseele. Philosophische und biologische Entwürfe von der Antike bis zur Gegenwart (Stuttgart 2001).

die Pilzen ähneln. Der Begriff des Exanthems und seine Bedeutung im Kontext romantischen Krankheitsbewusstseins wird 1812 von Kieser ausführlich thematisiert.[44] Hierbei fällt auf, dass dieser für Pflanzen das Vorhandensein von Exanthemen ablehnt,[45] Exantheme seien „ihrem Wesen und ihrer Bedeutung nach, Processe der innern Metamorphose des Menschen"[46], sie charakterisiert sich als Entzündungsprozess.[47] Unger nimmt hier eine gegensätzliche Sichtweise ein.

Ein direktes Bindeglied zwischen den Arbeiten Tillets und de Barys bilden die umfangreichen unveröffentlichten Arbeiten von Franz Bauer. Getrieben von der Hoffnung, endlich die zwiespältigen Ansichten über die Erregernatur und die Infektiösität der beobachteten Erkrankungen aufzuklären,[48] untersucht er systematisch die verschiedenen Krankheitssymptome und erkennt unter dem Einsatz des Mikroskops eindeutig die Pilznatur und Infektionsbefähigung der Organismen:

> „I soon found that the suposed black powder consisted of inumerable perfectly organized, but very minute parasitic fungi, produced by their <u>own</u> seeds, which germinate and vegetate within the cavities of the cuticular pores of the epidermis of the leaves, stems and glumes of the plants."[49]

Diese Schriften blieben bis auf die erste Abhandlung, die Banks (1805) publizierte, unveröffentlicht, hätten aber die Erkenntnis von de Bary um 50 Jahre vorverlegt. Zugleich findet Bauer seine Ergebnisse bei Fontana (1767) bestätigt bzw. vorweggenommen.

---

44 KIESER, Ueber das Wesen (s. Fußnote 20).
45 KIESER, Ueber das Wesen, S. 6: „Bei den niedersten Organismen der Erde, bei den Pflanzen, erscheint dieser Krankheitsproceß der Metamorphose blos im Aeußern, da die ganze Pflanze nur ein Aeußeres darstellt, in dem Ablegen äußerer Organe durch und mit der Ausbildung anderer, vollkommener (Metamorphose der Pflanze); daher das ganze Leben der Pflanze auch nur ein stetes Sprossen ist, und jeder Krankheitsproceß der Pflanze im Allgemeinen sich auf dieselbe Art, durch ein Ansetzen neuer Theile nach Außen (Afterorganisation), charakterisirt."
46 KIESER, Ueber das Wesen, S. 25.
47 KIESER, Ueber das Wesen, S. 25: „Die Characteristik des Exanthems in nosologischer Hinsicht besteht in einem in bestimmten Zeiten eingeschlossenen partiellen oder generellen Entzündungsprocesse der Haut, welchem eine ähnliche Affection des ganzen Körpers entspricht".
48 Franz BAUER, Krankheiten des Getraides: The Black Rust. Puccinia Graminis (Goettingen Rara 4 Cod. Ms. hist. nat. 94:I, ca. 1805): „ [...] these opinions were still maintained, not only by the cultivators and farmers but also by eminent naturalists, aswell on the continent as in this country, and when in the month of August 1805, I received the first specimen of wheat plants strongly infected with this disease, I was desired, if possible, to ascertain by microscopical investigation, wether the black eruption with which the wheat, and almost all the gramineous plants were that year infested, was an organized or unorganized substance? or wether of an animal or vegetable origin." (fol. 2–3).
49 Ebd. fol. 3.

„These facts I illustrated by microscopic drawings, and communicated to the late Sir J.B. [Joseph Banks] as the result of my investigation. A short time after this a small treatise was found in the Banksian library, under the title of osservazioni sopra la Ruggine del grano, published by Felice Fontana, at Lucca. 1767. in which he gives a very detailed account of this destructive disease in corn, which occasioned the preceeding year produced an almost generall famine [?] in the Province of Tuscany: his observations are also illustrated with very good and correct microscopic figures; he calls the fungus which occasions this disease Buggine nera; and he must therefore be considered the first author who discovered that the disease is occasioned by organized fungi plants; Tessier who published his treatise 26 years after Fontanas must like myself also have been ignorant of the existence of that autors publication. Persoon, in his Synopsis Methodica Fungorum, published 1801 arranges this fungus in the genus, Puccinia, distinguishes it as Puccinia graminis. Sir Joseph Banks published the same year 1805, the result of my investigation."[50]

Ebenso wie Tillet führt Bauer umfangreiche Infektionsversuche in randomisierten Parzellen durch, die er auf unterschiedlichen Böden kultiviert, um den Einfluss der Böden auf die Ausprägung der Krankheiten festzustellen, auch diese Resultate blieben unveröffentlicht.[51]

Kennzeichen und Wesen romantisch beeinflusster mykologischer Phytopathologie

Betrachtet man die oben angegebenen Theorien zur Erregernatur und zur Frage, welches Symptom Folge oder Ursache einer Erkrankung ist, so wird deutlich, dass romantisch beeinflusste mykologische Phytopathologie in diesem vernetzten Gedankengefüge lediglich eine in Teilen neue Theorie ist. Stärker jedoch als in allen anderen zeitgenössischen Schriften tritt bei Unger der Aspekt der vergleichenden Anatomie auf.[52] Für diese Studien hatte er sich ab 1830 einen eigenen Garten angelegt, ein „phytologisches Klinikum"[53]. Neu im Kontext der mykologischen Phytopathologie der Zeit ist die Interpretation des Wesens und der Natur der beobachteten Phänomene. Der zentrale Begriff ist nun der des „Afterorganismus", welcher die aus Urzeugung entstehende N a c h b i l d u n g von Strukturen bezeichnet, die an existierende Organismen erinnern. So seien die

---

50 Ebd., fol. 4.
51 Bauer, Franz (1806, 1826): Auswertungsprotokolle in Rara 4 Cod. Ms. hist. nat. 94: II.
52 Vgl. z.B. die späten Schriften: Franz UNGER, Beiträge zur vergleichenden Pathologie. Sendschreiben an Herrn Professor Schönlein (Wien 1840) sowie Ungers Lehrbuch: Franz UNGER, Anatomie und Physiologie der Pflanzen (Pest / Wien / Leipzig 1855).
53 Siehe hierzu LEITGEB, Franz Unger (s. Fußnote 43), S. 276; sowie REYER, Leben und Wirken (s. Fußnote 43), S. 17: „In seinem Gärtchen legte er sich ein phytologisches Klinikum an und überwachte dort Tag für Tag die an den erkrankten Pflanzen vorgehenden Veränderungen."

beobachteten Krankheitsorganismen nicht Pilze, sondern Auswüchse der erkrankten Pflanze, die morphologisch Pilzen glichen.

Besonders deutlich wird dies in Ungers Abhandllung über die Exantheme:

> „Alle Pilze dürfen parasitisch genannt werden, und ist der mütterliche Organismus, aus dem sie entstehen, einmahl schon völlig zerfallen, und den allgemeinen Reductions-Processen unterworfen, so ist er anderseits nur kaum aus dem Kreise des Lebendigen hinausgetreten. Die Vollkommenheit des Pilzes als Productes der veränderten Kräfte, die des organischen Charakters immer mehr und mehr beraubt werden, hängt davon ab, und so sehen wir die Hutpilze als die ausgebildetsten nur aus dem Moder und Humus, die unvollkommenen Staub- und Fadenpilze meist aus erst abgestorbenen organischen Theilen hervorgehen, ja wir können dies Gesetz selbst noch in den untergeordneten Abtheilungen des Pilzreiches nachweisen. […] Anders verhält es sich bey den Exanthemen. Sie sind nicht Producte eines aufgelösten, seines Lebens beraubten Organismus; sie entstehen nicht, wenn der Tod bereits eingetreten ist, sondern sie sind Erzeugnisse des Lebens selbst, sobald es in seinen normalen Verrichtungen gehemmt wird; sie sind wahre Krankheits-Organismen."[54]

sowie

> „Sollten wir das Wesen und die Differenz dieser beyden noch näher bezeichnen, so können wir sagen: Pilze sind aufgelöste Pflanzenzellen, Exantheme sind sich neu gestaltende, die normalen überwuchernde Pflanzenzellen, eine zweyte Genesis im Pflanzenleibe, diesen und seine gesunkene Lebenskraft zu beherrschen strebend."[55]

Afterorganismen sind nicht Ursache, sondern Folge einer Erkrankung. Der Unterschied zwischen Exanthemen und Pilzen besteht in ihrer Genese. *Per definitionem*[56] entstehen Pilze auf totem Material (Faulungsprozess), Exantheme (Afterorganismen) auf lebendem Gewebe (Gärungsprozess). Durch diese Definition können alle um 1800 relevanten pilzlich verursachten Krankheiten nur Afterorganismen, also Nachbildungen bestehender Strukturen sein.

Die Ursachen für eine Erkrankung sind nicht spezifisch romantisch neu in der Diskussion, sie liegen hauptsächlich in einer Beeinflussung der physiologischen Stoffwechselvorgänge. Dennoch werden die Ursachen für die Entstehung nicht mehr, wie z. B. bei Johannes Hedwig[57], auf schlichte abiotische Umwelteinflüsse zurückgeführt, sondern in das romantische naturphilosophische Konzept der Krankheit eingebunden.

---

54 UNGER, Die Exantheme, S. 308.
55 UNGER, Die Exantheme, S. 309.
56 UNGER, Die Exantheme, S. 308.
57 HEDWIG, Beantwortung (s. Fußnote 19), S. 207: „Also begreife ich, wie auch von späten Nachtfrösten im Frühjahre unter den Getreidearten die Epidemie entstehen könne, die man den Mehlthau, Rost, Brand u.s.w. nennt."

Die Bedeutung der vergleichenden Anatomie und Physiologie für die Entwicklung der Phytopathologie

Obwohl Pflanzenanatomie eine ursprüngliche Methode zur Untersuchung des pflanzlichen Organismus ist – wirkliche erste anatomische Erkenntnisse finden sich bereits im 4. Jhd. v. Chr.[58] bei Theophrast von Eresos – entwickelt sich die vergleichende Anatomie zum Pflanzenreich erst zu Beginn des 19. Jahrhunderts. Unger als Bewunderer des bedeutenden Anatoms Hugo von Mohl[59] sieht in der vergleichenden Anatomie die Möglichkeit, Aussagen über pathogene Lebensformen bei Pflanzen machen zu können.[60] Obwohl Unger jedoch vergleichende Anatomie betreibt, sieht er sich de facto als vergleichender Physiologe. Dieser Standpunkt wird in der Anlage der „Pflanzenexantheme" deutlich. Die vergleichende Anatomie ist die Methode, die Unger neu in die Phytopathologie einführt,[61] die Interpretation geschieht jedoch vor dem Hintergrund der vergleichenden Physiologie (Erkrankungen in Relation zur Pflanzenatmung).[62] Dass Unger sich selbst als deren Vertreter fühlt, zeigt sich darin, dass er seine „Pflanzenexantheme" in der Übersicht zur Geschichte der vergleichenden Physiologie und Anatomie der Physiologie zuordnet.[63] Interessanterweise sind

---

58 Vgl. UNGER, Anatomie (s. Fußnote 52), S. 15.

59 Franz Unger widmet H. v. Mohl seine 1855 erschiene Schrift zur Anatomie und Physiologie der Pflanzen. In diesem Buch zur Frühgeschichte der vergleichenden Anatomie kommentiert er Mohls 1828 erschiene Veröffentlichung über die Poren des Pflanzengewebes mit den Worten: Ex ungue leonem leonis! (s. UNGER, Anatomie, S. 30).

60 „Es ist bereits ein volles Decennium verflossen, seit ich mir die Aufgabe gestellt, auf dem Wege der Vergleichung über einige der Hauptfragen in der Lehre des pathischen Lebens, von der Natur die Antwort zu erlauschen." UNGER, Beiträge, Vorwort, s.p.

61 UNGER, Exantheme, S. V f: „Der vorzüglich in den beyden letzten Decennien erfolgte raschere Fortgang der Wissenschaft in allen Zweigen der Naturkunde machte einige derselben um so fühlbarer, und ich entschloß mich alsbald, für ihre Ausfüllung das Möglichste zu Thun. Morphologie, Physiologie und besonders Anatomie der Gewächse fanden zahlreiche Bearbeiter, doch blieb die Pathologie stets verwaiset, wenigstens in dem Sinne, dass sie ein systematisches Ganzes bildete. […] Mit dem Sinnlichsten beginnend, warf ich zuerst mein Augenmerk auf die Excrescenzen und Parasiten, deren genaue Erforschung, besonders in phytotomischer Hinsicht, mich durch mehrere Jahre beschäftigte […]".

62 Vgl. dazu das Inhaltsverzeichnis: UNGER, Exantheme: „Erster Abschnitt. Anatomie der Blätter und der grünen Pflanzentheile überhaupt. Zweyter Abschnitt. Physiologie der Blätter und der grünen Pflanzentheile überhaupt."

63 Siehe dazu Unger, Anatomie, S. 27. Unger ordnet diese Arbeit der 3. Epoche in der vergleichenden Anatomie und Physiologie zu. Ihr Kennzeichen ist: „Der Drang nach Erweiterung der Wissenschaft und die noch unsichere Methode, so wie der Mangel einer vollständigen Uebersicht des ganzen Gebietes lässt eine auf sichere Basis fortschreitende Erforschung der Gesammtwissenschaften noch nicht erwarten, doch werden die Keime dazu gelegt.". Dass sich Unger hier selbst als Initiator sieht, darf aus seinem 1839 geschriebenen Vorwort gefolgert werden: „Unmöglich kann die Zeit ferne seyn, wo vergleichende Untersuchungen dieser und ähnlicher Art, welche bisher von den Pathologen grösstenteils un-

alle phytopathologischen Schriften der Zeit, die Unger aufführt, unter physiologischen Arbeiten subsummiert. Für Unger sind Krankheiten physiologische Probleme des Pflanzenkörpers, und zwar sowohl die Bildung von Afterorganismen aufgrund physiologischer Störungen des Pflanzenstoffwechsels als auch die Erkrankung an echten Pilzen, die die Physiologie der Pflanzen beeinflussen.[64] Physiologie heißt für ihn die „Thätigkeit derselben [der Elementarteile, Zellen] im Einzelnen und in ihren Beziehungen zu einander" zu erkennen.[65]

Unger sieht seine Auffassung, dass im Krankheitsprozess von Pflanzen, Tieren und Menschen prinzipiell Wesensverwandtschaft existiere,[66] durch die Fortschritte der Zellenlehre (Schwann-Schleiden) bestätigt, die zeitgleich die Übereinstimmung des grundsätzlichen Elementarbaus der Organismen aufdeckten.[67] In eigener Retrospektive werteten die Ergebnisse der Zellenlehre seine eigenen Arbeiten, die nunmehr 10 Jahre alten „Pflanzenexantheme" und auch spätere Studien, auf und zeigten ihren grundlegenden Anspruch auf Allgemeingültigkeit.[68]

---

beachtet geblieben, auch ihre Anerkennung finden, ja, wo sie gepflegt und erweitert, nicht mehr isoliert dastehen, und – sollte mich meine Ahnung nicht täuschen – dann nicht nur der Pathologie ihre wahrhaft wissenschaftliche Basis geben, sondern auch der practischen Medicin jenen Nutzen verleihen werden, wodurch allein sie in den Stand gesetzt wird, auf den Namen einer Erfahrungswissenschaft Anspruch zu machen."– Franz UNGER, Beiträge zur vergleichenden Pathologie. Sendschreiben an Herrn Professor Schönlein (Wien 1840) Vorwort.

64 Bezeichnenderweise wählt Unger als Motto seines Sendschreibens (UNGER, Beiträge, Widmungsbl.) ein Zitat aus Jahns System der Physiatrik: „Was uns wenigstens betrifft, so gestehen wir hier gerne ein, dass wir durch das Studium der Naturgeschichte der Pilze und der übrigen Kryptogamen – ein Studium, das lehrreicher ist, als das der vielen Tausend, seit Hippokrates über die Krankheiten geschriebenen Bücher, auf unsere pathogenetische Grundansicht gekommen sind, und dass wir nun nach unseren Studien über die tiefsten Gestalten der Pflanzenwelt auf die Lehre schwören, dass die parasitische Pilzbildung bei den Pflanzen dem Wesen nach ganz und durchaus gleich ist der Krankheitsbildung bei dem Menschen und den höheren Thieren, und dass die Krankheiten dieser Wesen eben so gut als die Pilzbildungen, als wirkliche Afterorganisationen betrachtet werden müssen."

65 Unger, Anatomie, S. 1.: „Im Gegensatz hierzu ist es die Aufgabe der Anatomie, die Anzahl, Grösse, Form und Beschaffenheit der Zellen und die Art ihrer Zusammenfügung und Vereinigung zu untersuchen".

66 Siehe Motto zu Unger (1840).

67 UNGER, Beiträge, Vorwort, S. IV: „In welchem Lichte mögen nun aber die Forschungen auf dem Felde der Pflanzenpathologie erscheinen, wo die Gleichheit der Entwicklungsgesetze bis auf die Elementartheile mit jenen des thierischen Organismus offen da liegt!"

68 UNGER, Beiträge, Vorwort, S. III: „Es ist bereits ein volles Decennium verflossen, seit ich mir die Aufgabe gestellt, auf dem Wege des pathischen Lebens, von der Natur die Antwort zu erlauschen. Der Weg der Vergleichung, der in der Physiologie in kurzer Zeit zu so mächtigen Aufschlüssen führte, schien mir in jeder Hinsicht nicht nur des Versuches einer Begehung werth, sondern er dünkte mich sogar der einzige, auf dem man auch in der Pathologie sich dem Ziele zu nähern im Stande ist. [...] Das vorzüglichste Hindernis jedes weiteren Fortschreitens lag hier wieder nur in dem mangelhaften Zustande der Anatomie, und in dem Masse, als der thierische Organismus seinem Baue und seiner Einrichtung nach für we-

Die Bedeutung der preußischen Hygienebestrebungen für die Entwicklung der Phytopathologie

Im Untersuchungszeitraum um 1800 findet in Preußen eine Disziplinierung der verschiedensten Medizinrichtungen statt, die sich damals noch durch eine große Vielfalt professioneller und autodidaktischer Mediziner, aber auch von Betrügern auszeichneten[69]. Dabei wird der Versuch unternommen, Medizin durch autorisiertes Wissen zu kanonisieren und unter dem Primat der Wissenschaft zu vereinheitlichen:

> „Den medizinischen Fakultäten kommt im 18. Jahrhundert zunächst eine Auswahlfunktion des Wissens und im 19. Jahrhundert zunehmend auch der Personen zu. Sie werden der institutionelle Ort, an dem Wissen gebündelt, angestimmt und wahr gesprochen wird, der Ort, an dem den Studierenden das Wissen eingeschrieben und die Ärzte als Träger des medizinischen Wissens hergestellt werden. Sicher war das medizinische Wissen um 1800 heterogen und vielgestaltig, bildete keinen homogenen und uniformen Wissensapparat, doch war es die akademische Medizin, welche die Probleme der Vereinheitlichung, der Hierarchisierung, die Probleme des Einschlusses und des Ausschlusses verhandelte. Die akademischen Ärzte, die im 19. Jahrhundert über das Territorium verteilt wurden und für die Ausbreitung des Wissens und für die Erkenntnis der Bevölkerung sorgten, hatten die Funktion der Verallgemeinerung und der Zentralisierung. Die Disziplinierung der Körper der Ärzte und die Disziplinierung des medizinischen Wissens, welches sich im ausgehenden 18. und frühen 19. Jahrhundert auf den unterschiedlichsten Ebenen verstärkte, gestattete es, die einheitliche Idee des Staates auf dem Gebiet des Gesundheitswesens und der Bevölkerungspolitik zumindest ansatzweise in der Wirklichkeit geltend zu machen."[70]

---

sentlich verschieden von der Beschaffenheit des pflanzlichen Organismus galt, war auch an eine Zusammenstellung und Vergleichung der pathischen Vorgänge nicht zu denken. Es ist ein Verdienst der jüngsten Zeit, auch hierin eine neue Bahn gebrochen zu haben, die uns die glänzendsten Aussichten eröffnet. Die Histologie des Thierkörpers war bisher ein Aggregat grösstentheils falscher Wahrnehmungen, dadurch entstanden, dass man die Betrachtung der Entwicklungszustände versäumte. Eben so unerwartet als erfreulich musste uns daher die Entdeckung eines gemeinsamen Entwicklungsprinzipes für die Elementartheile aller Organismen kommen. Der Pflanzenkörper wurde dem Thierkörper nicht nur näher gerückt, sondern ein und dieselbe bildende Kraft zeigte sich hier wie dort als Triebfeder aller plastischen Erscheinungen, die selbst bis auf die letzten Einzelheiten die auffallendste Uebereinstimmung beurkunden. [...] Von diesem Standpunkte aus, der ohne Zweifel eine gänzliche Reform der Physiologie voraussehen lässt, darf man auch für die Erscheinungen des pathischen Lebens die grössten Aufschlüsse erwarten, ja ich möchte glauben, dass erst von jetzt an eine klare, detaillierte Vorstellung der Genesis des Krankheitsprozesses möglich wird."

69 Werner SOHN, Von der Policey zur Verwaltung: Transformation des Wissens und Veränderungen der Bevölkerungspolitik um 1800. In: Bettina WAHRIG / Werner SOHN. (Hg.), Zwischen Aufklärung, Policey und Verwaltung. Zur Genese des Medizinalwesens 1750–1850 (Wolfenbütteler Forschungen Bd. 102, Wiesbaden 2003), S. 71–89, hier S. 87.

70 SOHN, Von der Policey, S. 89.

Der Prototyp dieser Verschränkung von medizinischer Disziplinierung und Verstaatlichung unter Einschluss akademischen Wissens ist Johann Peter Frank, der mit seinem „System einer vollständigen medizinischen Policey" in Personalunion als Staatsdiener (Hochfürstlich Speyerischer Geheimrath), disziplinierter Mediziner (Leibarzt)[71] und Wissenschaftler (Mitglied der Kuhrmainzischen Akademie der Wissenschaften) die preußischen Hygienebestrebungen systematisiert und etabliert.[72]

Das ausführende Organ, das die staatlichen Interessen für die Verbindung von Bevölkerungs- und Gesundheitspolitik mit medizinischem Wissen durchsetzte, war die Polizei, genauer die Gesundheits- oder medizinische Polizei.[73] Dabei war der Aufgabenbereich der Polizei umstritten.[74] Hebenstreit definiert die Aufgaben der Polizei wie folgt:

> „§1. Die Ordnung in einem Staate, durch welche das innere allgemeine beste desselben und aller seiner Einwohner befördert und erhalten wird, heißt Policei. §2. Die Policeiwissenschaft ist der Inbegriff aller Grundsätze, nach welchen die Policei, (§ 1.) ihrem Endzweck gemäß verwaltet, d.i. das gemeine Wohl befördert und erhalten wird."[75]

Die aufkommende Fürsorgepflicht des Staates für seine Bewohner resultiert aus der Notwendigkeit, die äußere Sicherheit des Staates durch physisch gesunde Menschen zu sichern. Von Seiten des Bürgers ist die Verpflichtung, an diesen aus der Fürsorge des Staates erwachsenen Verordnungen aktiv teilzuhaben, begründet in der

> „allgemeine(n) Pflicht eines jeden Menschen für seine eigene Erhaltung zu sorgen, anderntheils auf die in der bürgerlichen Gesellschaft insbesondre eintretende Verbindlichkeit zum besten des ganzen nach Möglichkeit mitzuwirken, und alles, was der Gesellschaft nachtheilig seyn kann, zu vermeiden."[76]

---

71 Zur Kanonisierung des „Leibarztes" siehe Sybilla FLÜGGE, Reformation oder erneuerte Ordnung die Gesundheit betreffend" – Die Bedeutung des Policeyrechts für die Entwicklung des Medizinalwesens zu Beginn der Frühen Neuzeit. In: Bettina WAHRIG / Werner SOHN (Hg.), Zwischen Aufklärung, Policey und Verwaltung. Zur Genese des Medizinalwesens 1750–1850 (Wolfenbütteler Forschungen Bd. 102, Wiesbaden 2003), S. 17–37, hier S. 18.

72 Johann Peter FRANK, System einer vollständigen medizinischen Polizey. 6 Bde. (Wiesbaden / Wien 1779–1817).

73 Ernst Benjamin Gottlieb HEBENSTREIT, Lehrsätze der medicinischen Polizeywissenschaft (Leipzig 1791), S. 8, §19.: „Diejenige Ordnung und Einrichtung, durch welche die Gesundheit aller in einem Staate beisammen lebenden Menschen nach diätetischen und medicinischen Grundsätzen unter obrigkeitlicher Aufsicht gesichert, erhalten, und, wenn sie gelitten hat, die Wiederherstellung derselben befördert wird, heißt medicinische Policei oder öffentliche Gesundheitspflege."

74 Vgl. SOHN, Von der Policey, S. 74.

75 HEBENSTREIT, Lehrsätze, S. 1.

76 Ebd., S. 7, §16.

Dass diese Maßnahmen verzahnt waren, sieht man z. B. an der Anregung bei Frank,[77] nach der durch Pilzerkrankungen verdorbenes Getreide verbrannt werden und nicht in die Flüsse geschüttet werden soll, damit nicht die Fische darunter leiden. Diese Anregung wird bei Hebenstreit in eine Verordnung umgesetzt:

> „Da der Mensch einen sehr großen Theil seiner Nahrungsmittel und andern Bedürfnisse aus dem Thierreiche zieht, und da auch verschiedene Krankheiten der Thiere einen verderblichen Einfluß auf die Menschen haben können, so ist klar, daß die Sorge für die Gesundheit der Thiere, besonders der Hausthiere, ebenfalls ein wichtiger Gegenstand der medicinischen Policeiwissenschaft seyn muß."[78]

Das Thema „Phytopathologie", also Getreideerkrankungen und ihr Einfluss auf die Volksgesundheit, wird in jedem Handbuch der Gesundheitspolizei thematisiert.[79] Über die Gefährlichkeit pilzverseuchter Nahrungsmittel herrschte bereits in der Mitte des 18. Jahrhunderts Klarheit, insbesondere im Falle des Mutterkorns:

> „Den Brand kann man ganz verhüten […]. gegen den Rost kann man sich verwahren […] aber gegen das Mutterkorn weis ich kein Mittel. […] Wenn es aber im Roggen häufig gefunden wird; so hat ein Haushalter um so mehr nöthig, aufmerksam zu seyn, als viele Erfahrungen bestätigen, daß dieses Mutterkorn höchst schädlich sey, und wenn es in Menge unter das Brodkorn kommt und genoßen wird, gefährliche Zufälle veranlasse: als wovon man mehrere Exempel und Anmerkungen angeführet findet im 79 Stück des Hannöverischen Magazins vom 1764ten Jahre."[80]

Ein frühes Beispiel für die Hygiene der Getreidelagerung ist die Preisschrift von Georg Friedrich Dinglinger,[81] der sich in seinem Entwurf eines Kornspeichers explizit mit der Gefahr des Insektenbefalls und einer damit einhergehenden Gefährdung der Gesundheit von Pferden,[82] die mit dem Roggen gefüttert wur-

---

77 Johann Peter FRANK, System einer vollständigen medicinischen Polizey. Dritter Band. Von Speise Trank und Gefäßen. Von Mäßigkeitsgesetzen, ungesunder Kleidertracht, Volkergötzlichkeiten. Von bester Anlage, Bauart und nöthigen Reinlichkeit menschlicher Wohnungen (Mannheim 1783), S. 247.

78 HEBENSTREIT, Lehrsätze, S. 9, §21.

79 Z. B. in den frühen Verordnungen bei FRANK (1783) sowie HEBENSTREIT (1791). Ein spätes Beispiel findet sich bei Johannes B. FRIEDREICH, Handbuch der Gesundheitspolizei der Speisen, Getränke und der zu ihrer Bereitung gebräuchlichen Ingredienzien. Nebst einem Anhang über die Geschirre (Ansbach 1846), S. 50–51, §96.

80 MÜNCHHAUSEN, Der Hausvater. Erster Theil (Hannover 1766), S. 333–334; FRANK, System, 218 ff. zitiert für das Mutterkorn und die damit assoziierte „Kriebelkrankheit" Quellen, die bis in das 16. Jahrhundert zurückreichen.

81 Georg Friedrich DINGLINGER, Die beste Art, Korn-Magazine und Frucht-Böden anzulegen; auf welchen das Getrayde niehmals, weder vom weissen noch schwarzen Wurm, angesteckt werden kann. Preisschrift der Gesellschaft zur Beförderung der Manufacturen, Künste und nützlichen Gewerbe in Hamburg (Hannover 1786).

82 Ebd., S. 30 f.: „Im Herbst jüngst verflossenen Jahres befande sich in Abwesenheit eines

den, befasst und implizit die Gefährdung durch Pilzbefall andeutet.[83] Die gesamte Problematik der Verbindung von Gesundheit und gesundem Nahrungsmittel findet sich aus der Sicht des Praktikers in der Werbeschrift des Müllers J. C. Füllmann (1778),[84] in der dieser für das „Spitzen" wirbt, eine Vorbehandlung des Getreides beim ersten Mahlvorgang.

---

gewissen Herrn, dessen Kornboden mit dem schwarzen Wurm so überhäuffet angefüllet, daß, als man eine Anzahl Pferde mit diesem vorräthigen Rocken füttern wollte, verschiedene zu kranken begunten." – Im selben Sinne bereits 1726: Cammer. Secret. Insiegel, Onolzbach den 3. Sept. 1726 (Sammlung SUB Goettingen, Jus statut I 7260: Verordnung 127): „Als wird sämtlichen Hoch- Fürstl. Ober- und Aemtern ein solches nicht nur nachrichtensamlich hierdurch eröffnet / sondern auch zugleich verordnet und befohlen / allen Unterthanen es zu dem Ende bekant zu machen / damit selbige / ihre- anermeldeten Früchten erlangte Getreidere / mit Fleiß durchsuchen / die – von gedachtem Ungezieffer bereits angesteckte- oder angefressene Garben / von denen gesunden separiren – jene aber gleichbalden ausdreschen und dardurch grösserem Schaden vorbeugen – besonders auch die Behutsamkeit gebrauchen mögen / daß von solchen ausdreschen – und so nach vermahlenden Getreidt / ehe und bevoren es zum Genuß deß Haußwesens angewendet wird / durch gebackenes Brod / oder eine von Meel zugerichtete Speise / vorerst eine Probe, ob es undschädlich seye / genommen werde."

83 Ebd., S. 34: „Magazine und Frucht-Böden anzulegen; auf welchen das Getrayde niemahls, weder vom weissen noch schwarzen Wurm angestecket werden kann". (Richter, Hannover). „Weil die Luft einen so starken und meistentheils kühlenden Zug hat, so lässet sich das Korn ein ziemlich Theil höher söllern / als gewöhnlich geschiehet. Es steuret den Erhitzungen. Und selbst das musltrige oder dumpfige erholet sich, und verliehret den schlimmen Geruch."

84 Johann Christian FÜLLMANN, Erfahrungen eines Mühlenmeisters von der Behandlung des zum Vermahlen bestimmten Getreydes (Leipzig. 1778), S. 39: „Dieweil nun aber ein so geringer Vortheil [...] gegen die Schätzbarkeit unserer Gesundheit gar nicht zu rechnen ist, so ist es allemal ein sicheres Kennzeichen, daß derjenige sich zu wenig liebt, der solche geringe Vortheile der Reinlichkeit seiner Universalspeise vorzieht. Denn ist die Reinlichkeit nicht eine nothwendige Eigenschaft des Wohlstandes, und befördert sie nicht auch zugleich unsere Gesundheit? Die Vernunft empfiehlt sie uns von dieser doppelten Seite, wobey ja eben kein so kostbarer Aufwand ist, denn auch selbst die Armuth kann reinlich seyn. [...] Es geschieht nicht selten, daß zur Sommerszeit, besonders bey anhaltender trockner Witterung, zuweilen starke ungesunde Nebel und Dünste, ingleichen Mehl- und Honigthaue auf die Feldfrüchte fallen. Die zurück- und an denen Früchten hangen gebliebene Masse hat etwas leicht klebigtes und leimigtes an und in sich; ja man hat auch hierbey aus der Erfahrung, daß zu manchen Zeiten die Nebel, Dünste und Thaue sehr schädlich sind, ja sogar etwas giftiges bey und in sich haben. Denn daß dieses einigermaßen gegründet seyn müsse, so hat man, wo nicht gesehen, doch gehöret, daß dergleichen auf die Früchte, da dieselben noch in der Blüthe gestanden, aufgefallen, und solche verderbet, daß nachgehends die Aehren theils wenige, theils sehr dürftige und geringe Körner bekommen haben. Wäre nun bey diesen Nebeln und Thauen nichts schädliches und giftiges gewesen, so hätte es auch allem Vermuthen nach der Frucht am Wachsthum nicht hinderlich seyn können. Dieweil nun zuverläßig zu vermuthen ist, daß die Nebel und Thaue zuweilen etwas giftiges in sich haben, so will ich diesen Fall setzen: es geschehe, daß zu der Zeit, daß die Früchte beynahe ihre Reife erlanget [...] vorerwähnter giftiger Nebel und Thau auf die Früchte zu der nur gemeldeten Zeit auffiele, so könnte [...] sich gar leicht etwas von der giftigen Masse oder Materie uns unvermerkt anhängen, folglich auch gar leicht, dieweil die Masse klebricht und leimigt ist, bis zum Vermahlen daran bleiben. Gesetzt nun, es begebe sich feerner, daß bey

Rezeption

Im Unterschied zur medizinischen Rezeption durch Julius Rosenbaum[85] ist innerhalb der Botanik kaum eine Bewertung vorhanden. Fast scheint es so, als
würde die Arbeit Ungers mit Stillschweigen übergangen.

Eine Rezeption bzgl. botanischer Fragen findet sich bei F. J. F. Meyen,[86] der
bezeichnenderweise wiederum ein Mediziner ist. Die Beobachtung von Meyen,
dass Brandpilze intrazellulär entstehen können, steht im Widerspruch zur
Auffassung Ungers.

> „Es ist ungemein schwer, die Entwicklung des Flugbrandes in seinen ersten Stadien an
> unseren Getreide-Arten zu verfolgen und es stellen sich diesen Beobachtungen un-
> überwindliche Hindernisse in den Weg; bei der Mays-Pflanze dagegen, wo die vom
> Brande befallenen Theile zuerst aufgetrieben werden und von hinlänglicher Grösse zur
> Untersuchung sind, gelang es mir, diesen Gegenstand vollständig zu verfolgen und
> später habe ich auch an dem Flugbrande des Weizens und der Gerste dieselben Be-
> obachtungen wiederholen können. Untersucht man nämlich diejenigen Theile, an
> welchen sich der Brand bildet, in ihren frühesten Zuständen und mit gehöriger Ver-
> größerung, so wird man sich bald überzeugen, dass die Massen, woraus sich später das
> Brand-Pulver hervorbildet, in dem Innern der Zellen dieser Organe entstehen, sich

---

einer nachhero entstandenen Laune oder Krankheit der Arzt uns sagte und versicherte, daß
diese nur gemeldete Krankheit ihren Ursprung zuverläßig aus und von denen diesjährigen
Nebeln und Thauen hätte: welche wir theils durch den Athem in uns gezogen, theils von
selbst durch die Poros oder Schweislöcher unvermerkt in unsern Körper eingedrungen
wären, und folglich sich mit unserm Blute und Säften vermengt und unsern Körper inficiret
hätten. Kann man denn nicht auch auf der andern Seite also vermuthen, folgern und
schließen, daß wir etwas von der zurückgebliebenen Materie derer giftartigen Nebel und
Thaue, so sich an den Körnlein des Getreydes angelegt, und nachhero durch das Vermahlen
desselben sich mit dem Mehle vermengt, durch unsre Universalspeise in unsern Körper
eingeschluckt haben? Wenn denn solche Vermuthung gegründet und man dabey noch
überdies bedenkt, daß ein sehr kleines und geringes Theilchen hinreichend ist, unsern
Körper zu inficiren und in eine Krankheit zu stürzen, welches meines Erachtens sehr
deutlich aus der Einpfropfung der Pocken und Masern, ingleichen des Ausschlags zu ersehen
ist […] so würde auch allhier das Spitzen des Getreydes, allem Vermuthen nach, seinen
Nutzen haben." [45–47]. Das Verfahren des „Spitzens", also des ersten lockeren Vormahlens
von Getreide, bei dem Verunreinigungen herausgemahlen und gesiebt werden, führt Füllmann auch als notwendiges Verfahren beim Aufreinigen von Weizen an, der mit Rost- und
Brand verseucht ist, ebd. S. 54: „[…] ingleichen weder Rost noch Brand darinnen, […] in
diesem einzigen Falle ist das Spitzen nicht nöthig.".

85 Julius ROSENBAUM, Zur Geschichte und Kritik der Lehre von den Hautkrankheiten mit
   besonderer Rücksicht auf die Genesis der Elementarformen (Halle 1844), S. 93–109.
86 Franz Julius Ferdinand MEYEN, Pflanzen-Pathologie. Lehre von dem kranken Leben und
   Bilden der Pflanzen. Nach dem Tode des Verfassers herausgegeben von Chr. Gottfr. Nees v.
   Esenbeck. In: Christian Gottfried Daniel NEES VON ESENBECK (Hg.), Handbuch der Pflan-
   zenpathologie und Pflanzen-Teratologie. Bd. 1: Pflanzen-Pathologie (Berlin 1841). Diese
   Schrift ist sogar erstaunlich wohlwollend und stellenweise in Übereinstimmung mit dem
   Werk Ungers, dies ist eventuell ein Einfluss durch die Bearbeitung von Nees v. Esenbeck.

daselbst anhäufen und dann die Zerstörung und Resorption der sie umschliessenden Zellenwände veranlassen, wodurch dann das Brand-Pulver frei wird und die Höhlen des zerstörten Gewebes erfüllt.“[87]

Meyen betrachtet Brandpilze als echte Endophyten, nicht vergleichbar einer Eiterbildung.[88]

Widerlegung der romantischen mykologischen Phytopathologie durch A. de Bary und die Übernahme der Forschungsergebnisse in die landwirtschaftliche Praxis in der Mitte des 19. Jahrhunderts

1847 erscheint durch L. R. & Ch. Tulasne die erste große Arbeit über die Sporen der Rost- und Brandpilze.[89] In ihr werden die Pilze mit ihren jeweiligen Wirten beschrieben. Diese Arbeit ist die Grundlage für die große Monographie der Rost- und Brandpilze von A. de Bary.

Die Übernahme der Erkenntnisse von de Bary über Pilze als Krankheitserreger wird binnen kürzester Zeit in die landwirtschaftliche Praxis vollzogen.[90] Kühn ist sich ganz deutlich der Ursachen der Entstehung der Krankheiten und ihrer individuellen Eigenschaften bewusst:

„So verschieden wie die Krankheitsformen sind die Ursachen des Erkrankens. In vielen Fällen sind sie noch gar nicht oder doch nicht genügend erforscht. Es ist übrigens um so schwieriger, über die Ursachen mancher Krankheiten zu entscheiden, je weiter sie in ihrer Entwickelung vorgeschritten sind. Man muß daher immer die frühesten Stadien und Zustände derselben aufsuchen. Es ist ferner zu beachten, daß nicht selten mehrere ursächlich verschiedene Krankheitsformen an derselben Pflanze, aber völlig unabhängig von einander, auftreten. So findet man zuweilen auf einem Weizenfelde, zum Theil auf denselben Pflanzen, sechs verschiedene Krankheiten: zwei Arten des Rostes, den Mehlthau, den Körnerbrand, das Mutterkorn und das Lückigwerden der Aehren durch die Maden der Weizenmücke. […] Man würde sehr irren, wenn man hier die verschiedenen Krankheitsformen auf dieselbe Grundursache zurückführen wollte; denn stets zeigt eine genaue Untersuchung, daß sie völlig von einander verschieden und in dem vereinzelten Falle nur zufällig zusammen aufgetreten sind. Im Allgemeinen läßt sich ein dreifacher Unterschied in Bezug auf die Ursachen der Pflanzenkrankheiten erkennen. Es sind entweder ungünstige klimatische und Bodenverhältnisse oder thierische Einflüsse oder Pflanzenparasiten, welche das Erkranken veranlassen.“[91]

---

87 Meyen, Pflanzen-Pathologie, S. 102–103.

88 Ebd., S. 99.

89 Louis-René Tulasne / Charles Tulasne, Mémoire sur les ustilaginées comparées aux urédinées. Annales des sciences naturelles. 3. ser. Botanique, Tom 7 (Paris 1847), S. 12–127.

90 Julius Kühn, Die Krankheiten der Kulturgewächse, ihre Ursachen und ihre Verhütung (Berlin 1858).

91 Ebd., S. 4–5, Hervorhebung wie im Original.

Er distanziert sich im Vorwort eindringlich von spezifisch romantischen phytopathologischen Vorstellungen, da sie seinen in der landwirtschaftlichen Praxis gewonnenen Erfahrungen[92] und Beobachtungen widersprechen[93]:

> „Wenn wir so verfahren, wenn wir so uns zum selbsständigen Urtheilen bilden, dann werden wir nach allen Seiten landwirthschaftlicher Erkenntniß und Thätigkeit Erfolge unserer Studien sehen, dann werden wir auch bei den abnormen Lebenserscheinungen der Gewächse nicht mehr in dem Aberglauben an ‚giftige Nebel‘, ‚stockende Pflanzensäfte‘ und dergleichen befangen bleiben."[94]

---

92 Kühn zeigt seinen selbstkritischen Umgang mit „Erfahrungen" , wenn er schreibt: „Wenn übrigens, wie ich in diesem Werke wiederholt nachgewiesen habe, ein solcher Altmeister der Forschung, wie Schleiden, auf seinem eigensten Gebiete irregeleitet wurde durch vorgefaßte Meinungen und unzureichende Beobachtungen, so möge das uns Landwirthen eine recht ernste Mahnung sein und uns recht eindringlich erinnern, was es sagen will, wirklich brauchbare, der Natur treu entsprechende Beobachtungen zu machen und den wahren Zusammenhang der Erscheinungen zu ergründen, woraus allein die echte Erfahrung und eine wahrhaft wissenschaftliche Erkenntniß der Landwirthschaft sich ergiebt. Wir spreizen uns gar so gern mit unseren ‚Erfahrungen‘ und doch sind sie so häufig nichts weiter, als unter bestimmten, nicht näher erforschten, localen Verhältnissen gemachte Wahrnehmungen, wohl geeignet für dieselbe Localität eine gewisse Richtschnur zu geben, völlig unbrauchbar aber großentheils zur wissenschaftlichen Begründung der Landwirthschaftslehre." (Ebd., S. V–VI). Sicher stützt sich Kühn hier auf die von Schleiden vertretene Ansicht, dass Kulturpflanzen sich a priori in einem krankhaften Zustand befinden, da sie ihrer Natürlichkeit beraubt sind. z.B.: Matthias Jacob Schleiden, Die Physiologie der Pflanzen und Thiere und Theorie der Pflanzencultur. Für Landwirthe bearbeitet. In: Matthias Jacob Schleiden / Ernst Erhard Schmid, Encyclopädie der gesammten theoretischen Naturwissenschaften in ihrer Anwendung auf die Landwirthschaft [...] Bd. 3 (Braunschweig 1850), S. 475: „Im Grunde sind alle unsere Culturpflanzen mit sehr wenigen Ausnahmen Krankheiten, d.h. Abweichungen von normalem natuerlichen Bildungsgange der Art und nur der menschliche Egoismus nennt sie nicht so, weil er in diesen Krankheiten grade so seinen Vortheil findet, wie in der künstlichen Leberanschwellung der Straßburger Gänse."

93 Kühn, Krankheiten, S. IIIf. „Es [Das vorliegende Werk] stützt sich auf eigene vieljährige Erfahrung und selbstständige wissenschaftliche Untersuchungen; es entstand, indem ich die wenigen Mußestunden, welche mir inmitten eines größeren practischen Wirkungskreises blieben, dazu benutzte, mir über die Krankheiten meiner Feldfrüchte Aufklärung zu verschaffen, um so zur Kenntniß der geeignetsten Mittel ihrer Verhütung zu gelangen. Ich gebe daher nicht Früchte der Lectüre, sondern der eigenen Beobachtung, habe jedoch nicht verabsäumt, das Nothwendigste über die verschiedenen im Laufe der Zeit hervorgetretenen Ansichten anzuführen und die wichtigsten literarischen Quellen zu nennen [....] Die unrichtigen Ansichten über die Pflanzenkrankheiten haben hauptsächlich darin ihren Grund, daß man den rechten Weg bei ihrer Untersuchung verfehlte. Wie bei jedem Studium der Natur, so kommt es auch hier vor Allem auf die richtige Methode der Untersuchung an; damit man nicht mit vorgefaßten Meinungen darüber herfahre, sondern die Sache selbst scharf in's Auge fasse, die Erscheinungen sorgsam und nach allen Seiten hin beobachte und prüfe. Aus dem Wirrsal von Meinen und Dafürhalten auf dem in Rede stehenden Gebiete kann nur ein genaues und sorgfältiges Studium der frühesten und weiteren Entwicklungszustände retten und zu haltbaren und practisch bedeutsamen Ergebnissen führen; nur auf diesem Wege wird es gelingen, endlich über die Natur der viel besprochenen aber wenig untersuchten Krankheiten der Gewächse in's Klare zu kommen" (S. VII).

94 Ebd., S. IX.

Seine Einschätzung der mykologischen Phytopathologie der Romantik markiert für die landwirtschaftliche Praxis ebenso das Ende dieser Zeit, wie 5 Jahre zuvor de Barys Arbeiten[95] für die wissenschaftliche Botanik und Mykologie sowie 14 Jahre zuvor Rosenbaums Rezeption aus medizinischer Sicht.[96] Dennoch darf nicht übersehen werden, dass die entscheidende Arbeit de Barys deskriptiv war, d.h. nicht auf Experimenten basierte, ein Punkt, den bereits Kühn zu bedenken gegeben hatte:

> „Aber nicht Worte und Phrasen sind es, die uns dazu führen – Resultate, practisch bedeutsame Resultate müssen wir aufzeigen können, und um dies zu vermögen, müssen wir einsehen lernen, daß methodisch untersuchen, klar sehen, scharf beobachten und den naturgeschichtlichen Zusammenhang der Erscheinungen richtig auffassen lernen, die wahre Frucht naturwissenschaftlicher Studien ist [...].“[97]

Diese experimentellen Nachweise wurden für den Erreger der Kartoffelfäule, *Phytophthora infestans,* 1857 von Speerschneider[98] und 1861 von de Bary[99] geführt. 1865 beschreibt de Bary den Wirts- und Generationswechsel der Rostpilze,[100] damit wird im Wesentlichen das Gebiet der Epidemiologie erschlossen. Die Abkehr von der typisch romantischen mykologischen Phytopathologie zeigt sich darin, dass nun der Krankheitserreger als Individuum in das Zentrum des Interesses rückt.

---

95 Bary, Untersuchungen (s. Fußnote 7).
96 Julius Rosenbaum, Zur Geschichte und Kritik der Lehre von den Hautkrankheiten mit besonderer Rücksicht auf die Genesis der Elementarformen (Halle 1844), S. 93–109.
97 Kühn, Krankheiten, S. VIII–IX.
98 Julius Speerschneider, Die Ursache der Erkrankung der Kartoffelknolle durch eine Reihe Experimente bewiesen. In: Botanische Zeitung 15 (1857), S. 122–124.
99 Anton de Bary, Die gegenwärtig herrschende Kartoffelkrankheit, ihre Ursache und ihre Verhütung. Eine pflanzenphysiologische Untersuchung in allgemein verständlicher Form (Leipzig 1861).
100 Anton de Bary, Neue Untersuchungen über Uredineen, insbesondere die Entwicklung der *Puccinia graminis.* In: Monatsberichte der Königl. Akademie der Wissenschaften zu Berlin (1865), S. 15–49.

Anton Drescher

Franz Ungers Beiträge zur Ökologie[*]

Einleitung

Wiewohl der Begriff „Ökologie",[1] definiert als „Wissenschaft von den Beziehungen der Organismen zur umgebenden Aussenwelt",[2] erst 1866 von Haeckel[3]
geprägt wurde, also mehr als drei Jahrzehnte nach Ungers Untersuchungen der
Flora um Kitzbühel,[4] soll er hier für einen Bereich von Ungers Schaffen als Bezug
herhalten. Denn Franz Unger war mit seinen Beobachtungen über die Abhängigkeit vieler Pflanzen von der chemischen Zusammensetzung des Mineralbo-
dens zwar nicht der erste, der dieses Phänomen erkannte, aber er behandelte es
in systematischer Form: Etwa zeitgleich wie der Schweizer Botaniker Heer[5]
untersuchte er die gesamte Flora eines Gebietes auf dieses Merkmal hin und
stellte mit Hilfe von geologischen Karten die Verbreitung von substratgebun-
denen Arten im Untersuchungsgebiet dar. Er wird noch heute im Universitäts-
unterricht im Zusammenhang mit den Ansprüchen von Pflanzenarten an den
Mineralgehalt in Böden memoriert, jedenfalls in Wien, wo er als Professor
wirkte.

---

[*] Der Beitrag ist Herrn Univ.-Doz. Dr. Franz Speta gewidmet.

[1] Zu diesem Phänomen siehe den Sammelband: Ekkehard Höxtermann / Joachim Kaasch /
Michael Kaasch (Hg.), Berichte zur Geschichte und Theorie der Ökologie (= Verhandlungen
zur Geschichte und Theorie der Biologie 7, Berlin 2000).

[2] Ernst Heinrich Philipp August Haeckel, Generelle Morphologie der Organismen. Allgemeine Grundzüge der organischen Formen-Wissenschaft, mechanisch begründet durch die
von Charles Darwin reformirte Descendenz-Theorie (Berlin 1866), Bd. 2, S. 286: „Unter
Oecologie verstehen wir die gesammte Wissenschaft von den Beziehungen des Organismus
zur umgebenden Aussenwelt, wohin wir im weiteren Sinne alle ,Existenz-Bedingungen'
rechnen können. Diese sind theils organischer, theils unorganischer Natur; …" .

[3] Ernst Heinrich Philipp August Haeckel (* 16. Februar 1834 in Potsdam; † 9. August 1919 in
Jena), Zoologe.

[4] Franz Unger, Ueber den Einfluss des Bodens auf die Vertheilung der Gewächse nachgewiesen
in der Vegetation des nordöstlichen Tirol's (Wien 1836), S. 211–367.

[5] Oswald Heer (* 31. August 1809 in Niederuzwil/St. Gallen ; † 27. September 1883 in Lausanne/
Vaud).

Schon in der als Preisschrift eingereichten Arbeit „Über den Einfluss des Bodens auf die Verteilung der Gewächse …" finden sich auch Beobachtungen, die man heute unter dem Begriff „synökologisch" einordnen würde. Neben der Verteilung der Arten auf die Höhenstufen, die eine Anpassung an das thermische Klima darstellen, sind da die Sukzessionsbeobachtungen auf Pionierstandorten zu nennen, die sich über vier Jahre erstreckt haben[6]. Er konnte über mehrere Jahre die Abfolge von krautigen und holzigen Pflanzenarten auf frisch aufgeworfenem Substrat nach einem Katastrophenhochwasser verfolgen und wusste bereits zwischen verschiedenen Entwicklungsstadien und deren charakteristischen Arten – *Myricaria germanica* und *Salix eleagnos* im dynamischen Flussbett, den Pionierarten *Echium vulgare, Melilotus albus, Trifolium repens* auf jungen Schotterinseln sowie den dealpinen Schwemmlingen aus der „Oberen Alpenregion" (Alpine Stufe) *Arabis alpina* und *Linaria alpina* – zu unterscheiden.

Auch seine Analysen der Gesamtheit der Fossilfunde an einzelnen Lagerstätten müssen hier genannt werden. Dieser Ansatz weist bereits in die Richtung der „IPR-vegetation analysis",[7] die alle an einer Fundstelle verfügbaren Fossilien (Blattreste, Früchte, Pollen, Pilzsporen sowie Reste von Tieren, wie Flügeldecken von Insekten usw.) für eine „balanced reconstruction of vegetation formations"[8] auswertet. Mit

---

6 „Es dürfte hier eine kurze Bemerkung, wie schnell oft die Colonisierung der durch Wildbäche verödeten niederen Thalgegenden im Hochgebirge vor sich geht, nicht am unrechten Orte stehen. Ich hatte diesfalls ein in der Nähe von Kitzbühel (Einfänge) gelegenes, früher blühendes, durch eine gewaltige Ueberfluthung im Sommer 1830 vom Grunde aus zerstörtes Feld durch einen Zeitraum von vier Jahren zu beobachten Gelegenheit. Anfänglich auf dem sandigen und mit Steinen überschütteten Boden nur mit einer spärlichen Vegetation bekleidet, erhielt dieses Feld nach und nach ein so verändertes Aussehen, dass es nach Verlauf von vier Sommern streckenweise schon einer Wiese zu gleichen anfing. Von der Menge und Mannigfaltigkeit der im Verlauf dieser Zeit von selbst erschienenen Gewächse mag nachstehendes Verzeichnis einen Beweis liefern. Es waren folgende: *Salix incana, monandra, Alnus incana* (nach vier Jahren mehr als mannshoch) *Herniaria glabra, Hieracium pilosella, obscurum, Tussilago Farfara, Petasites, Taraxacum officinale, Apargia autumnalis, Chrysanthemum Leucanthemum, Cirsium lanceolatum, arvense, oleraceum, Achillea Millefolium, Centaurea phrygea, Plantago lanceolata, Potentilla reptans, Lysimachia numularia, Echium vulgare, Trifolium repens, Anthyllis vulneraria, Melilotus alba, Medicago lupulina, Vicia Cracca, Myricaria germanica, Rumex scutatus* und *Acetosa, Veronica officinalis, Silene inflata* und *nutans, Sagina procumbens, Spergula saginoides, Lychnis diurna, Alchimilla vulgaris, Thymus Serpyllum, Galium Mollugo, Carum Carvi, Heracleum Sphondylium, Chenopodium viride, Urtica dioica, Campanula pusilla, Aira caespitosa, Aira vulgaris, Nardus stricta, Barbula unguiculata, Bryum argenteum;* und die alpinen Ansiedler: *Arabis alpina, Linaria alpina* und *Saxifraga autumnalis.* Unter diesen waren ausser den beiden Moosgattungen und den baumartigen Gewächsen, welche letztere besonders die grabenartigen Vertiefungen überzogen, am meisten verbreitet: *Tussilago farfara* und *Anthyllis vulneraria.*" UNGER, Ueber den Einfluss, Fußnote S. 176–177.

7 Johanna EDER-KOVAR / Zlatko KVAČEK, The integrated plant record (IPR) to reconstruct Neogene vegetation: the IPR-vegetation analysis. In: Acta Palaeobotanica 47 (2007), S. 391–418.

8 Ebd.

den Lithographien der Vegetation verschiedener Erdepochen,[9] später auch in aquarellierten, großformatigen Darstellungen – umgesetzt durch den Landschaftsmaler Kuwasseg[10] – versuchte Unger, mit allen vorhandenen fossilen Resten (heute würden wir das als „fossil assemblage" bezeichnen) und unter Berücksichtigung des Einbettungsmaterials die „Formationen" eines bestimmten Erdzeitalters zu rekonstruieren. Er war sich der Fehler in diesen Darstellungen wohl bewusst, wollte aber die wissenschaftliche Diskussion anregen, wenn er 1868 in seinem resümierenden Artikel „Ueber geologische Bilder" schreibt:

> „Die Versuche, die bisher gemacht wurden, um uns aus jenen Zeiten der Erdentwicklung anschauliche Bilder zu Stande zu bringen, können daher nur für Erstlingsversuche gelten, und kann diesen selbst nur ein bedingter Werth zuerkannt werden."[11]

Mit der Feststellung, dass dies auch die Entwicklung der Pflanzenwelt von einem Erdzeitalter zum nächsten impliziert, hatte er schon vor Darwins „On the Origin of Species by Means of Natural Selection [...]"[12] ein Evolutionskonzept ausgesprochen. Diese revolutionäre Vorstellung hatte ihm auch ab 1851 Angriffe von Seiten eines sehr fundamentalistisch agierenden Journalisten der Kirchenzeitung eingetragen,[13] welche ihn bis an sein Lebensende begleiten sollten. In seiner großen Ansprache anlässlich der Beendigung seiner Tätigkeit als Präsident des Naturwissenschaftlichen Vereines für Steiermark setzte er sich gegen die unqualifizierten Anwürfe von Seiten der Kirche zur Wehr.[14]

Franz Unger war um die Mitte des 19. Jahrhunderts – nicht nur auf dem Gebiet des österreichischen Kaiserreiches – einer der bekanntesten Botaniker. Nach dem Tod seines Freundes Stephan Endlicher wurden an der Universität Wien Lehre und Forschung auf dem Gebiet der Botanik von zwei Lehrkanzeln wahrgenommen, wobei Unger nach seiner Berufung die Fachgebiete Anatomie und Physiologie der

---

9 Franz UNGER / Joseph KUWASSEG, Die Urwelt in ihren verschiedenen Bildungsperioden. Mappe mit 14 Lithographien und einem Textband (Wien 1851).

10 Josef Kuwasseg (Kuwassegg, Kuwasegk) (*25. November 1799 in Triest/Italien; † 19. März 1859 in Graz/Steiermark).

11 Franz UNGER, Ueber geologische Bilder. In: Mitteilungen des naturwissenschaftlichen Vereines für Steiermark 5 (1868), S. 1–12. Vgl. dazu auch: Bernhard HUBMANN / Bernd MOSER, „Biedermeierliche" Rekonstruktionen geologischer Ökosysteme durch Joseph Kuwasseg und Franz Unger. In: Berichte der geologischen Bundesanstalt 69 (2006), S. 32–34.

12 Charles DARWIN, On the origin of species by means of natural selection or the preservation of favoured races in the struggle for life (London 1859).

13 Werner MICHLER, Darwinismus und Literatur. Naturwissenschaftliche und literarische Intelligenz in Österreich, 1859–1914 (Wien 1999), bes. S. 38f. Siehe dazu bes. Marianne KLEMUN, Franz Unger and Sebastian Brunner on evolution and the visualization of Earth history; a debate between liberal and conservative Catholics. In: Geology and Religion. A History of Harmony and Hostility. Geological Society, London, Special Publications (2009), S. 259–267.

14 Franz UNGER, Ansprache des Vereins-Präsident Prof. Dr. Franz Unger in der Jahres-Versammlung am 22. Mai 1869. In: Mitteilungen des naturwissenschaftlichen Vereines für Steiermark 7 (1870), S. LX–LXVII.

Pflanzen zu vertreten hatte. Das konnte ihn aber nicht davon abhalten, sich bis in seine späten Jahre[15] für Fragen anderer Teilgebiete – vor allem der Phytopaläontologie – zu interessieren. Diese Beschäftigung mit fossilen Floren (u. a. Kumi auf Euböa, Parschlug bei Kapfenberg, Radoboj in Kroatien, Sotzka bei Celje) führte zu einer großen Zahl von Neubeschreibungen ausgestorbener Pflanzenarten und zur ersten zusammenfassenden Publikation über die damals bekannten fossilen Pflanzenarten,[16] die 1648 Arten enthält, davon 249 von Unger beschriebene. Dafür und vor allem für die bildliche Darstellung der Vegetation früherer Erdepochen[17] ist er noch heute weltweit bekannt.

In dieser Studie wird eine andere, weniger bekannte Facette von Ungers originellem Beitrag zur Biologie in den Blick genommen, die ebenso wie viele seiner anderen zu neuen Erkenntnissen führte. Es geht um Ungers Studien, welche die Pflanzen in Abhängigkeit vom Boden analysierten, von Ansätzen, die bisher keine eingehende wissenschaftshistorische Kontextualisierung erfuhren. Auch die Einordnung in einen größeren wissenschaftshistorischen Zusammenhang blieb noch aus. Zunächst soll vom biographischen Entstehungskontext ausgegangen, sonach die Einordnung in eine internationale diesbezügliche Forschungslandschaft unternommen werden.

Ungers Lehr- und Studienjahre

Franz Unger wurde als erstes Kind der zweiten Ehe seiner aus Marburg an der Drau stammenden Mutter, einer verwitweten Knabel, auf dem Gut Amthof bei Leutschach in der Südsteiermark geboren. Sein Vater stammte aus Wolfsberg in Kärnten und hatte Theologie studiert, aber anstatt die Priesterlaufbahn zu ergreifen, den Beruf eines Beamten bei der Steuerregulierungskommission gewählt.[18]

---

15 Franz UNGER, Die fossile Flora von Parschlug. In: Steiermärkische Zeitschrift N.F. 9 (1848), S. 3–39; Franz UNGER, Die fossile Flora von Sotzka bei Cilli. In: Denkschriften der kaiserlichen Akademie der Wissenschaften, math.-naturw. Cl. 2 (1851), S. 131–197; Franz UNGER, Notiz über ein Lager Tertiärpflanzen. In: Sitzberichte der Kaiserlichen Akademie der Wissenschaften 11 (1853), S. 1076; Franz UNGER, Wissenschaftliche Ergebnisse einer Reise in Griechenland und in den Ionischen Inseln mit einer geognostisch-topographischen Karte der Insel Corfu (Wien 1862); Franz UNGER, Die fossile Flora von Radoboj in ihrer Gesamtheit und nach ihrem Verhältnisse zur Entwickelung der Vegetation der Tertiärzeit. In: Denkschriften der kaiserlichen Akademie der Wissenschaften Wien, math.-naturw. Kl. 29 (1868), S. 125–170; Franz UNGER / Theodor KOTSCHY, Die Insel Cypern ihrer physischen und organischen Natur nach mit Rücksicht auf ihre frühere Geschichte [mit einer topographisch-geognostischen Karte der Insel Cypern] (Wien 1865).

16 Franz UNGER, Synopsis plantarum fossilium (Leipzig 1845).

17 UNGER / KUWASSEG, Die Urwelt.

18 Gottlieb HABERLANDT, Briefwechsel zwischen Franz Unger und Stephan Endlicher (Berlin

Unger erhielt seine Grundausbildung beim Pfarrer in Ehrenhausen, von wo er mit elf Jahren nach Graz ans Gymnasium kam. Nach dessen Abschluss absolvierte er den philosophischen Kurs zur Vorbereitung auf das Universitätsstudium. Neben lyrischen Versuchen fällt in diese Zeit auch die erste Beschäftigung mit der Pflanzenwelt seiner Umgebung. Dabei lernte er den aus Salzburg stammenden Anton Sauter[19] kennen, mit dem ihn eine lange dauernde Freundschaft verbinden sollte. Sauter, der sich schon in Salzburg als Schüler intensiv mit Pflanzen beschäftigt und sich dabei sehr gute floristische Kenntnisse angeeignet hatte, half Unger beim Anlegen eines Herbariums.[20]

Den Wünschen seines Vaters folgend, begann Unger mit dem Jusstudium, hörte aber während dieser Jahre nebenbei Vorlesungen des Lorenz Chrysanth von Vest,[21] der 1812 als erster Professor für Botanik und Chemie an das im Jahr 1811 gegründete Joanneum berufen wurde.[22] Durch Vest lernte Unger in dieser Zeit auch Johann Zahlbruckner[23] kennen, dessen Sammlungen noch heute im Joanneum studiert werden können.

Unger wandte sich bald endgültig dem Studium der Medizin zu, das er im Herbst 1821 in Wien begann und 1822 in Prag fortsetzte. Von dort aus unternahm er zusammen mit dem Studienkollegen Draut, einem Siebenbürger Sachsen, auch eine Reise nach Deutschland, wo er unter anderem die damals berühmten Naturwissenschaftler Oken[24], Carus[25], Hornschuch[26], Floerke[27] und Rudolphi[28] kennenlernte. Allein die fehlende staatliche Bewilligung für diese Reise und der Verdacht des Vaterlandsverrates sowie der Geheimbündelei mit Vertretern der

1899); Alexander REYER, Leben und Wirken des Naturhistorikers Dr. Franz Unger, Professor der Pflanzen-Anatomie und Physiologie (Graz 1871).

19 Anton Eleutherius Sauter (* 18. April 1800 in Großarl; † 6. April 1881 in Salzburg).

20 REYER, Leben, S. 7.

21 Lorenz Chrysanth Edler von Vest (* 18. November 1776 in Klagenfurt; † 15. Dezember 1840 in Graz).

22 Dazu weiterführend: Herwig TEPPNER, Zur Geschichte der systematischen Botanik an der Universität Graz. In: Reinhold NIEDERL (Red.), Mitteilungen der Abteilung für Geologie, Paläontologie und Bergbau am Landesmuseum Joanneum Graz 55 (1997), S. 123–150 sowie Marianne KLEMUN / Gerfried H. LEUTE, Lorenz Chrysanth Edler von Vest der Jüngere (1776–1840) und sein "Herbarium Kärntnerischer Futterpflanzen". In: Carinthia I,182 (1992), S. 317–376.

23 Johann Baptist Zahlbruckner (* 15. Februar 1782 in Wien; † 2. April 1852 in Graz) war durch mehr als 40 Jahre Privatsekretär von Erzherzog Johann).

24 Lorenz Oken (* 1. August 1779 in Bohlsbach bei Offenburg; † 11. August 1851 in Zürich).

25 Carl Gustav Carus (* 3. Januar 1789 in Leipzig; † 28. Juli 1869 in Dresden).

26 Christian Friedrich Hornschuch (* 21. August 1793 in Rodach; † 24. Dezember 1850 in Greifswald) gemeinsam mit David Heinrich HOPPE und Christian Gottfried Daniel NEES von ESENBECK Herausgeber der botanischen Zeitschrift „Flora".

27 Heinrich Gustav Floerke (* 24. Dezember 1764 Alt-Kalen/Mecklenburg; † 6. November 1835 in Rostock).

28 Karl Asmund Rudolphi (* 14. Juni 1771 in Stockholm; † 29. November 1832 in Berlin).

deutschen Burschenschaften brachten ihn für sieben Monate in Polizeihaft, aus der er mangels Beweisen im Juli 1824 entlassen wurde. Die Bemerkung Trattinniks[29] in einem Brief an die Redaktion der Botanischen Zeitschrift „Flora", „... dass der Cand. Med. Unger eine neue *Clypeolaria* entdeckt habe",[30] lässt darauf schließen, dass Unger unmittelbar nach seiner Freilassung sein Studium fortgesetzt hat.[31] In diese Zeit können auch die ersten Begegnungen mit dem Professor für Botanik und Chemie an der Wiener Universität Joseph Franz Freiherr von Jacquin[32] und dem Studenten Stephan Endlicher[33] datiert werden, die ihm sein Studienkollege Burkhard Eble[34] vermittelt haben dürfte.[35] Während der Arbeit an seiner Dissertation über die Teichmuschel muss er jede Gelegenheit genutzt haben, die Altwässer der Donau bei Wien, die damals noch nicht reguliert war, zu durchforschen. Er beobachtete als Erster die Schwärmsporen der *Vaucheria clavata* und ließ auch seinen Freund aus frühen Studientagen in Graz, Anton Sauter, an seiner Entdeckung teilhaben.[36] Die entsprechende Mitteilung an den damaligen Präsidenten der „Deutschen Akademie der Naturforscher Leopoldina" Nees von Esenbeck[37] wurde in die Nova acta Acad. Leopold. Carol. aufgenommen.[38] 1827 konnte Unger mit der Inaugural-Dissertation über das Thema

---

29 Leopold Trattinnick (* 26. Mai 1764 in Klosterneuburg; † 24. Januar 1849 in Wien), 1809–1835 Kustos des k. k. Hofnaturalienkabinetts.

30 Siehe REYER, Leben, S. 14.

31 Siehe REYER, Leben, S. 14.

32 Joseph Franz Freiherr von Jacquin (* 7. Februar 1766 in Banská Štiavnica [Schemnitz, Slowakei]; † 26. Oktober 1839 in Wien), Sohn von Nicolaus Joseph Freiherr von Jacquin.

33 Stephanus Endlicher (* 24. Juni 1804 in Bratislava [Pressburg], † 28. März 1849 in Wien). Mit ihm verband Unger eine tiefe Freundschaft, die bis zu Endlichers frühem Tod andauerte. Daraus gingen auch gemeinsame Publikationen hervor (z. B. ENDLICHER / UNGER, Grundzüge der Botanik (Wien 1843). Das Auf und Ab der Freundschaft ist u. a. im intensiv geführten Briefwechsel nachvollziehbar (siehe HABERLANDT, Briefwechsel, 1899).

34 Burkhard Eble (*6. November 1799 in Weilerstadt/Württemberg; † 3. August 1839 in Wien) Studienkollege Ungers, später Militärarzt.

35 Siehe REYER, Leben, S. 14.

36 Anton Eleutherius SAUTER, Dissertatio inauguralis geographico-botanica de territorio Vindobonensi (Wien 1826), S. 24: „Die Gräben um Wien, der Kanal biethen ebenfalls eine ziemliche Mannigfaltigkeit von Konferven, die aber im Ganzen noch wenig untersucht sind. Herr Unger fand die so merkwürdige *Conferva dilatata* Roth, an der ich auch selbst das Austreten der Sporulae, ihr 2–3 Stunden dauerndes infusorielles Leben zu beobachten, das Glück hatte" und Franz UNGER, Die Metamorphose von *Ectosperma clavata*. Aus einer Mittheilung an den Präsidenten der Academie. In: Nova Acta Acad. Leopoldiäa 13 (1827), S. 791–808 (mit einer Kupfertafel); Franz UNGER, Ueber den unmittelbaren Uebergang des sprossenden vegetativen Lebens in das bewegte infusorielle und umgekehrt, und zunächst über die Metamorphose der *Ectosperma clavata* Vauch. In: Flora 13 (1830), S. 569–583.

37 Christian Gottfried Daniel Nees von Esenbeck (* 14. Februar 1776 auf Schloss Reichenberg; † 16. März 1858 in Breslau/Wrocław, Polen).

38 Franz UNGER, Die Metamorphose von *Ectosperma clavata*. Aus einer Mittheilung an den Präsidenten der Academie. In: Nova Acta Acad. Leopoldina 13 (1827), S. 791–808 (mit einer Kupfertafel).

„Anatomisch-physiologische Untersuchung über die Teichmuschel"[39] das Studium der Medizin abschließen. Schon 1826 war er als Privatlehrer in die Dienste des Fürsten Rudolf von Colloredo-Mannsfeld getreten. Auf dem Mustergut in Staatz (Bezirk Mistelbach/NÖ) unterrichtete er dessen Sohn Joseph Franz Hieronymus (nachmaliger 5. Fürst von) Colloredo-Mannsfeld, womit er finanziell unabhängig war. Aber bereits 1828 übersiedelte Unger nach Stockerau, wo er eine medizinisch-chirurgische Praxis betrieb und in den benachbarten Auen botanisierte. Sein Blick richtete sich besonders auf wenig beachtete Organismengruppen. Manche der in und um Stockerau gemachten Beobachtungen sind in die Publikation „Die Exantheme der Pflanzen"[40] eingeflossen und durch Material in Herbarien belegt (siehe Abb. 1a und 1b).

Abb. 1a: (links): Herbaretikett von *Puccinia galanthae* Unger nom. illeg. in Ungers Handschrift: „Auf Blättern von Galanth[us] niv[alis] Stockerau. 28/4 1829". Rostpilz (Basidiomycota, Uredinales) auf *Galanthus nivalis*, Herbarium des Institutes für Pflanzenwissenschaften der Universität Graz (GZU) s. n. Abb. 1b: (rechts): dazugehöriges Belegmaterial, vom Rost befallene Blätter des Schneeglöckchens (*Galanthus nivalis*).

Er bediente sich bei der Beschreibung der Pflanzenkrankheiten, die durch Rost- und Brandpilze verursacht werden, des Ausdruckes „Exantheme", eines Begriffes aus der medizinischen Fachsprache. Er verglich sie mit Hautaus-

---

39 Franz Unger, Anatomisch-physiologische Untersuchung über die Teichmuschel (Inaugural-Diss., Wien 1827).

40 Franz Unger, Die Exantheme der Pflanzen und einige mit diesen verwandte Krankheiten der Gewächse pathogenetisch und nosographisch dargestellt (Wien 1833).

schlägen im Tierreich und deutete die Fruchtkörper der Pilze auf Grund eines vergleichbaren äußeren Erscheinungsbildes als analoge Bildungen. Er begründete mit dieser Arbeit die systematische Erforschung von Pflanzenkrankheiten (siehe Abb. 2a und 2b)[41]

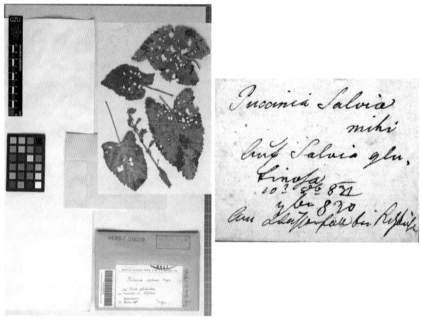

Abb. 2a (links): Herbarbeleg von „*Puccinia salvia* mihi, auf *Salvia glutinosa*. Am Wasserfall bei Kitzbühl, leg. F. Unger, September 1830"; GZU Nr. 000294642.
Abb. 2b (rechts): Originaletikett des Beleges in Ungers Handschrift.

Landgerichtsarzt in Kitzbühel und der Entstehungskontext der Preisschrift

Noch vor dem Wechsel als Stadtarzt nach Bregenz im Jahre 1829 hatte Anton Sauter seinen Freund und Studienkollegen Unger als Nachfolger für die Stelle als Landgerichtsarzt in Kitzbühel vorgeschlagen, die dieser im Frühjahr 1830 antreten konnte. Neben den Mühen der Einrichtung des neuen Haushaltes und seinen dienstlichen Obliegenheiten nutzte Unger, wie schon an seiner früheren Arbeitstätte in Stockerau, jede freie Minute für Naturbeobachtungen, was so-

---

41 Kurt LOHWAG, Ein Beitrag zur Geschichte der Mykologie in Österreich. In: Sydowia 22 (1969), S. 311–322.

wohl durch die reichhaltigen Kollektionen in Herbarien als auch verschiedene Publikationen belegt ist (Abb. 1 und 2; Unger 1831[42], Unger 1834[43]).

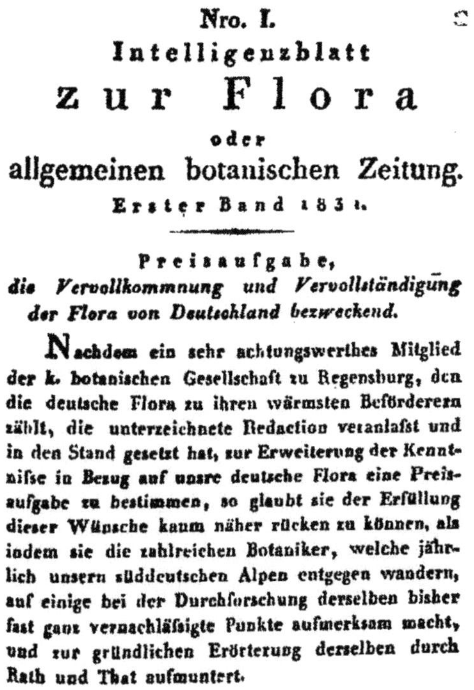

Nro. I. ℭ

Intelligenzblatt

z u r   F l o r a

oder

allgemeinen botanischen Zeitung.

Erster Band 1831.

Preisaufgabe,

die Vervollkommnung und Vervollständigung der Flora von Deutschland bezweckend.

Nachdem ein sehr achtungswerthes Mitglied der k. botanischen Gesellschaft zu Regensburg, den die deutsche Flora zu ihren wärmsten Beförderern zählt, die unterzeichnete Redaction veranlaßt und in den Stand gesetzt hat, zur Erweiterung der Kenntniße in Bezug auf unsre deutsche Flora eine Preisaufgabe zu bestimmen, so glaubt sie der Erfüllung dieser Wünsche kaum näher rücken zu können, als indem sie die zahlreichen Botaniker, welche jährlich unsern süddeutschen Alpen entgegen wandern, auf einige bei der Durchforschung derselben bisher fast ganz vernachläßigte Punkte aufmerksam macht, und zur gründlichen Erörterung derselben durch Rath und That aufmuntert.

Abb. 3: Seite 1 des Ausschreibungstextes in Flora 14, Intelligenzblatt No. 1 (1831).

Im Jahr der Übersiedelung nach Tirol war er auch korrespondierendes Mitglied der Regensburgischen Botanischen Gesellschaft[44] geworden, in deren Publikationsorgan „Flora" 1831 ein Preis „für die beste phytogeographische Arbeit über irgendeinen Theil der süddeutschen Alpenkette"[45] ausgeschrieben worden war (siehe Abb. 3).[46] Die damaligen Redaktoren D. H. Hoppe[47] und A. E. Fürn-

---

42 Franz UNGER, Über den rothen Schnee der Alpen und der Polarländer. In: Bote für Tirol (1831) Oktoberheft.

43 Franz UNGER, Ueber Bridels *Caloptridium smaragdinum*. In: Flora 17 (1834), S. 33–49.

44 Brief von D. H. Hoppe an Unger, Regensburg März 1830 (Teilnachlass Unger, unveröff. Briefe, Institut für Pflanzenwissenschaften, Universität Graz).

45 Flora 14, Intelligenzblatt Nr. 1 (1831), S. 1–4.

46 Wolfgang ILG, Die Regensburgische Botanische Gesellschaft. Ihre Entstehung, Entwicklung und Bedeutung, dargestellt anhand des Gesellschaftsarchivs. In: Hoppea. Denkschriften der Regensburgischen Botanischen Gesellschaft 42 (1984), S. 78.

47 David Heinrich Hoppe (* 15. Dezember 1760 in Vilsen/Grafschaft Hoya; † 1. August 1846 in Regensburg).

rohr[48] wollten das Preisgeld von 20 Dukaten nutzen, um die damals innerhalb der Vereinigung etwas vernachlässigte Forschungsrichtung der Pflanzengeographie zu fördern. Die prämierte Arbeit sollte in mehreren Teilen in der „Flora" publiziert werden. In den der Ausschreibung folgenden sechs Jahren gingen zwei Arbeiten ein. Eine der beiden „Ueber den Einfluss des Bodens auf die Vertheilung der Gewächse"[49] hatte Unger eingereicht. Die zweite von Anton Sauter eingereichte Arbeit wurde später von diesem selbst zurückgezogen.[50]

Unger hatte als korrespondierendes Mitglied der Regensburgischen Botanischen Gesellschaft von der Ausschreibung der Preisaufgabe sicher sehr früh erfahren. Seine kurz zuvor erfolgte Übersiedlung nach Kitzbühel (Abb. 4) erschien ihm ideal für die Lösung der Preisfrage. Er erwähnt diese glückliche Fügung auch in seiner Vorrede.[51]

Weder über den Beginn, noch über den Fortgang der Arbeiten ist im Briefwechsel mit Endlicher[52] oder in den von mir eingesehenen Briefen an andere Kollegen Aufschlussreiches zu finden, auch über die Idee zum Werk äußert er sich nirgends. Lediglich über das für Ungers Vorstellung im Vergleich zu Aufwand und Umfang der Arbeit zu geringe Preisgeld findet sich eine Passage in einer Antwort Hoppes auf ein Schreiben Ungers[53] (siehe Abb. 5 a und 5 b).

---

48 August Emanuel Fürnrohr (* 27. Juli 1804 in Regensburg; † 6. Mai 1861 ebenda).

49 UNGER, Ueber den Einfluss des Bodens (s. Fußnote 4).

50 David Heinrich HOPPE, II. Sitzungen der Königl. botanischen Gesellschaft zu Regensburg. In: Flora 20 (1837), S. 139–140: „Eine zweite Preisbeantwortung von dem würdigen Landgerichtsphysicus zu Mittersill, Hrn. Dr. Sauter, die bei verlängertem Termin noch zu möglicher Vervollständigung zurückgegeben war, aber nicht wieder eingesandt wurde, konnte deshalb nicht zur Concurrenz gelangen."

51 UNGER, Ueber den Einfluss des Bodens, S. XI: „Mehr Zufall als Absicht war es, der mich mit Beginn des Frühjahres 1830 als Gerichtsphysikus nach Kitzbühel, einem Städtchen des Unterinnthales, führte. Der Beruf als Arzt, der gewöhnlich ein mehr bewegtes Leben mit sich bringt, hatte auch mir, wenn gleich dadurch Gelegenheit zu manchen naturwissenschaftlichen Forschungen gegeben, dennoch dazu wenig Zeit gelassen. [...]."

52 HABERLANDT, Briefwechsel, 1899.

53 Brief Hoppes an Unger, Regensburg, den 25. März 1835: „Übrigens muss ich allerdings noch einmal auf einige Puncte zurückkomen. Für die Preisfrage wurde die bestimte Summe von 20 Ducaten festgesetzt, und das Manuscript, oder die Beantwortung als Eigenthum für die Flora vorbehalten; hätte man mehr geben können oder wollen, oder überhaupt anders zu handeln im Stande gewesen seyn, so würde man dies ja vorhinein gleich dargethan haben. In dieser Hinsicht, dünket mich, als hätten Sie die Rechnung ohne Wirth gemacht, da Sie mehr aufwendeten als der Preis besagt, und die Ehrenbezeugung nicht in Anschlag bringen wollten. Sehr leicht ist es mir erklärbar wie dies zuging, indem nemlich bei der Ausarbeitung (wie es denn gewöhnlich geht) ein Gedanke den andern erzeugte, und so nach u[nd] nach die Idee entstand das Ganze zur möglichsten Vollkommenheit zu bringen. Was die Uneigennützigkeit betrifft die Nees v. Esenb[eck] an der Schimperschen Schrift beweißt, so beruhet diese auf die Unterstützung von 300 HF [Gulden] die für die Redaction jeden Jahrgangs der Acta Academ. festgesetzt sind, während unsere Redaction von sich selbst zehren muß, was jedenfalls einen Unterschied macht." (Teilnachlass Unger, unveröff. Briefe, Institut für Pflanzenwissenschaften, Universität Graz).

Abb. 4: Die Talweitung von Kitzbühel von Süden gesehen. Die schroffen Geländeformen des Kalkgebirges im Hintergrund und die sanfteren, mit Vegetation bedeckten Hänge der Grauwackenzone im Vordergrund sind auf dem von Unger selbst entworfenen Frontispiz seiner Preisschrift recht gut zu unterscheiden.

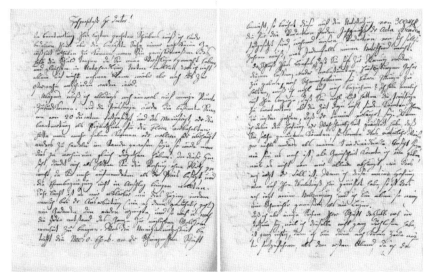

Abb. 5a und 5b: Ausschnitt aus dem Brief von Hoppe an Unger, Regensburg, datiert den 25. März 1835. Der relevante Teil mit dem 2. Absatz auf der linken Seite beginnend ist in der Fußnote 53 transkribiert (Teilnachlass Unger, unveröff. Briefe, Institut für Pflanzenwissenschaften, Universität Graz).

Die Arbeitsbedingungen in Kitzbühel waren für Ungers wissenschaftliche Ambitionen alles andere als ideal. Wie wir aus einem Brief an Endlicher[54] vom Dezember 1833 wissen, hatte er sich für eine Stelle an der 1813 gegründeten k. k. Forstlehranstalt in Mariabrunn[55] bei (heute in) Wien interessiert und am Auswahlverfahren für die Lehrkanzel für Naturgeschichte in Innsbruck teilgenommen.[56] In einem Brief von Vincenz Kollar[57] vom 27. Juli 1835 erfahren wir,[58] dass er auch an den personellen Veränderungen am Hofnaturalienkabinett reges Interesse zeigte und in den Planungen des Direktors von Schreibers[59] für eine von drei an dieser Institution neu zu schaffenden Stellen im Gespräch war. Da Unger sich zu diesem Zeitpunkt auch schon für die Stelle am Joanneum in Graz beworben hatte, ist daraus nichts geworden.

Eines der Probleme Ungers für seine wissenschaftlichen Arbeiten in Kitzbühel war wohl das Fehlen einer Fachbibliothek, wiewohl er sicher die gut bestückte Bibliothek des Kitzbühler Apothekers Traunsteiner[60] nutzen konnte, die nach der Nachricht des Botanikers Braune recht stattlich war.[61] Trotzdem war Unger gezwungen, sich einzelne Werke, die er für seine Arbeiten benötigte, von Kollegen auszuleihen.[62] Seine Schwester Johanna, die ihm den Haushalt besorgte, zum großen Teil die regelmäßigen Temperaturbeobachtungen vornahm[63]

---

54 HABERLANDT, Briefwechsel, S. 36–37.
55 Heute „Bundesforschungs- und Ausbildungszentrum für Wald, Naturgefahren und Landschaft" mit Standorten in Wien (ehemaliges Kloster Mariabrunn sowie Schönbrunn, Oberer Tirolergarten) und einer Außenstelle in Innsbruck.
56 Unger hat die Stelle nicht erhalten.
57 Vincenz Kollar (* 15. Jänner 1797 in Kranowitz/Krzanowice, Schlesien; † 30 Mai 1860 in Wien) Entomologe und Kustos am k. k. Hofnaturalienkabinett.
58 Brief von Kollar an Unger vom 27. Juli 1835 (Teilnachlass Unger, unveröff. Briefe, Institut für Pflanzenwissenschaften, Universität Graz).
59 Karl Franz Anton Ritter von Schreibers (* 15. August 1775 in Pressburg/Bratislava; † 21. Mai 1852 in Wien) Direktor der Hofnaturalienkabinette in Wien von 1806–1852.
60 Joseph Traunsteiner (* 18. Dezember 1798 in Kitzbühel; † 19. März 1850 daselbst). Hat nach dem Tod des Vaters dessen Apotheke übernommen.
61 Vgl. dazu den Bericht von Franz Anton Alexander von BRAUNE, Nachrichten von meinen vorjährigen Wanderungen und Excursionen. In: Flora 14 (1831), S. 616: „Hr. Apotheker Traunsteiner besitzt neben einem ansehnlichen und vortrefflich conditionirten Herbarium auch eine beträchtliche Büchersammlung, in welcher die neuesten botanischen Schriften nicht fehlen, […]."
62 Im Brief an Endlicher vom 20. Februar 1835 berichtet Unger unter anderem über die Rücksendung der Flora Carpatorum principalium von Georg [Göran] Wahlenberg (*1. Oktober 1780 im Socken [Kirchspiel] Kroppa bei Filipstad; † 22. März 1851 in Uppsala) an Karl Moriz Diesing (*16. Juni 1800 in Krakau; †10. Jänner 1867 in Wien) und der „Darstellung der pflanzengeographischen Verhältnisse des Erzherzogthums Oesterreich unter der Enns von J. Zahlbruckner an Vincenz Kollar (HABERLANDT, Briefwechsel, S. 40).
63 UNGER, Einfluss des Bodens, S. 85: „Mein kurzer Aufenthalt in Kitzbühel erlaubte mir nur durch drei Jahre Beobachtungen zu machen, und selbst diese danke ich in ihrer ununterbrochenen Folge grösstentheils der Bereitwilligkeit meiner guten Schwester Johanna, da mein Beruf als Arzt mich nur zu oft daran hinderte."

und verschiedene Versuche betreute sowie die Gespräche und Bergtouren mit Traunsteiner haben diese Schwierigkeiten wohl nur zum Teil aufgewogen. Der Tod seiner Schwester, die im Jänner 1835 von der Ruhr dahingerafft wurde, stürzte Unger in eine Lebenskrise, die er durch die „Flucht" aus Kitzbühel im Sommer 1835 zu lösen versuchte.

Wie wir aus dem Briefwechsel mit Hoppe wissen, lehnte Unger die von der Regensburgischen Botanischen Gesellschaft vorgesehene Publikation der Preisschrift in der Zeitschrift „Flora" ab.[64] Ihm war die Veröffentlichung, auf deren Materialsammlung er die Arbeitskraft seiner Kitzbühler Jahre verwendet hatte, zu wertvoll, um sie – in mehrere Teile zerstückelt, vielleicht sogar gekürzt – in einer, wenngleich sehr angesehenen, Zeitschrift publiziert zu finden. Die Regensburger Botanische Gesellschaft ist auf die Forderung Ungers eingegangen, das Manuskript in einem Verlag seiner Wahl auf eigene Kosten drucken zu lassen, wenn er „davon einen Auszug für die Flora verfertige, der in einem Volumen von extra 3 Druckbogen das wesentlichste derselben enthalten, und zugleich mit einer namhaften Anzahl Exemplare [seiner] Druckschrift, sobald sie vollendet ist, in [die] Hände [der Gesellschaft] gelangen."[65] (Siehe Abb. 6) Diese etwas brüske Vorgangsweise hat das Verhältnis zu Hoppe zeitweise etwas getrübt.

Im Frühjahr 1835 war Unger noch von Kitzbühel aus für die Publikation der Arbeit auf die Suche nach einem Verlag gegangen[66] und hatte den Druck letztlich bei Rohrmann und Schweigerd in Wien in Auftrag gegeben.[67] Das Werk erschien schließlich im Oktober 1836 – noch vor der Preisverleihung im Jahre 1837[68] (Abb. 7a und b).

---

64 Antwortbrief von D. H. Hoppe an Unger, Regensburg, den 25. März 1835 (Teilnachlass Unger, unveröff. Briefe, Institut für Pflanzenwissenschaften, Universität Graz).

65 Brief von Hoppe an Unger vom 4. April 1835 (Teilnachlass Unger, unveröff. Briefe, Institut für Pflanzenwissenschaften, Universität Graz).

66 Brief von Unger an Endlicher aus Kitzbühel vom 20. Februar 1835 (HABERLANDT, Briefwechsel, S. 40f).

67 Brief von Endlicher an Unger vom 16. Oktober 1835 (HABERLANDT, Briefwechsel, S. 41).

68 Flora 20 (1831), S. 137.

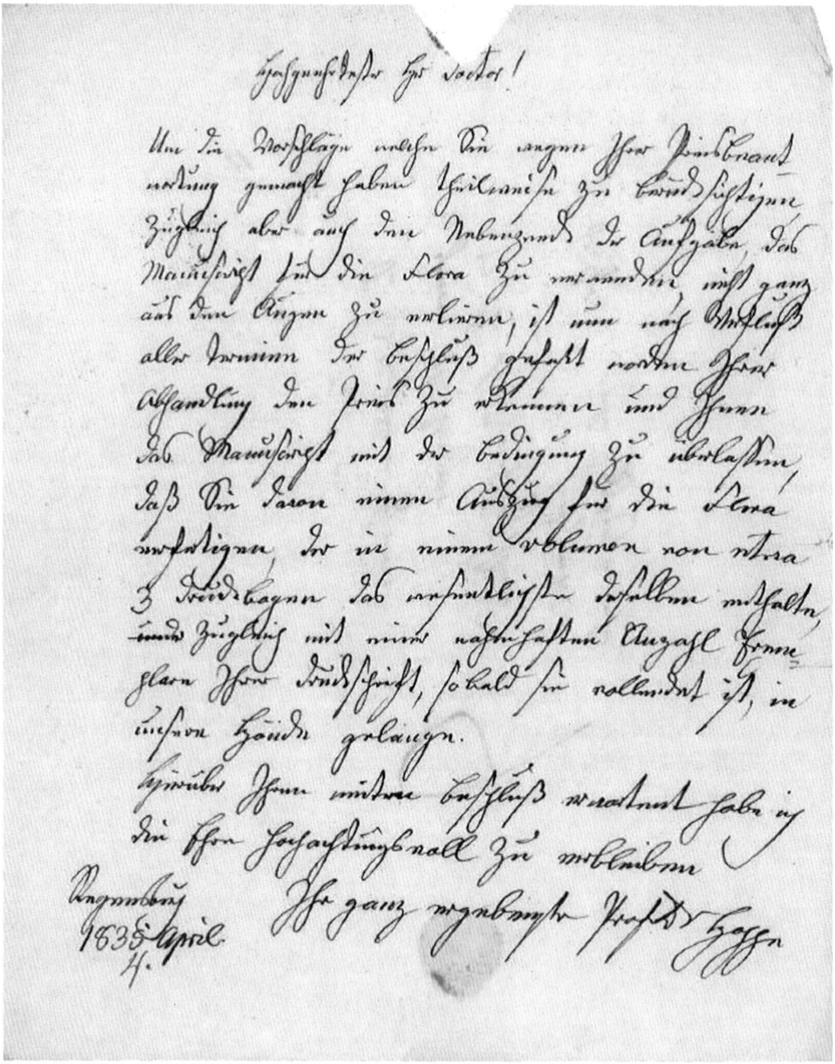

Abb. 6: Brief von Hoppe an Unger, Regensburg, 4. April 1835 (Teilnachlass Unger, Institut für Pflanzenwissenschaften, Universität Graz).

Allgemeine

botanische Zeitung.

Nro. 9. Regensburg, am 7. März 1837.

Ueber die bereits im Jahr 1831 in der Flora Intellbl. S. 1. von der Redaction derselben publicirte Preisfrage ist nur eine Beantwortung eingelaufen und der ausgesetzte Preis dem Verfasser derselben, Hrn. Dr. U n g e r , Prof. der Botanik am Joanneum zu Gräz ertheilt worden. Obwohl dabei die Hauptaufgabe, eine phytogeographische Abhandlung über einen Theil der süddeutschen Alpenkette zu erhalten, auf eine sehr gründliche Weise gelöst worden, so konnte doch die Absicht der Redaction, den Inhalt der Preisfrage durch die Flora zu publiciren, nicht erreicht werden, da der Verf. den Wunsch ausdrückte, dieselbe in Verlag zu geben, und dagegen anderweitige Mittheilungen für die Flora zusicherte, in welcher Zuversicht denn auch die Genehmigung erfolgte.

Abb. 7: Titelblatt des Bandes 20, Nr. 9 der Botanischen Zeitschrift „Flora" (links), in dem vom Herausgeber auf Seite 139 (rechts) die Verleihung des 1831 ausgeschriebenen Preises mitgeteilt wird.

Feldforschung in den Kitzbühler Jahren von 1830 bis 1834 und deren Belege

Unger hatte schon bald nach seiner Übersiedlung nach Kitzbühel mit Beobachtungen der Witterung, der Flora und der Standortsverhältnisse in der Umgebung seiner neuen Wirkungsstätte begonnen, was sowohl aus Tagebucheintragungen[69] (Abb. 8) zu entnehmen ist, als auch aus einer Notiz in einem Brief an Endlicher vom Dezember 1830 hervorgeht.[70]

Aus Reiseberichten des Apothekers J. Traunsteiner in der Zeitschrift „Flora" wissen wir, dass dieser die Umgebung von Kitzbühel über viele Jahre durchwandert hatte, wobei er auf einzelnen Touren unter anderem auch von Unger begleitet wurde.[71] Auf diesen Unternehmungen muss auch eine große Zahl von Pflanzen gesammelt worden sein. Belegmaterial dieser Exkursionen ist sowohl im Herbarium des Tiroler Landesmuseums Ferdinandeum (IBF) als auch im Universalmuseum Joanneum (GJO) zu finden (siehe Abb. 9, 10).

Im Joanneumsherbar (GJO) sind mehrfach Belege ohne Angaben zum Kollektor nachträglich einem falschen Sammler zugeordnet worden, obwohl die

---

69 Unger-Tagebuch 1830 (Teilnachlass Unger, Universalmuseum Joanneum, Abteilung für Geologie und Mineralogie).

70 „[...] – Diesen Sommer und Herbst habe ich hier mit Einschluss der Cryptogamen mehr denn 300 Pf. Species gesammelt. ..." In: HABERLANDT, Briefwechsel, S. 26 ist für diesen Brief als Absendeort vom Herausgeber „[Stockerau]", eingefügt, was aber wenig Sinn macht. Unger hatte bereits zu Beginn des Jahres 1830 die Stelle in Kitzbühel angetreten.

71 Flora 14 (1831), S. 60: Traunsteiner berichtet in einem Brief vom 8. Juli an Herrn von BRAUNE unter anderem über eine Besteigung des „Bischof" zusammen mit dem Chirurgen Lampoldinger.

Abb. 8: Seite aus Ungers Tagebuch von 1830 mit einer Eintragung vom 12. August zu einer Exkursion an den Schwarzsee in der Umgebung von Kitzbühel (Teilnachlass Unger, Universalmuseum Joanneum, Abteilung für Geologie und Mineralogie).

Handschriften von Traunsteiner und Unger sehr charakteristisch und leicht zuzuordnen sind (siehe Abb. 9, 10, 11a und 11b).

Unger hatte im Sommer 1835 anlässlich seiner Übersiedlung nach Graz, wo er am 2. November die Stelle des Professors für Botanik und Zoologie in der Nachfolge Heynes am Joanneum antrat,[72] sowohl von ihm selbst gesammelte Pflanzen als auch Material von Traunsteiner nach Graz bringen lassen und 1836 dem Joanneum geschenkt.[73] Weitere Kontakte in Zusammenhang mit floristischen Fragestellungen oder um gepresste Pflanzen zu tauschen, pflegte Unger mit R. Hinterhuber[74] und D. H. Hoppe. Letzterer hatte in mehreren Briefen[75] um ein Treffen und gemeinsame Exkursionen ersucht. Daneben standen Unger auch Anton Sauter, Pfarrer Schaerer, und die Forstleute Anton von Spitzel und Andreas Sauter[76] für Auskünfte zur Verfügung.[77]

---

72 REYER, Leben und Wirken, S. 22.

73 REYER, Leben und Wirken, S. 23; Gottlieb MARKTANNER-TURNERETSCHER, Die zoologische, botanische und phytopaläontologische Abteilung (Graz 1911), S. 254.

74 Rudolf Hinterhuber (* 1802 in Krems; † 1892 in Mondsee) Apotheker in Salzburg, seit 1835 in Mondsee. (Kurt GANZINGER, Apotheker-Biographien-3. In: Österreichische Apotheker-Zeitung 42 (1988), S. 122–128: S.124). Zwei Briefe von Rudolf Hinterhuber an Franz Unger, Salzburg 19. Jänner 1831 und 22. Oktober 1833 (Unger Teilnachlass, unveröff. Briefe, Institut für Pflanzenwissenschaften, Universität Graz).

75 Brief von D. H. Hoppe an Unger, Salzburg, den 13. Juni 1831; Brief von D. H. Hoppe an Unger, Salzburg, den 22. April 1834 (Unger Teilnachlass, unveröff. Briefe, Institut für Pflanzenwissenschaften, Universität Graz).

76 Andreas Sauter – Förster in Zirl/W von Innsbruck, Tirol, Bruder des Anton E. Sauter hat

Abb. 9: Herbarbeleg von *Elyna spicata* Schrader [akzeptierter Name: *Kobresia myosuroides* (Vill.) Fiori subsp. *myosuroides*] Alpen des Blaufeld bei Kitzbühl, [ohne Angabe des Sammel-jahres und Sammeldatums; leg. zwischen 1830 und 1834]. Etikett in Ungers Handschrift. Herbarium GJO, Universalmuseum Joanneum, Graz (siehe Abb. 11b).

Für geologisch-petrologische Fragestellungen konnte Unger auf das monta-nistische Archiv sowie kompetente Auskunftspersonen (Bergberater) zurück-greifen, denen er auch im Vorwort der Preisschrift dankte[78]. Die kartographische Darstellung ausgewählter Pflanzenarten im Anhang der Preisschrift lässt ver-muten, dass Unger auch die damals jüngsten geognostischen Karten, die für die

---

neben floristischen Publikationen auch ein Exsiccatenwerk mit Pflanzen aus Tirol heraus-gegeben (siehe Carl Heinrich SCHULTZ, Botanische Bemerkungen über Andreas Sauter's Decaden getrockneter Pflanzen. In: Flora 19 (1836), S. 114–126; S. 134–141).

77 UNGER, Einfluss des Bodens, Vorrede S. XII.

78 UNGER, Einfluss des Bodens, Vorrede S. XII–XIII: „[…] und ich verdanke noch Vieles den freundschaftlichen Belehrungen des Herr Bergverwalters Schmied in Hall und des Herrn Controllers Virgil von Helmreich in Mühlbach".

Abb. 10: Herbarbeleg von *Salix glabra* Scopoli, ... Kalkberge – Sch...kogl b[ei] Kitzb[ühel], [gesammelt von Apotheker] Traunsteiner [Herbaretikett in dessen Handschrift, ohne Angabe des Sammeldatums]. Herbarium Dr. F. Maly, in Herbarium GJO, Universalmuseum Joanneum, Graz.

Abb. 11a und 11b: Herbaretiketten von Herbarbelegen aus der Umgebung von Kitzbühel. Links: *Juncus jacquinii* mit der Handschrift Traunsteiners (Dublette aus dem Landesmuseum Ferdinandeum in Innsbruck), rechts: *Elyna spicata* von Ungers Hand. Beide aus dem Herbarium des Universalmuseums Joanneum in Graz (GJO).

bergbauliche Prospektion angefertigt worden waren, gekannt und benutzt hat. Sie werden heute im Tiroler Landesarchiv in Innsbruck aufbewahrt.[79]

Inhalt und Aufbau der Preisschrift

Das Gesamtwerk, das 368 Seiten umfasst, ist in drei große Abschnitte gegliedert. Der „Geognostische Theil" bietet eine unter dem Einfluss der naturphilosophischen Strömungen seiner Zeit verfasste geographische Beschreibung des Untersuchungsgebietes (Abb. 12), auf welche die petrographische Charakterisierung der einzelnen Gebirgszüge folgt. Im zweiten Teil werden die eigenen meteorologischen Messungen vorgestellt und mit bisherigen Daten aus dem Ostalpenraum und den vorgelagerten Ebenen verglichen und interpretiert. Unger versucht hier das Manko einer sehr kurzen Messreihe damit auszugleichen, dass er sie für die Interpretation in die lange Messreihe von Innsbruck einhängt. Um eine im naturwissenschaftlichen Sinn bestmögliche Vergleichbarkeit zu gewährleisten, entscheidet er sich für die damals in Innsbruck gewählten Ablesezeiten für die drei täglichen Messungen. Die Darstellungsweise der Temperaturkurven mit Monatsmittelwerten mutet recht modern an (siehe Abb. 13[80]).

Der „Botanische Theil" mit der kommentierten Artenliste bildet den Schwerpunkt des Werkes und umfasst die Seiten 99 bis 367. Einleitend stellt Unger die Vegetation des Gebietes als Teil des Ostalpenraumes dar. Er vergleicht Nord- und Südabdachung der Alpen und zieht in seine Betrachtungen auch andere junge Faltengebirge wie die Pyrenäen, Karpaten oder den Kaukasus mit ein. Die allgemeine Beschreibung mit immer wieder eingestreuten Artenlisten mündet schließlich in die Abschnitte, die der Pflanzenernährung beziehungsweise dem Aufbau der Pflanzenmasse gewidmet sind. Er untermauert die aufgestellten Thesen mit vielen eigenen Versuchen, die z. T. Wiederholungen oder Variationen von bereits publizierten Versuchsansätzen sind.[81] Sie führten ihn

---

79 Bergverwaltung Kitzbühel, 1826. Geognostische Karte des Raumes Kitzbühel und Brixenthal. – Aquarellierte Federzeichnung, 83,7 × 54,9 cm. Tiroler Landesarchiv, Innsbruck. Bergverwaltung Kitzbühel A. 15, 1828. Situationsplan und Aufriß des östlichen Gebirgszuges bei Kitzbühel (Gebra bis Lämmerbichl). – Aquarellierte Federzeichnung, 95,7 × 52,8 cm. Tiroler Landesarchiv, Innsbruck. Bergverwaltung Kitzbühel A. 17, ca. 1830. Geognostische Karte des Raumes Kitzbühel Kirchberg Going und Ellmau. – Aquarellierte Federzeichnung, 57,7 × 45,5 cm. Tiroler Landesarchiv, Innsbruck. Bergverwaltung Kitzbühel B. 19, 1830. Spateisen-, Kupferkies und Fahlerz-Lagerstätten im Bezirk Kitzbühel (Geognostische Karte). – Aquarellierte Federzeichnung, 80,9 × 54,7 cm. Tiroler Landesarchiv, Innsbruck.
80 Vgl. hiezu besonders: Heinrich WALTER / Walter LIETH, Klimadiagramm-Weltatlas, 1. Lieferung (Jena 1960).
81 Hier sind u. a. die Versuche Johns zu erwähnen: Johann Friedrich JOHN, Über die Ernährung

> Eine der romantischesten Gegenden bilden die erwähn-
> ten Schluchten, wo im Schatten der Wälder den einsamen
> Saumpfad *) in schwindelnder Tiefe die rauschenden Wel-
> len der eingeengten Ache begleiten, und der fromme Ein-
> siedler sich gerne, umschauert von Bildern gewaltsam wir-
> kender Naturkräfte, der Selbstbetrachtung und den Offen-
> barungen eines dieser waltenden freien Geistes überlässt.
> Nicht weit von der Eremitage sind in der Tiefe die Fluthen
> durch ungeheure Felsmassen (das Entenloch) so einge-
> engt, dass sie bei vermehrter Wassermenge nicht selten zu-
> rückgeschwellt werden, und im Thale bei Kössen Austre-
> tungen der Gewässer und Stagnationen verursachen. Hoch
> an den Felsen gewahrt man da die Spuren des Wellenschla-
> ges und der Reibungen, die gebrochene und entwurzelte
> Bäume, durch die Wässer fortgeschleppt, zurückliessen.

Abb. 12: Landschaftsbeschreibung aus Unger 1836. Ueber den Einfluss des Bodens ..., S. 7.

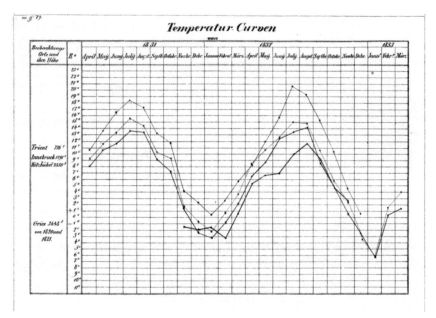

Abb. 13: Verlauf der Kurven der Monatsmitteltemperaturen von Trient, Innsbruck und Kitzbühel von April 1831 bis Anfang 1833. (UNGER, Einfluss des Bodens, Faltblatt gegenüber S. 88).

zur Überzeugung, dass die Pflanzen mit ihren Wurzeln aus der wässrigen Bo-
denlösung anorganische Stoffe aufnehmen, die sie für ihren Mineralstoffhaus-
halt benötigen. Das stellte eine Ansicht dar, die vor den bahnbrechenden Ar-

---

der Pflanzen im Allgemeinen und den Ursprung der Pottasche und anderer Salze in ihnen
insbesondere. Eine von der königl. Holländischen Gesellschaft der Wissenschaften gekrönte
Preisschrift (Berlin 1819).

beiten[82] Liebigs[83] keineswegs allseits akzeptierte Lehrmeinung war. Die Fragestellung der Pflanzenernährung sollte Unger noch bis in seine Zeit als Professor für Anatomie und Physiologie an der Universität Wien beschäftigen.[84]

Zuletzt stellt er seine Gliederung des Untersuchungsgebietes in Höhenstufen vor, die er als „Regionen" bezeichnet. Er vergleicht sie mit den von Wahlenberg[85] aus den Schweizer Nordalpen beschriebenen, lehnt sich aber an die von Zahlbruckner 1832[86] vorgeschlagene Gliederung in fünf „Regionen" an und belegt sie mit Namen, die ihm für die Umgebung Kitzbühels passender erscheinen:[87]

„I. Die Region des bebauten Landes, welche von der Thalfläche bis zur Wallnussgränze 2700 Par. Fuss[88] [ca. 850 m] reicht und die Wahlenberg's[89] unterer Bergregion der Schweiz entspricht. […]."

Die Abgrenzung gegen die nächsthöhere Stufe wird durch die Obergrenze der Walnuss (*Juglans regia*) markiert, was in der heute anerkannten Höhenstufengliederung für Mitteleuropa von Ellenberg (1996)[90] etwa der Obergrenze der untermontanen Stufe entspricht.

„II. Die Obere Bergregion geht bis zur oberen Gränze der Buche (4000'). Bis zu dieser Höhe gedeiht dieser Baum besonders in dem nördlichen Theile unseres Gebietes noch gut; weiter hinauf wird er mehr und mehr verkrüppelt, aber steigt strauchartig bis 4800'. (So am Kitzbühler Horn.) …"
„III. Die subalpinische Region reicht von der Gränze der Buche bis zu jener der Fichte, d.i. bis 5200'. Die Baumgränze, d. h. dort, wo dieser Baum zum Gestrippe [sicc.] wird, schwankt hier zwischen 4998' (Oberkaser am Thor) und 5223' (über den Läm-

---

82 Justus von LIEBIG, Die Chemie in ihrer Anwendung auf Agricultur und Physiologie (Braunschweig 1840).

83 Justus von Liebig (*12. Mai 1803 in Darmstadt; † 18. April 1873 in München).

84 Franz UNGER / Franz HRUSCHAUER, Beiträge zur Lehre von der Bodenstetigkeit gewisser Pflanzen. In: Denkschriften der k. Akademie der Wissenschaften, math.-naturw. Kl. 1 (1848), S. 83–89. (Franz Hruschauer * 21. März 1807 in Wien; †21. Juni 1858 in Karlsbad/ Böhmen. Dr. med. 1836 Prof. der Botanik, Physik und Chemie an der med.-chir. Lehranstalt in Graz, ab 1850 Prof. der Chemie an der Universität Graz); Franz UNGER, Ueber den Saftlauf in den Pflanzen. In: Anzeiger der k. Akademie der Wissenschaften, math.-naturw. Kl. 1 (1864), S. 97–98.

85 Georg oder Göran Wahlenberg (s. Fußnote 62). Georg WAHLENBERG, De vegetacione et climate in Helvetia septentrionali inter flumina Rhenum et Arolam observatis et cum summi septentrionis comparatis tentamen (Zürich 1813).

86 Johann ZAHLBRUCKNER, Die pflanzengeographischen Verhältnisse von Oesterreich unter der Enns I. In: Beiträge zur Landeskunde Nieder-Oesterreichs (1832), S. 205–268; (Höhenstufengliederung S. 245–251).

87 UNGER, Einfluss des Bodens, S. 196–198.

88 Ein Wiener Fuß entspricht 316,08 mm. http://de.wikipedia.org/wiki/Alte_Ma%C3%9Fe_ und_Gewichte_%28%C3%96sterreich%29 [27.03.2013].

89 WAHLENBERG, De vegetacione et climate in Helvetia.

90 Heinz ELLENBERG, Vegetation Mitteleuropas mit den Alpen in ökologischer, dynamischer und historischer Sicht. 5. Aufl. (Stuttgart 1996), S. 23–28.

merbühler-Alphütten)."

„IV. Die Region der Alpensträucher von der Baumgränze bis zur Strauchgränze, d. i. von 5000–7000 Fuss. Sie entspricht nur zum Theil der untern alpinischen Region Wahlenberg's".

„V. Die obere Alpenregion endlich geht über 7000 Fuss hinaus. Nur wenige Bergspitzen erheben sich zu dieser Region, ohne bei uns die Schneegränze zu erreichen. Flechten und spärliches Gras bekleiden den öden Boden."

Vor der Artenliste schob Unger noch Betrachtungen zur Phänologie ein. Darin eingebettet findet sich eine tabellarische Übersicht über den Blühzeitraum einiger häufiger Arten aus der „Thalfläche von Kitzbühel" also seines unmittelbaren Wohnortes über die Jahre 1831 bis 1834. In weiteren Tabellen vergleicht er die mittlere Blütezeit ausgewählter Arten in Kitzbühel, Salzburg und Zürich – also von Orten unterschiedlicher Höhenlage. Weitere phänologische Erscheinungen wie „Eintritt der Frondeszenz" (Beginn des Blattaustriebes), den Beginn der Heuernte oder die Reife von Roggen und Weizen vergleicht er für die Jahre 1831 bis 1834 nur in der Umgebung von Kitzbühel.

Das „Verzeichniss der im Gebiete von Kitzbühel frei vorkommenden Gewächse" umfasst eine kommentierte Liste von 1733 Arten, beginnend mit der Gruppe der „Uredineae (Plantarum Exanthemata)", also der Rostpilze aus den Basidiomycota. Danach folgen Gruppen aus Arten heute unterschiedlicher systematischer Zugehörigkeit (Ordnungen und Familien der Schlauchpilze/Ascomycota und Ständerpilze/Basidiomycota) - ingesamt 411 Taxa, Algen, lichenisierte Pilze (Flechten) und Moose.

Die Aufzählung der Gefäßpflanzen geschieht in der Reihenfolge Lemnaceae, „Lycopodineae" (= *Lycopodiophytina, Equisetaceae (*Equisetophytina), Ophioglossaceae, Polypodiaceae (beide zu Filicophytina), Gramineae bis Alismaceae (= Einkeimblättrige, Monocotyledons oder Liliopsida), worauf in mehr oder weniger bunter Reihenfolge die Familien der zweikeimblättrigen Pflanzen folgen, beginnend mit „Callitrichinae", den Wassersterngewächsen, bis zu den „Pomaceae", den Apfelähnlichen, die heute als Unterfamilie der Rosengewächse behandelt werden. Viel interessanter als die Abbildung des damals gebräuchlichen Systems des Pflanzenreiches sind die Angaben zur ökologischen Präferenz in Bezug auf die Höhenverbreitung und die Bodeneigenschaften verdeutlicht durch Zeichen, die den Arten vorangestellt sind (siehe Abb. 14a, 14b und 15).

Hier sollen noch einige wenige Arten aus der Liste herausgegriffen werden. Ungers Kommentar wird mit den Angaben in Zahlbruckner (1832)[91] und in

91 ZAHLBRUCKNER, Die pflanzengeographischen Verhältnisse.

280

901. VIGNEA CAESPITOSA L. — Auf feuchten Wiesen bis in die Alpen, z. B. am rauhen Kopf u. s. w. — *Gemein in der Wald- und subalpinischen Region Lapplands, seltner in Finmark, in den Karpaten, gemein in den Pyrenäen. Auch in Neuholland.*

902. VIGNEA ACUTA Good. Carex mutabilis Willd. Carex acuta a nigra L. Carex gracilis Curt. — Keine dichten Rasen bildend, auf dem Torfmoore am Schwarzsee. — *Hie und da in der Waldregion Lapplands, im mittleren und westlichen Russland und Sibirien bis Archangel und an die Mündung des Obi. Island. Häufig in Nordamerika, Labrador, Deutschland bis jenseits der Alpen, in den Karpaten, am Caucasus, Pyrenäen.*

△ 903. VIGNEA MUCRONATA All. — Auf grasigen Abhängen der Kalkalpen von 4000_6000 Fuss. Kössen, Platten, Horn u. s. w. — *In den Alpen.*

904. CAREX LEUCOGLOCHIN Ehrh. — Auf Torfgründen der Niederungen und der Gebirge bis 4500 Fuss. — *Auch in Lappland.*

= 905. CAREX CURVULA All. — Auf den höchsten Schiefergebirgen, Geisstein. — *In den Pyrenäen, Alpen, am Caucasus.*

906. CAREX NIGRA All. — Auf den höchsten Schiefergebirgen, Geisstein. Ob eine Hochgebirgsform der folgenden? — *In den höheren Pyrenäen.*

∞ 907. CAREX ATRATA L. — Gemein auf Alpenwiesen, auf Felsen verschiedener Natur. — *Auch im äussersten Norden von Europa eine Alpenpflanze; in den Karpaten, am Altai, in den Pyrenäen.*

908. CAREX ORNITHOPODA Willd. — Gemein auf Grasplätzen. — *In den Karpaten und Pyrenäen.*

:: 909. CAREX DIGITATA L. — Ueberall an schattigen Anhöhen, vorzüglich auf Kalkboden. — *Auch im südlichen Lappland und Nordland, in den Karpaten bis zur Buchengränze, häufig im Caucasus, in den Pyrenäen.*

△ 910. CAREX ALBA Haenk. — In den Wäldern der Kalkgebirge; am Fusse des Kaisergebirges, in Kössen u. s. w. — *In den Karpaten und Alpen, Nordamerika.*

911. CAREX PILULIFERA L. — An trocknen Abhängen. — *Am Fusse der Pyrenäen.*

△ 912. CAREX MONTANA L. — Am Niederkaiser bei St. Johann. — *In den Karpaten und Pyrenäen.*

913. CAREX ERICETORUM Pol. Carex ciliata Willd. — Auf trocknen, sandigen Hügeln, z. B. Hausbergthal. — *Iu den Pyrenäen, Alpen, Schweden.*

319

÷ 1233. SOLDANELLA ALPINA L. — Häufig auf allen Alpentriften; steigt von 6000 Fuss bis in die Thalebene (am Ehrenbachwasserfalle) herunter. — *In den Karpaten von der Buchengränze bis zur Gränze der Zwergkiefer, in den Pyrenäen.*

= 1294. CORTUSA MATTHIOLI Clus. — An schattigen Felsen der höheren Thonschiefergebirge, zwischen 5000_6000 Fuss. Am Ranken, Staffkogel, Triestkogel u. s. w. — *Sehr häufig in den Karpaten, vom Fusse der Alpen bis 5700', viel reichblütiger und schöner als anderswo. (Planta in his terris multo spectabilior quam alibi a me visa Wahl. Fl. carp. p. 56. — In subalpinis rarior ad fl. Uba et Tscharysch monte Sinaja Sopna. Ledeb. Fl. Alt.)*

△ 1295. ANDROSACE LACTEA L. — Auf Gebirgen des Alpenkalkes von 4700_6000 Fuss, z. B. auf der Platten. — *In den Karpaten bis 5000'.*

= 1296. ANDROSACE OBTUSIFOLIA All. — Nicht sparsam auf Thonschiefergebirgen von 6000 Fuss. Am kleinen Rettenstein, Geisstein. — *In den Centralkarpaten bis 6400'.*

1297. ARETIA GLACIALIS Schleich. Aretia alpina Wulf. et Jacq. Androsace pennina Gaud. — Am Geisstein bei 7000 Fuss.

LENTIBULARIACEAE, Wasserschläuche.

:: 1298. PINGUICULA ALPINA L. β bimaculata Wahl. Pinguicula flavescens Flke. — Auf Moorboden der Berggehänge bis 5000 Fuss. Vorzugsweise den Kalkgebirgen eigen. — *In etwas veränderter Form durch ganz Lappland bis zum Nordcap. In den Karpaten und Pyrenäen, in der südlichen Hemisphäre.*

1299. PINGUICULA VULGARIS L. — Auf feuchten Wiesen und Moorboden bis in die Voralpen. — *Auch zwischen dem Saskatchawan und dem Eismeere in Grönland, Labrador, Island, Lappland, Finland, Ingermannland, im mittleren Russland und Sibirien, in der Schweiz, nach Wahlenberg von den Thälern bis in die subnivale Region aufsteigend, in den Karpaten und Pyrenäen.*

ASCLEPIADEAE, Schwalbenwurze.

△ 1300. CYNANCHUM VINCETOXICUM P. Asclepias Vincetoxicum L.— An felsigen Orten der Kalkgebirge, z. B. am Kaiser, bei Weidring, St. Adolari u. s. w. — *In Schweden, in den Karpaten und im Gebiete der Taur. Cauc. Flora, in den Pyrenäen, am Atlas.*

APOCYNEAE, Apocyneen.

:: 1301. VINCA MINOR L. — In schattigen Gebüschen, Laub- und Nadelwäldern u. s. w. gemein auf Kalkboden bis 3500 Fuss. — *In der Krim und am Caucasus nicht selten. In den Pyrenäen gemein.*

Abb. 14 a und 14 b: UNGER, Einfluss des Bodens, S. 280 (links) und 319 (rechts) als Beispiele aus der Artenliste.

△ bedeutet, dass die damit bezeichnete Pflanze kalkstet sei,
:: dass sie kalkhold sei,
= dass sie schieferstet sei,
÷ dass sie schieferhold sei,
∞ dass sie bodenvag sei.

Abb. 15: UNGER, Einfluss des Bodens, Legende S.XXIV.

modernen Werken mit Angaben über Standortsansprüche (ELLENBERG et al. 1991[92], FISCHER et al. 2008[93], LANDOLT et al. 2010[94]) vergleichbar (Tab. 1).

---

92 Heinz ELLENBERG / Heinrich E. WEBER / Ruprecht DÜLL / Volkmar WIRTH, Willy WERNER / Dirk PAULISSEN, Zeigerwerte von Pflanzen in Mitteleuropa (Göttingen 1991).

93 Manfred A. FISCHER / Karl OSWALD / Wolfgang ADLER, Exkursionsflora für Österreich, Liechtenstein und Südtirol (Linz 2008).

94 Elias LANDOLT / Beat BÄUMLER / Andreas EHRHARDT / Otto HEGG / Frank KLÖTZLI / Walter LÄMMLER / Michael NOBIS / Katrin RUDMANN-MAURER / Fritz H. SCHWEINGRUBER / Jean-Paul THEURILLAT / Edwin URMI / Mathias VUST / Thomas WOHLGEMUTH, Flora Indicativa.

Tab. 1: Vergleichende Angaben zu Substratbindung (linke Seite) und Höhenverbreitung (rechte Seite) für ausgewählte Pflanzenarten. Ausgewertet wurden folgende Werke: ELLENBERG et al. 1991; FISCHER et al. 2008; LANDOLT et al. 2010; UNGER 1836; ZAHLBRUCKNER 1832.

Artname	Zahlbruckner 1832	Unger 1836	Ellenberg 1991	Fischer & al. 2008	Landolt 2010
Carex curvula	[fehlt in Niederösterreich]	schieferstet	Säurezeiger (2)	Bodensäurezeiger	2 (I)
Carex mucronata	auf Kalkgebirgen	sub *Vignea mucronata*: kalkstet	Kalkzeiger (9)	kalkstet	5 (I)
Kobresia myosuroides	[fehlt in NÖ]	sub *Elyna spicata*: keine Angabe	sub *Elyna m.*: weite Amplitude (x)	auf basenreichen, aber oberflächlich meist entkalkten, neutralen Steinböden	3 (I)
Pinguicula alpina	auf Kalkgebirgen	kalkhold, auf Moorboden der Berggehänge	(Schwach-)Basenzeiger (8)	kalkliebend	4 (I)
Rubus saxatilis	auf Kalkgebirgen	kalkstet	Schwachsäure- bis Schwachbasenzeiger (7)	kalkliebend	4 (I)
Salix eleagnos	[keine Angabe]	sub *S. incana*: an Flussufern durch das ganze Gebiet	(Schwach-)Basenzeiger (8)	[ohne Angabe]	4 (I)
Silene rupestris	auf Urgebirgen	schieferhold	Säurezeiger (3)	sub *Atocion rupestre*: kalkmeidend	2 (I)
Soldanella alpina	auf Kalkgebirgen	schieferhold	(Schwach-)Basenzeiger (8)	[ohne Angabe]	3 (I)
Valeriana celtica subsp. *norica*	auf Urgebirgen	[im UG nicht vorkommend]	[Art nicht in Liste aufgenommen]	kalkmeidend	2 (I)
Valeriana montana	auf Kalkgebirgen	[keine Angabe]	Kalkzeiger (9)	kalkstet	5 (I)

(*Fortsetzung*)

Artname	Zahlbruckner 1832	Unger 1836	Ellenberg 1991	Fischer & al. 2008	Landolt 2010
Carex curvula	[fehlt in NÖ]	auf den höchsten Schiefergebirgen	alpine und nivale Stufe (1)	alpin	1 (I)
Carex mucronata	4000–6000'	sub *Vignea mucronata*: 4000–6000'	vorwiegend subalpine Stufe (3)	montan-alpin, Alpenschwemmling	2,5 (I)
Kobresia myosuroides	[fehlt in NÖ]	sub *Elyna spicata*: an den Spitzen der höchsten Berge: Geisstein, Gr. und Kl. Rettenstein, Jufen, Blaufeld usw.	sub Elyna m.: *alpine Stufe (2)*	alpin-subnival	1,5 (I)
Pinguicula alpina	2800–4800'	bis 5000'	vorwiegend subalpine Stufe(3)	(kollin-)montanalpin	2 (II)
Rubus saxatilis	3000–4500'	keine Angabe	indifferentes Verhalten (x)	submontan bis subalpin	3 (II)
Salix eleagnos	[keine Angabe]	sub *S. incana*: [keine Höhenverbreitung angegeben]	kolline bis montane Stufe (5)	kollin-obermontan(-subalpin)	3,5 (I)
Silene rupestris	5000–5500'	vom Thale bis 6000'	vorwiegend subalpine Stufe (3)	sub *Atocion rupestre*: submontan-alpin	2,5 (I)
Soldanella alpina	3800–6000'	von der Thalebene bis 6000'	subalpine bis alpine Stufe (2)	(montan-)subalpin-alpin	2 (II)
Valeriana celtica subsp. *norica*	5000'	[im UG nichtvorkommend]	[Art nicht in Liste aufgenommen]	subalpin bis alpin	1,5 (I)
Valeriana montana	4000–5000'	in Bergwäldern gemein [montane Stufe]	vorwiegend alpine Stufe (2)	(montan-)subalpin (-alpin)	2 (I)

Arabische Ziffern bedeuten Werte für die Bodenreaktion bzw. Temperatur, die mit der Höhenverbreitung korreliert.

Die Reaktionszahl, die in Tabelle 1 in Klammern angegeben wird, spiegelt das Gefälle der Bodenreaktion und des Kalkgehaltes wider. Dabei bedeuten in der 9-stufigen Skala in ELLENBERG et al. 1991 (nach Messungen des Erstautors und der umfangreichen Literatur): 2: Säure-bis Starksäurezeiger - 3: Säurezeiger – 7: Schwachsäure- bis Schwachbasenzeiger – 8: Schwachbasenzeiger bis Basenzeiger - 9: Basen- und Kalkzeiger. LANDOLT et al. 2010 (5-stufige Skala): Die pH-Zahlen weisen auf den ungefähren pH-Bereich am Ort der Wurzeln hin, bei großer Variationsbreite (II) ist dies in der Tabelle explizit angeführt 2: Säurezeiger (pH 3,5–6,5) – 3: schwach saure bis neutrale Verhältnisse anzeigend (pH 4,5–7,5) – 4: neutrale bis basische Verhältnisse anzeigend (pH 5,5–8,5); 4 (II): (pH 4,5->8,5) – 5: Basenzeiger (pH 6,5->8,5).

Die Skalen für die Temperaturzahlen korrelieren mit den mittleren Lufttemperaturen während der Vegetationszeit (LANDOLT et al. 2010) und richten sich weitgehend nach der mittleren Höhenverbreitung der Arten in den Alpen bzw. spiegeln das Vorkommen im Wärmegefälle von der nivalen Höhenstufe bis in die wärmsten Tieflagen (ELLENBERG et al. 1991). Die Zahlenwerte in der 9-stufigen Skala nach ELLENBERG et. al 1991 bedeuten: 1: Kältezeiger (alpine und nivale Stufe) – 2: zwischen Kälte-und Kühlezeiger (viele Arten der alpinen Stufe) – 3: Kühlezeiger (vorwiegend in der subalpinen Stufe) – 5: Mäßigwärmezeiger (kolline bis montane Stufe mit Schwerpunkt im submontan-temperaten Bereich) - ×: indifferentes Verhalten gegenüber der Höhenverbreitung. Nach der ebenfalls 9-stufigen Skala in LANDOLT et al. 2010 bedeuten: 1: alpin und nival – 1.5: u(nter)alpin, suprasubalpin und ober-subalpin – 2: s(ub)alpin – 2.5: unter-s (ub)alpin und o(ber)montan – 3: montan – 3.5: u(nter)montan und o(ber)collin.

Der Vergleich der Angaben für die Eigenschaften Bodenreaktion und Höhenverbreitung zeigt eine weitgehende Übereinstimmung mit der heutigen Auffassung. Das erscheint vorerst überraschend, weil die verglichenen Floren doch ein unterschiedlich großes Areal – von Mitteleuropa (Ellenberg[95] bzw. Landolt 2010[96]) bis herab zur weiteren Umgebung von Kitzbühel – abdecken. In der Höhenamplitude resultieren die Unterschiede aus den höher liegenden Grenzen der einzelnen Stufen in den Innenalpen (Effekt der Massenerhebung) im Vergleich zu den Randketten. Trotz des unterschiedlichen Geltungsbereiches der verglichenen Floren ist die Zugehörigkeit zum Alpenraum allen gemeinsam. Unterschiede, wie sie bei weiträumigem Vergleich über den gesamten Kontinent auftreten, können damit ausgeschaltet werden. Das Phänomen, dass Standorte nicht in allen Eigenschaften gleich, sondern nur in der Summenwirkung aller

---

Ökologische Zeigerwerte und biologische Kennzeichen zur Flora der Schweiz und der Alpen. (Bern / Stuttgart / Wien 2010).
95 ELLENBERG et al. 1991, Zeigerwerte.
96 LANDOLT et al., Flora Indicativa.

Einzeleigenschaften übereinstimmen, wurde schon von Bach 1950[97] für die verschiedenen Standorte einer Pflanzengesellschaft formuliert und 1954 von Walter[98] als „Gesetz der relativen Standortskonstanz" postuliert. Dabei wird die Änderung eines Klimafaktors durch einen Biotopwechsel kompensiert. Dazu seien hier zwei Beispiele genannt: Die Alpen-Zyklame (*Cyclamen purpurascens*), die für Mitteleuropa nördlich der Alpen als Kalkzeiger gilt[99], kommt bereits an den südlichen Alpenrändern auch auf kalkfreien (aber basenreichen Böden) vor.[100] Die fehlende „klimatische Wärme" wird nördlich der Alpen durch höhere Bodenwärme im Vergleich zur Umgebung (Kalkgesteine als Gesteinsunterlage) kompensiert. Ähnlich verhält sich unter den Gehölzen die Flaum-Eiche (*Quercus pubescens*).

Entstehungskontext des Werkes in internationaler Perspektive

Wenn man die Preisschrift mit anderen Werken Ungers vergleicht, fällt sofort auf, dass er sich – abgesehen von der Einleitung (vgl. Abb. 12) – einer klaren, von den Fakten geleiteten Sprache bedient, im Gegensatz etwa zu den „Botanischen Briefen"[101], mit denen er sich an das gebildete Bürgertum wendet. In dieser Rückschau auf bisherige Forschungsergebnisse versuchte er „gewissermaßen tändelnd in die Esoterik der Pflanzenkunde" einzuführen und findet wie etwa im 17. Brief über das „Wesen der Pflanze – Anknüpfung an die Schöpfungsidee" eine Sprache, die an jene der Naturphilosophen erinnert.

Der in dieser Arbeit beleuchtete Aspekt aus Ungers weitgestreuten Forschungsfeldern wirft eine Reihe von Fragen auf, von denen zwei herausgegriffen seien: Erstens interessiert, was an seinem Zugang neu ist und welche Arbeiten er benutzte, um die ausgeschriebene Preisfrage zu beantworten, zweitens stellt sich die Frage, ob und wie Unger im Entstehungszeitraum der Preisschrift mit anderen Forscherpersönlichkeiten vernetzt war.

Schon lange vor Unger gab es Versuche, die ungleichmäßige Verteilung der Pflanzenarten eines Gebietes zu beschreiben. Eine der ersten Darstellungen auf diesem Gebiet stammt von Conrad Gesner[102], der schon 1555 in seinem Werk

---

97 Richard Bach, Die Standorte der jurassischen Buchenwaldgesellschaften mit besonderer Berücksichtigung der Böden. In: Berichte der Schweizerischen Botanischen Gesellschaft 60 (1950), S. 51–152.

98 Heinrich Walter, Klimax und zonale Vegetation. In: Angewandte Pflanzensoziologie 1 (1954), S.144–150.

99 Ellenberg et al. 1991, Zeigerwerte.

100 Vgl. Fischer et al. 2008, Exkursionsflora.

101 Franz Unger, Botanische Briefe (Wien 1852).

102 Conrad Gesner (* 16. oder 26. März 1516 in Zürich; † 13. Dezember 1565 ebenda).

„Descriptio Montis Fracti"[103] die Höhenstufen des Pilatus bei Luzern beschrieb. Joseph Pitton de Tournefort[104] verglich in seiner „Relation d'un voyage du Levant"[105] die Höhenstufen des Ararat mit denen anderer Gebirgszüge. Knapp hundert Jahre später stellte Alexander von Humboldt in den zusammen mit Aimé Bonpland verfassten „Ideen zu einer Geographie der Pflanzen"[106] bereits auf Messungen beruhende Angaben zur Höhenverbreitung von Arten aus verschiedenen Erdteilen vor.

Johann Hegetschweiler[107] und Oswald Heer, der in seiner Dissertation[108] die Vielfalt des Pflanzenlebens des Sernftales (Kanton Glarus, Schweiz) zu ordnen versuchte, veröffentlichten ihre Arbeiten nur wenige Jahre vor bzw. im Erscheinungsjahr der Preisschrift. Unger scheint, zumindest zur Zeit der Abfassung der Preisschrift, die Arbeiten von Hegetschweiler und Heer nicht gekannt zu haben, nutzte aber etwas ältere einschlägige Arbeiten wie Wahlenbergs „De vegetatione et climate in Helvetia [...]"[109] und Schouws „Grundzüge einer allgemeinen Pflanzengeographie"[110]

Die Idee, Pflanzenarten nicht nur systematisch zu ordnen, sondern (im breiten Sinne) pflanzengeographisch zu charakterisieren, ist also keineswegs neu. Die Ansicht, dass viele Arten vor allem der Gebirgsfloren unterschiedliche Ansprüche an die Mineralzusammensetzung der Böden haben, war aber zu Beginn des 19. Jahrhunderts keineswegs anerkannte Lehrmeinung. Der berühmte Genfer Botaniker A. P. de Candolle[111] vertrat in seinem „Dictionnaire des sciences naturelles" die Ansicht, dass fast alle Pflanzenarten auf fast allen Böden natürlich vorkommen können.[112] Auch Schouw kam in seiner „Allgemeinen

---

103 Conrad GESNER, Descriptio Montis Fracti sive Montis Pilati ut vulgo nominant iuxta Lucernam in Helvetia (Tiguri, Zürich 1555).

104 Joseph Pitton de Tournefort (* 5. Juni 1656 in Aix-en-Provence; † 28. Dezember 1708 in Paris).

105 Joseph Pitton de TOURNEFORT, Relation d'un voyage du Levant (Paris 1718).

106 Alexander von HUMBOLDT / Aimé BONPLAND, Ideen zu einer Geographie der Pflanzen nebst einem Naturgemälde der Tropenländer (Tübingen 1807).

107 Johannes Hegetschweiler (* 14. Dezember 1789 in Rifferswil/Zürich; † 9. September 1839 in Zürich). Reisen in den Gebirgsstock zwischen Glarus und Graubünden in den Jahren 1819, 1820 und 1822 (Zürich 1825).

108 Oswald Heer (* 31. August 1809 in Niederuzwil/Sankt Gallen; † 26. September 1883 in Lausanne), Die Vegetationsverhältnisse des südöstlichen Theils des Cantons Glarus; ein Versuch, die pflanzengeographischen Erscheinungen der Alpen aus climatologischen und Bodenverhältnissen abzuleiten. (Vorabdruck 1835). Erschienen unter dem Titel Oswald HEER, Beiträge zur Pflanzengeographie. In: Mittheilungen aus dem Gebiete der Theoretischen Erdkunde 1 (1836), S. 279–468.

109 WAHLENBERG, De vegetacione et climate in Helvetia (s. Fußnote 62).

110 Joakim Frederik SCHOUW, Grundzüge einer allgemeinen Pflanzengeographie (Berlin 1823).

111 Augustin Pyramus de Candolle (*4 Februar 1778 in Genf; † 9 September 1841 daselbst), Begründer der vier Generationen umfassenden Schweizer Botanikerdynastie.

112 Augustin Pyramus de CANDOLLE, Essai élémentaire de géographie botanique. Extrai du 18e

Pflanzengeographie"[113] zu einer ähnlichen Ansicht.[114] Sowohl Wahlenberg in seiner „Flora suecica"[115] als auch Zahlbruckner in seiner „Darstellung der pflanzengeographischen Verhältnisse [...]"[116] kamen wie auch andere Autoren zu völlig anderen Ergebnissen. Mit seiner Florula von Kitzbühel und dessen weiterer Umgebung[117] konnte Unger nicht nur unzählige Beweise für letztere Meinung sammeln, sondern untersuchte und dokumentierte die gesamte damals bekannte Flora dieses Gebietes auf ihre Ansprüche an das thermische Klima und verschiedene Bodenfaktoren. Er setzte damit einen wichtigen Schritt in Richtung einer ökologischen Betrachtungsweise der Flora und Vegetation, die in dieser Form erst um die Mitte des 20. Jahrhunderts von Ellenberg und anderen Autoren[118] wieder aufgegriffen wurde.

Die Vernetzung Ungers, der abgesehen von Persönlichkeiten aus Kitzbühel und dem angrenzenden Salzburg, nur Kontakte zu seinen Studienkollegen (meist Mediziner oder Zoologen) – besonders mit Stephan Endlicher – hatte, war in den 1830er Jahren nicht besonders intensiv. Der Herausgeber der botanischen Zeitschrift „Flora" D. H. Hoppe scheint während dieser Zeit der einzige Auslandskontakt gewesen zu sein, der Briefwechsel mit Oswald Heer beginnt erst 1848 im Zusammenhang mit Ungers phytopaläontologischen Forschungen

---

volume du Dictionnaire des sciences naturelles (Strasbourg 1820), S. 19: „Il résulte de toutes ces causes que les terres végétales diffèrent beaucoup moins entre elles que les roches qui leur servent de support, et que la plupart des plantes trouvent dans la plupart des terrains les alimens terreux qui leur son nécessaieres; aussi, après sept années de voyages en France, *j'ai fini par trouver presque toutes les plantes naissant spontanément dans presque tous les terrains minéralogiques.*" [relevanter Teil des Zitates von mir in Kursivschrift gesetzt].

113 Joakim Frederik Schouw (* 7. Februar 1789 in Kopenhagen; † 28. April 1852 ebd.)

114 Joakim Frederik SCHOUW, Grundzüge einer allgemeinen Pflanzengeographie, S. 155: „Es scheint aber, daß zwischen den Pflanzen und Gebirgsarten die Verbindung noch geringer ist, als zwischen jenen und der chemischen Beschaffenheit des Bodens [....]. Ich untersuchte in der Schweiz einen Durchschnitt der Alpenkette von welchem von Buch [Leopold von BUCH, Reise über die Gebirgszüge der Alpen zwischen Glarus und Chiavenna im August 1803. Magazin für die neuesten Entdeckungen in der gesammten Naturkunde 3 (1809), S. 102–122] eine geognostische Darstellung geliefert hat, und mit seiner Karte in der Hand konnte ich auf den verschiedenen Gebirgsarten keine auffallenden Vegetations-Verschiedenheiten entdecken."

115 Georg WAHLENBERG, Flora suecica, enumerans plantas sueciae indigenas. Post Linnaeum edita. 2 vols. (Upsaliae 1824–26).

116 ZAHLBRUCKNER, Die pflanzengeographischen Verhältnisse.

117 UNGER, Einfluss des Bodens.

118 Heinz ELLENBERG, Landwirtschaftliche Pflanzensoziologie I: Unkrautgemeinschaften als Zeiger für Klima und Boden. (Stuttgart 1950); Heinz ELLENBERG, Zeigerwerte der Gefäßpflanzen Mitteleuropas. In: Scripta Geobotanica 9 (1974), S. 97 S., B. ZÓLYOMI et al, Einreihung von 1400 Arten der ungarischen Flora in ökologische Gruppen nach TWR-Zahlen. (Fragmenta Botanica Musei Historico-Naturalici Hungarici 4, Budapest 1967), S. 101–142.

in der Zeit als Professor am Joanneum in Graz.[119] Ob dies nur mit dem geringen Alter zusammenhängt oder auch in seiner Persönlichkeitsstruktur gelegen hat, vermag ich nicht zu beurteilen.

Er hat diese fachliche Isolierung auch in Briefen immer wieder beklagt. Er war zwar mit Hilfe seiner Wiener Kollegen auch im entlegenen Kitzbühel in der Lage, sich wenigstens die wichtigste neuere Literatur zu beschaffen. Für fachliche Diskussionen, abgesehen von floristischen Fragen, für die der Kitzbühler Apotheker Joseph Traunsteiner ein geradezu idealer Partner gewesen sein musste, bestanden aber kaum Kontakte.

Die Postbeförderung war trotz fehlender Infrastruktur nicht viel langsamer als heute. In der Zeit des Vormärz mussten neben der Briefpost auch wissenschaftliche Texte und Vorträge wie etwa Ungers Antrittsrede am Joanneum die Zensur passieren.[120] Das repressive System des Vormärz in Österreich scheint Ungers wissenschaftliche Produktivität kaum behindert zu haben, dennoch bedeutete die Arbeit der Zensurbehörde einen Zeitverlust für die Veröffentlichung seiner Werke, der einkalkuliert werden musste. Auch seine wissenschaftliche Korrespondenz scheint nicht betroffen gewesen zu sein, da das Fachgebiet Botanik von den Behörden offenbar als „ungefährlich" eingestuft war. Brisantere Botschaften wurden aber immer persönlich durch Reisende überbracht.[121]

Wie an einigen Beispielen gezeigt werden konnte, verwendete Unger in der Preisschrift einen holistischen Ansatz, um die Lösung eines Problems voranzutreiben. Wir können ihn deshalb als einen der ersten Ökologen bezeichnen, auf dessen Basis unzählige Nachfolger weitergebaut haben.

Dank

Den Mitarbeiterinnen und Mitarbeitern folgender Institutionen sei für die Möglichkeit der Nutzung herzlich gedankt: Frau Edith Weidner, Archiv und Bibliothek des Institutes für Pflanzenwissenschaften der Universität Graz, Ingomar Fritz und Kurt Zernig, Universalmuseum Joanneum, für die Nutzung des Archivs der geologischen Abteilung bzw. des Herbars des Universalmuseums Joanneum (GJO). Frau Hildegard Neuner (Innsbruck)

---

119 Conradin A. BURGA (Hg.), Oswald Heer 1809–1883. Paläobotaniker, Entomologe, Gründerpersönlichkeit (Zürich 2013). Vgl. Nachlass Oswald Heer im Landesarchiv des Kantons Glarus/LAGL.

120 Ungers Antrittsrede am Joanneum in Graz vom 3. März 1836: „Ueber das Studium der Botanik". (Tanzer, Graz. 1836); Brief von Unger an Endlicher. Grätz, den 1. März 1896 [recte: 1836] (HABERLANDT, Briefwechsel, S. 49).

121 Siehe dazu etwa Irene MONTJOYE (Hg.), Oscar Wildes Vater über Metternichs Österreich: William Wilde. Ein irischer Augenarzt über Biedermeier und Vormärz in Wien. (Studien zur Geschichte Südosteuropas 5, Frankfurt a. Main / Bern / New York / Paris 1989).

hat dankenswerterweise die Kontakte zum Tiroler Landesarchiv hergestellt und die Einsicht in die dort aufbewahrten Karten ermöglicht. Besonders bedanken möchte ich mich bei Marianne Klemun, Institut für Geschichte der Universität Wien, für die Ermunterung und so manchen Verbesserungsvorschlag sowie wertvolle Hinweise auf Archivalien.

Literatur

ANONYMUS 1872. Reichsgesetzblatt 16, Artikel IV, S. 30. Gesetz, womit eine neue Maß- und Gewichtsordnung festgestellt wird vom 23. Juli 1871. webrepro ÖNB, ALEX Historische Rechts- und Gesetzestexte online: http://alex.onb.ac.at/cgi-content/alex?apm= 0&aid=rgb&datum=18720004&seite=00000030&zoom=2 [27.03.2013].

ANONYMUS 1956. Burkhard EBLE. Österreichisches Biographisches Lexikon 1815–1950, Bd. 1, Lfg. 3: 210. http://www.biographien.ac.at/oebl [20.02.2013].

ANONYMUS 1959. Franz HRUSCHAUER. In: Österreichisches Biographisches Lexikon 1815–1950, Bd. 2, Lfg. 10: 441. http://www.biographien.ac.at/oebl [20.04.2013].

BACH, Richard: Die Standorte der jurassischen Buchenwaldgesellschaften mit besonderer Berücksichtigung der Böden. In: Berichte der Schweizerischen Botanischen Gesellschaft 60 (1950): S. 51–152.

BINDER, Bruno: Josef Kuwasseg. Aus der Selbstbiographie seines bedeutendsten Schülers, des steirischen Landschaftsmalers Hermann Freiherr von Königsbrun. In: Blätter für Heimatkunde 5/2 (1927), S, 33–35.

BRAUNE, Alexander von: Nachrichten von meinen vorjährigen Wanderungen und Excursionen. In Flora 14 (1831), S. 609–624.

BURGA, Conradin A. (Hg.): Oswald Heer 1809–1883. Paläobotaniker, Entomologe, Gründerpersönlichkeit (Zürich 2013).

CANDOLLE, Augustin Pyramus de: Essai élémentaire de géographie botanique. Extrai du 18e volume du Dictionnaire des sciences naturelles (Strasbourg 1820), Online-Ausg.: http://www.mdz-nbn-resolving.de/urn/resolver.pl?urn=urn:nbn:de:bvb:12-bsb1030 1226-1 [18.08.2014].

EDER-KOVAR, Johanna / KVAČEK, Zlatko: The integrated plant record (IPR) to reconstruct Neogene vegetation: the IPR-vegetation analysis. In: Acta Palaeobotanica 47(2) (2007), S. 391–418.

ELLENBERG, Heinz: Landwirtschaftliche Pflanzensoziologie I: Unkrautgemeinschaften als Zeiger für Klima und Boden (Stuttgart 1950).

ELLENBERG, Heinz: Zeigerwerte der Gefäßpflanzen Mitteleueropas. in: In: Scripta Geobotanica 9 (1974), S. 97.

ELLENBERG, Heinz: Vegetation Mitteleuropas mit den Alpen in ökologischer, dynamischer und historischer Sicht (Stuttgart 1996).

ELLENBERG, Heinz / WEBER, Heinrich E. / DÜLL, Ruprecht / WIRTH, Volkmar / WERNER, Willy / PAULIßEN, Dirk: Zeigerwerte von Pflanzen in Mitteleuropa (Göttingen. 1991).

ENDLICHER, Stephan / UNGER, Franz: Grundzüge der Botanik (Wien 1843).

FISCHER, Manfred A. / OSWALD, Karl / ADLER Wolfgang: Exkursionsflora für Österreich, Liechtenstein und Südtirol (Linz 2008).

GANZINGER, Kurt: Apotheker-Biographien 3. In: Österreichische Apotheker-Zeitung 42 (1988), S. 122–128.

HABERLANDT, Gottlieb (Hg.): Briefwechsel zwischen Franz Unger und Stephan Endlicher (Berlin 1899).

HEER, Oswald: Die Vegetationsverhältnisse des südöstlichen Theils des Cantons Glarus; ein Versuch, die pflanzengeographischen Erscheinungen der Alpen aus climatologischen und Bodenverhältnissen abzuleiten. (Vorabdruck 1835); Erschienen unter dem Titel: Beiträge zur Pflanzengeographie. In: Mittheilungen aus dem Gebiete der Theoretischen Erdkunde 1 (1936), S. 279–468.

HEGETSCHWEILER, Johannes: Meine Reisen in den Gebirgsstock zwischen Glarus und Graubünden in den Jahren 1819, 1820 und 1822 (Zürich 1825).

ILG, Wolfgang: Die Regensburgische Botanische Gesellschaft. Ihre Entstehung, Entwicklung und Bedeutung, dargestellt anhand des Gesellschaftsarchivs. In: Hoppea, Denkschriften der Regensburgischen Botanischen Gesellschaft 42 (1984), S. 1–391.

ILG, Wolfgang: Geschichte der Botanik in Regensburg. 200 Jahre Regensburgische Botanische Gesellschaft 1790–1990. Katalog zur Ausstellung in den Museen der Stadt Regensburg, 14. Juli bis 7. Oktober 1990. In: Hoppea, Denkschriften der Regensburgischen Botanischen Gesellschaft 42 (Regensburg 1990), S. 1–120.

JOHN, Johann Friedrich: Über die Ernährung der Pflanzen im Allgemeinen und den Ursprung der Pottasche und anderer Salze in ihnen insbesondere. Eine von der königl. Holländischen Gesellschaft der Wissenschaften gekrönte Preisschrift (Berlin 1819).

KLEMUN, Marianne: Franz Unger (1800–1870). Wanderer durch die Welten der Natur. In: ANGETTER Daniela (Hg.), Glücklich, wer den Grund der Dinge zu erkennen vermag. Österreichische Mediziner, Naturwissenschafter und Techniker im 19. und 20. Jahrhundert (Frankfurt am Main / Berlin / Bern 2003), S. 27–43.

KLEMUN, Marianne: Franz Unger and Sebastian Brunner on evolution and the visualization of Earth history; a debate between liberal and conservative Catholics. In: Geology and Religion. A History of Harmony and Hostility. Special Publications (London 2009), S. 259–267.

KLEMUN, Marianne / LEUTE, Gerfried H.: Lorenz Chrysanth Edler von Vest der Jüngere (1776–1840) und sein „Herbarium Kärntnerischer Futterpflanzen." In: Carinthia I,182 (1992), S. 317–376.

LANDOLT, Elias / BÄUMLER, Beat / EHRHARDT, Andreas / HEGG, Otto / KLÖTZLI, Frank / LÄMMLER, Walter / NOBIS, Michael / RUDMANN-MAURER, Katrin / SCHWEINGRUBER, Fritz H. / THEURILLAT, Jean-Paul / URMI, Edwin / VUST, Mathias / WOHLGEMUTH, Thomas: Flora Indicativa. Ökologische Zeigerwerte und biologische Kennzeichen zur Flora der Schweiz und der Alpen. (Bern / Stuttgart / Wien 2010).

LOHWAG, Kurt: Ein Beitrag zur Geschichte der Mykologie in Österreich. In: Sydowia 22 (1969), S. 311–322.

MÄGDEFRAU, Karl: Die ersten Alpen-Botaniker. In: Jahrbuch des Vereines zum Schutze der Alpenpflanzen und -Tiere 40 (1975), S. 33–46.

MARKTANNER-TURNERETSCHER, Gottlieb: Die zoologische, botanische und phytopaläontologische Abteilung. In: MELL, Anton (Red.): Das steiermärkische Landesmuseum Joanneum und seine Sammlungen. Zur 100jährigen Gründungsfeier des Joanneums (Graz 1911), S. 239–265.

MICHLER, Werner: Darwinismus und Literatur. Naturwissenschaftliche und literarische Intelligenz in Österreich, 1859-1914. (Wien 1999).

MONTJOYE, Irene (Hg.): Oscar Wildes Vater über Metternichs Österreich: William Wilde. Ein irischer Augenarzt über Biedermeier und Vormärz in Wien. (Studien zur Geschichte Südosteuropas 5, Frankfurt a. Main / Bern / New York / Paris 1989).

NEILREICH, August: Geschichte der Botanik in Nieder-Österreich. In: Verhandlungen des zoologisch-botanischen Vereins in Wien 5 (1855), S. 23–76.

REYER, Alexander: Leben und Wirken des Naturhistorikers Dr. Franz Unger Professor der Pflanzen-Anatomie und Physiologie (Graz 1871).

SAUTER, Alfons, Anton Sauter. Eine biographische Skizze. In: Mitteilungen der Gesellschaft für Salzburger Landeskunde 21 (1881), S. 229–234; Onlineausg.: http://anno.onb.ac.at/cgi-content/anno-plus?aid=slk&datum=1881&size=45&page=234 [20.03.2013].

SAUTER, Anton Eleutherus: Dissertatio inauguralis geographico-botanica de territorio Vindobonensi (Wien 1826).

SCHIEDERMAYR, Karl: Gallerie österreichischer Botaniker XXI. Anton Eleutherius Sauter. In: Österreichische Botanische Zeitschrift 27/1 (1876), S. 1–6.

SCHOUW, Joakim Frederik: Grundzüge einer allgemeinen Pflanzengeographie (Berlin 1823).

SCHULTZ, Carl Heinrich: Botanische Bemerkungen über Andreas Sauter's Decaden getrockneter Pflanzen. In: Flora 19 (1836), S. 114–126, 134–141.

TEPPNER, Herwig: Zur Geschichte der systematischen Botanik an der Universität Graz. In: NIEDERL, Reinhold (Red.): Mitteilungen der Abteilung für Geologie, Paläontologie und Bergbau am Landesmuseum Joanneum Graz 55 (1997), S. 123–150.

UNGER, Franz: Anatomisch-physiologische Untersuchungen über die Teichmuschel. (Univ. Diss., Wien 1827).

UNGER, Franz: Die Exantheme der Pflanzen und einige mit diesen verwandte Krankheiten der Gewächse pathogenetisch und nosographisch dargestellt (Wien 1833).

UNGER, Franz: Ueber Bridels Caloptridium smaragdinum. In: Flora 17/3 (1834), S. 33–49.

UNGER, Franz: Ueber den Einfluss des Bodens auf die Vertheilung der Gewächse nachgewiesen in der Vegetation des nordöstlichen Tirol's (Wien 1836).

UNGER, Franz: Synopsis plantarum fossilium (Lipsiae 1845).

UNGER, Franz: Die fossile Flora von Parschlug. In: Steiermärkische Zeitschrift N.F. 9/1 (1848), S. 3–39.

UNGER, Franz: Die fossile Flora von Sotzka bei Cilli. In: Denkschriften der kaiserlichen Akademie der Wissenschaften, math.-naturw. Cl. 2 (1851), S. 131–197.

UNGER, Franz: Botanische Briefe (Wien 1852).

UNGER, Franz: Notiz über ein Lager Tertiärpflanzen im Taurus. In: Sitzberichte der Kaiserlichen Akademie der Wissenschaften, math.-naturw. Cl. 11 (1853), S. 1076–1077.

UNGER, Franz: Die fossile Flora von Gleichenberg. In: Sitzberichte der Kaiserlichen Akademie der Wissenschaften, math.-naturw. Cl. 11 (1853), S. 211–213 (Vortrag).

UNGER, Franz: Wissenschaftliche Ergebnisse einer Reise in Griechenland und in den jonischen Inseln (Wien 1862), Onlineausg.: http://www.bsb-muenchen-digital.de/~web/web1044/bsb10447136/images/index.html?digID=bsb10447136&pimage=5&v=pdf&nav=0&l=de [25.09.2012].

UNGER, Franz: Ueber den Saftlauf in den Pflanzen. In: Anzeiger der kaiserlichen Akademie der Wissenschaften, math.-naturw. Cl. 1 (1864), S. 97–98.

UNGER, Franz: Grundlinien der Anatomie und Physiologie der Pflanzen (Wien 1866).

UNGER, Franz: Ueber geologische Bilder. In: Mitteilungen des naturwissenschaftlichen Vereines für Steiermark 5 (1868), S. 1–12.

UNGER, Franz: Die fossile Flora von Radoboj in ihrer Gesamtheit und nach ihrem Verhältnisse zur Entwickelung der Vegetation der Tertiärzeit. In: Denkschriften der kaiserlichen Akademie der Wissenschaften, math.-naturw. Cl. 29 (1868), S. 125–170, Onlineausg.: http://books.google.at/books?id=0alAAAAAcAAJ&printsec=frontcover &hl=de#v=onepage&q&f=false [22.09.2012].

UNGER, Franz: Ansprache des Vereins-Präsident Prof. Dr. Franz Unger in der Jahres-Versammlung am 22. Mai 1869. In: Mitteilungen des naturwissenschaftlichen Vereines für Steiermark 7 (1870), S. LX–LXVII.

UNGER, Franz / HRUSCHAUER, Franz: Beiträge zur Lehre von der Bodenstetigkeit gewisser Pflanzen. In: Denkschriften der kaiserlichen Akademie der Wissenschaften, math.-naturw. Cl. 1 (1848), S. 83–89.

UNGER, Franz / KOTSCHY, Theodor: Die Insel Cypern ihrer physischen und organischen Natur nach mit Rücksicht auf ihre frühere Geschichte (Wien 1865).

VEST, Lorenz Chrysanth von: Manuale botanicum inserviens excursionibus botanicis, sistens stirpes totius Germaniæ phaenogamasquarum genera triplici systemate, corollino, carpio et sexuali coordinata, specierumque characteres observationibus illustrati sunt (Klagenfurt 1805).

WAGNER, Josef: Johann Baptist Zahlbruckner (1782–1851) (Univ.-Diss., Graz 1966).

WAHLENBERG, Georg: De vegetacione et climate in Helvetia septentrionali inter flumina Rhenum et Arolam observatis et cum summi septentrionis comparatis tentamen (Zürich 1813).

WAHLENBERG, Georg: Flora suecica, enumerans plantas sueciae indigenas. Post Linnaeum edita. 2 vols., (Upsaliae 1824–26).

WALTER, Heinrich: Klimax und zonale Vegetation. In: Angewandte Pflanzensoziologie 1 (1954), S.144–150.

WALTER, Heinrich / LIETH, Walter: Klimadiagramm-Weltatlas, 1. Lieferung (Jena 1960).

WALDMÜLLER, Franz: Joseph Traunsteiner. In: Österreichisches Botanisches Wochenblatt 2 (1852), S. 220–221; 228–229.

ZAHLBRUCKNER, Johann: Die pflanzengeographischen Verhältnisse von Oesterreich unter der Enns I. In: Beiträge zur Landeskunde Nieder-Oesterreichs (1832), S. 205–268.

ZÓLYOMI B. / BARÁTH Z. / FEKETE G./ JAKUCS P. / KÁRPÁTI I. / KÁRPÁTI V. / KOVÁCS M. / MÁTÉ I.: Einreihung von 1400 Arten der ungarischen Flora in ökologische Gruppen nach TWR-Zahlen. In: Fragmenta Botanica Musei Historico-Naturalis Hungarici 4 (Budapest 1967), S. 101–142.

Unpublizierte und gedruckte Quellen

Zentralbibliothek Zürich, Nachlass Heer (http://www.zb.uzh.ch/Medien/spezialsamm lungen/handschriften/nachlaesse/heeroswald.pdf [05.09.2013].

Landesarchiv des Kantons Glarus (LAGL), Nachlass Oswald Heer (zit. nach BURGA 2013: S. 224).

Landesmuseum Joanneum, Franz Unger, Tagebuch 1825–1826, Handschrift.

Bibliothek und Archiv des Institutes für Pflanzenwissenschaften der Universität Graz.

Bibliothek und Archiv der Abteilung Geowissenschaften des Universalmuseums Joanneum, Graz.

Ariane Dröscher

„Lassen Sie mich die Pflanzenzelle als geschäftigen Spagiriker betrachten": Franz Ungers Beiträge zur Zellbiologie seiner Zeit

Einleitung

Der Name Franz Ungers fehlt in kaum einer Übersichtsdarstellung zur Zellforschung des 19. Jahrhunderts. Fast ausschließlich wird er als einer der Ersten erwähnt, der die Zellteilung in höheren Pflanzen beschrieben hat.[1] Dennoch ist über seine Zellstudien kaum etwas bekannt, einiges sogar falsch dargestellt. Im Folgenden soll versucht werden, diese Lakune zumindest teilweise zu füllen. Dabei soll auch auf das Verhältnis von Theorie und Empirie in Ungers Arbeiten sowie die Stellung der Zelle und ihrer Phänomene in seinem biologischen Weltbild eingegangen werden.

Es ist in der Tat nicht einfach, Ungers Beitrag zur Zellbiologie seiner Zeit in kurzen Worten zu umschreiben. Hierfür sind im Wesentlichen drei Gründe anzuführen. Erstens veränderten sich seine Ansichten im Laufe der Zeit erheblich. Wie seine evolutionsbiologischen Überzeugungen[2] machte auch Ungers Zellkonzept Metamorphosen durch. Dies gilt jedoch für Einzelaspekte, während seine Grundanschauung, dass Zellen die fundamentale Einheit alles Lebens darstellten, als eine der zentralen Konstanten in Ungers wissenschaftlichem Werk angesehen werden kann. Zweitens war die Zellforschung für Unger nicht Selbstzweck, womit er sich beispielsweise gegen seinen von ihm so bewunderten Freund Hugo von Mohl (1805–1872) absetzte und sich als später Vertreter der romantischen Naturphilosophie zu erkennen gab. Zellen waren, wenn auch von

---

1 Die beste Beschreibung enthält Henry Harris, The Birth of the Cell (New Haven 1999), hier 112f. Kurz erwähnt wird Unger in Lester W. Sharp, An Introduction to Cytology (New York 1921), hier S. 9; Thomas Cremer, Von der Zellenlehre zur Chromosomentheorie (Berlin / Heidelberg / New York 1985), hier S. 77; François Duchesneau, Genèse de la théorie cellulaire (Montreal-Paris 1987), hier S. 268; nicht erwähnt wird er zum Beispiel in: Arthur Hughes, A History of Cytology (London / New York 1959); William Coleman, Biology in the Nineteenth Century. Problems of Form, Function, and Transformation (Cambridge 1971).
2 Sander Gliboff, Evolution, revolution, and reform in Vienna. Franz Unger's ideas on descent and their post-1848 reception. In: Journal of the History of Biology 31/2 (1998), S. 179–209.

zentraler Bedeutung, so doch nur Teil seines viel größeren, gesamtheitlichen Konzepts der lebenden Natur. Unger ist damit sowohl typischer als auch außergewöhnlicher Repräsentant der botanischen Wissenschaften seiner Zeit. In seinen Lehrbüchern wurden Zellen nicht, wie bei vielen anderen Autoren anatomischer und physiologischer Traktate, mehr oder weniger isoliert in einem Eingangskapitel behandelt, sondern nahmen durchgehend eine zentrale Position ein. Sie erinnern darin stark an Vorläufer wie Franz Julius Ferdinand Meyens (1804–1840) *Neues System der Pflanzenphysiologie* (1837–1839) und an Edmund B. Wilsons (1856–1939) berühmtes, ein halbes Jahrhundert später erschienenes Buch *The Cell in Development and Inheritance* (1896).[3] Selbst in Ungers Spezialuntersuchungen wurden die Resultate immer auf breiter Basis verglichen und in einen allgemeineren Zusammenhang gestellt.

Der dritte Grund für die Komplexität der Unger'schen Zellbiologie liegt in der Tatsache, dass Unger, wie damals üblich, viele einzellige Organismen sowie Pilze, Flechten und Algen als Pflanzen ansah und deshalb in seine Gesamtschau mit aufnahm. Dies war für ihn nicht eine unliebsame Notwendigkeit, sondern stellte ganz im Gegenteil die Gelegenheit dar, die Technik des „Mikroskops der Natur" anzuwenden, die vor allem von Marcello Malpighi (1628–1694) eingeführt worden war und darin bestand, in komplexe Phänomene einzudringen, indem man sie zuerst an einfacher gebauten und damit leichter zugänglichen Organismen oder Organen untersuchte.[4] So erklärte er im Vorwort seiner *Algologischen Beobachtungen:*

> „Noch lange wird das Gebiet der niederen Organisation für den Naturforscher von Wichtigkeit seyn; denn wenn irgendwo, so kann er nur hier den innersten geheimsten Vorgang des Lebens, die bildende Thätigkeit in ihrem Wechsel der Formen und Stoffe, im Entwurfe und der Ausführung der Idee erspähen. Die niederen, sowohl thierischen als pflanzlichen, Organismen sind in diesem Betrachte die offenen Werkstätten der Natur zu nennen, die dem sorgsamen Lauscher das Geheimniss des Lebens noch am unverhülltesten darbieten und es am leichtesten überblicken lassen."[5]

---

3 Franz Julius Ferdinand MEYEN, Neues System der Pflanzen-Physiologie, 3 Bde. (Berlin 1837–1839); Edmund B. WILSON, The Cell in Development and Inheritance (New York 1896). Siehe hierzu: Ariane DRÖSCHER, Edmund B. Wilson's *The Cell* and cell-theory between 1896 and 1925. In: History and Philosophy of the Life Sciences 24 (2002), S. 357–389; Ariane DRÖSCHER, Edmund B. Wilson und sein Versuch einer Synthese von Entwicklungsbiologie, Zytologie und Vererbung. In: Ekkehard HÖXTERMANN / Joachim KAASCH / Michael KAASCH (Hg.), Von der Entwicklungsmechanik zur Entwicklungsbiologie (Verhandlungen zur Geschichte und Theorie der Biologie 10, Berlin 2003), S. 17–25.

4 Luigi BELLONI, Introduzione. In: Luigi BELLONI (Hg.), Opere scelte di Marcello Malpighi (Torino 1968), S. 9–58, hier S. 20–25.

5 Franz UNGER, Algologische Beobachtungen. In: Verhandlungen der kaiserlichen Leopoldinisch-Carolinischen Akademie der Naturforscher 16, H.2 (1833), S. 522–548, hier S. 522.

Die Verallgemeinerbarkeit der Resultate auf ähnliche, wenn nicht alle Organismengruppen setzte jedoch ein unitarisches Bild der Lebewesen voraus, wie es zu Ungers Zeiten noch nicht allgemein anerkannt war. Tatsächlich bedingte diese Herangehensweise einen enormen Zuwachs von Variationen und Sonderfällen, die als solche erst erkannt werden mussten und die es selbst dem sehr synthetisch denkenden Unger schwer machten, Ergebnisse für das gesamte Pflanzenreich zu generalisieren. Dies wird bei seinen Gedanken zur Zellvermehrung deutlich, auf die ich später eingehen werde. Heute fast unverständlicherweise wollte er, trotz seiner zahlreichen Darstellungen der Zellteilung und trotz seiner Vorliebe für Gemeinsamkeiten, keine einheitliche Vision vertreten. Dagegen sprach die Anzahl abweichender Beispiele, wie die von Unger bereits 1841 dargestellten Synzytien, also Zellen, die aus der Fusion von zwei oder mehreren Zellen hervorgegangen sind.[6] Synzytien, Coenocyten (Zellen, bei denen nach der Kernteilung keine Zellteilung folgt), Plasmodien (Produkte unvollständiger Zellteilung) oder eine starke Präsenz von Plasmodesmata (Plasmastränge, durch die das Zytoplasma zweier Nachbarzellen direkt miteinander verbunden ist) stellten auch in den folgenden Jahrzehnten für jeden Zellforscher ein großes Hindernis dafür dar, überhaupt eine allgemeingültige Zelldefinition zu formulieren.[7]

Obwohl es also äußerst bedenklich ist, Teile von Ungers Werk aus ihrem Kontext zu reißen, will ich versuchen aufzuzeigen, wie und warum sich einige seiner Ansichten zu Spezialaspekten der Zellforschung im Laufe der Jahre veränderten. Ich werde zuerst auf die Stellung der Zelle in Ungers biologischem Weltbild eingehen, dann seinen bekanntesten Beitrag behandeln, den Prozess der Zellvermehrung, gefolgt von seinen Überlegungen zu Zellaufbau und Zellphysiologie. Um Ungers zytologische Ansichten und Beobachtungen einschätzen und seine Leistung im historischen Gesamtbild beurteilen zu können, scheint es mir jedoch unumgänglich, zuvor auf den Stand der mikroskopischen Technik und auf die wissenschaftliche Rhetorik der damaligen Zeit einzugehen.

---

6 Franz UNGER, Genesis der Spiralgefässe. In: Linnaea 15 (1841) 385–407, hier Tafel 5, fig. 6; es handelt sich um Wurzelzellen von *Saccharum.*

7 Ariane DRÖSCHER, „Was ist eine Zelle?" – Edmund B. Wilsons Diagramm als graphische Antwort. In: Joachim KAASCH / Michael KAASCH (Hg.), Natur und Kultur. Biologie im Spannungsfeld von Naturphilosophie und Darwinismus (Verhandlungen zur Geschichte und Theorie der Biologie 14, Berlin 2009), S. 191–201.

Mikroskopische Technik und wissenschaftliche Rhetorik zu Zeiten Ungers

Ungers enge Bindung zur romantischen Naturphilosophie ist schon von seinen ersten Biographen hervorgehoben worden.[8] Auch wenn heute der positive Einfluss dieser philosophischen Strömung auf die naturwissenschaftliche Forschung des 19. Jahrhunderts und speziell die Zellbiologie anerkannt ist,[9] so war Unger doch in seinen Anfangsjahren zunehmender Kritik ausgesetzt. Marianne Klemun weist darauf hin, dass es in Wien kaum Vertreter der Naturphilosophie gab, und es deshalb für Unger unumgänglich war, seine Phantasie zu bändigen.[10] Seine Tendenz zur philosophischen Argumentation tritt in seinen ersten Arbeiten noch deutlich hervor und seine an ein Publikum von Nicht-Spezialisten gerichteten *Botanischen Briefe* (1852) sind mit spürbarer Freude am Entwurf einer ,Esoterik der Pflanzenkunde' und zum Teil recht gewagten Analogien geschrieben. Dennoch war seine Verwandlung vom Romantiker zum induktiven Forscher keine reine Fassade. Anders wäre nicht zu erklären, wie wenig er sich zum Beispiel dazu verleitet sah, Analogien zwischen den Zellvermehrungs- und den Befruchtungsprozessen in Algen und Moosen und denen in Blütenpflanzen zu ziehen, eine Verallgemeinerung, die ihm sicherlich einen Ehrenplatz in der Geschichte der Zellbiologie verschafft hätte. Obwohl stets auf der Suche nach den Gemeinsamkeiten der lebenden Welt, ließen die von ihm beobachtbaren Daten diesen Schritt nicht zu. Auch die Transformation seines Konzepts der Lebenskraft, auf die ich im Abschnitt zur Zellphysiologie noch eingehen werde, war keine erzwungene Überdeckung seiner philosophischen Überzeugungen, sondern wurde Teil seines fast reduktionistischen Forschungsprogrammes.

Franz Unger war zweifelsohne ein herausragender Beobachter am Mikroskop, doch darf diese Fähigkeit nicht unkritisch in den Raum gestellt werden. In seinem wichtigen Beitrag hat Sander Gliboff den Einfluss von Ungers Zellforschungen auf sein Entwicklungs- und Evolutionskonzept aufgezeigt.[11] Er macht hierbei speziell Ungers anfängliche Idee einer freien Zellbildung und, seit etwa

---

8 Hubert LEITGEB, Franz Unger. In: Mitteilungen des naturwissenschaftlichen Vereins für Steiermark (1870), S. 270–294. Alexander REYER, Leben und Wirken des Naturhistorikers Dr. Franz Unger (Graz 1871).

9 Timothy LENOIR, The Strategy of Life (Dordrecht 1982).

10 REYER, Leben und Wirken, 95; Marianne KLEMUN, Anthropologie und Botanik: Ursprünge der Kulturpflanzen und Muster ihrer weltweiten Verteilung. Franz Ungers „bromatorische Linie" (1857) zwischen Humboldts Pflanzengeographie und den Vavilov'schen Genzentren (1926). In: Michael KAASCH / Joachim KAASCH / Nicolaas RUPKE (Hg.), Physische Anthropologie – Biologie des Menschen (Verhandlungen zur Geschichte und Theorie der Biologie 13, Berlin 2007), S. 71–96.

11 Sander GLIBOFF, Franz Unger and developing concepts of Entwicklung (in diesem Buch, S. 96–97).

1851, die Beobachtung der Zellteilung zu einem Gutteil für dessen Übergang von der Vorstellung eines sukzessiven Auftauchens neuer Arten zu der Annahme einer kontinuierlichen Transformation der Arten verantwortlich. So überzeugend diese Schlussfolgerung ist, basiert sie doch auf zwei nicht vollkommen erwiesenen Annahmen, und zwar, dass erstens Ungers Beobachtungen der Zellteilung auf Induktion und somit auf Fakten, die der Urzeugung hingegen auf Spekulation beruhen, und zweitens, dass Ungers zytologische Arbeiten seine paläontologischen beeinflussten und nicht umgekehrt. Bei der starken Verquickung der Konzepte ist es jedoch äußerst schwierig zu entscheiden, welcher Teil seiner Forschung die treibende Kraft in Ungers Gedankenwelt gespielt haben mag. Ebenso unmöglich ist es, exakt nachzuvollziehen, was Unger tatsächlich unter dem Mikroskop gesehen und was er als plausible Erklärung abgeleitet hat.

Es ist bereits vielfach auf den hohen Stellenwert der Visualisierung in Ungers Werk hingewiesen worden. Besonders auffällig ist dies in seinen paläontologischen Veröffentlichungen, in denen die Urzeit-Bilder eine wichtige Funktion einnahmen.[12] Auch seine botanischen Veröffentlichungen zeichnen sich durch einen hohen Anteil von meist selbst angefertigten Abbildungen[13] (trotz der erheblichen Kosten) und durch einen ausgesprochen anschaulichen Schreibstil

---

12 Marianne KLEMUN, Franz Unger (1800–1870). Wanderer durch die Welten der Natur. In: Daniela ANGETTER / Johannes SEIDL (Hg.), Glücklich, wer den Grund der Dinge zu erkennen vermag. Österreichische Mediziner, Naturwissenschaftler und Techniker im 19. und 20. Jahrhundert (Frankfurt a.M. / Berlin / Bern 2003), S. 27–43. Marianne KLEMUN, Franz Unger and Sebastian Brunner on evolution and the visualization of earth history. A debate between liberal and conservative Catholics. In: Geological Society Special Publications 310 (2009), S. 259–267.

13 In der Einleitung zu Franz UNGER, Ueber den Bau und das Wachsthum des Dicotyledonen-Stammes. Eine von der kaiserlichen Academie der Wissenschaften zu St. Petersburg mit dem Accessit gekroente Preisschrift (St. Petersburg 1840), hier S. 7, weist Unger ausdrücklich darauf hin, dass er selbst gezeichnet hat. Während Franz UNGER, Aphorismen zur Anatomie und Physiologie der Pflanzen (Wien 1838) noch ohne Illustration auskommt, umfassen seine folgenden botanischen Lehrwerke zahlreiche textgebundene Holzschnitte: Grundzüge der Botanik (Wien 1843) enthält 450 Textabbildungen auf 494 Seiten; Grundzüge der Anatomie und Physiologie der Pflanzen (Wien 1846) 79 Textabbildungen auf 132 Seiten; Botanische Briefe (Wien 1852) 40 Textabbildungen auf 156 Seiten; Anatomie und Physiologie der Pflanzen (Pest/Wien/Leipzig 1855) 139 Textabbildungen auf 462 Seiten; Grundlinien der Anatomie und Physiologie der Pflanzen (Wien 1866) sogar 166 Textillustrationen auf 178 Seiten. Auch fast alle kürzeren Schriften enthalten Tafeln. Zum Vergleich: Franz Julius Ferdinand MEYEN, Phytotomie (Berlin 1830), einige Jahre zuvor erschienen, hängte 14 Kupfertafeln an das 365 Seiten starke Werk; Matthias SCHLEIDEN, Grundzüge der wissenschaftlichen Botanik nebst einer methodologischen Einleitung als Anleitung zum Studium der Pflanze (Leipzig 1842–1843) kommt ohne Abbildungen aus, während das sehr erfolgreiche populärwissenschaftliche Werk Matthias SCHLEIDEN, Die Pflanze und ihr Leben (Leipzig 1848) auf 329 Seiten nur 13 Holzschnitte und 5 farbige Tafeln enthält; Hugo von MOHLs Grundzüge der Anatomie und Physiologie der vegetabilischen Zelle (Braunschweig 1851) bieten immerhin 52 Abbildungen und eine Kupfertafel auf insgesamt 152 Seiten.

aus. Selbst die chemischen Assimilations- und Exkretions-Vorgänge, einer von Ungers innovativsten Beiträgen zur Zellbiologie, werden, obwohl um die Mitte des 19. Jahrhunderts noch sehr ungenügend geklärt, so ausführlich und plastisch geschildert, als hätte er sie mit eigenen Augen beobachtet.[14]

Diese Darstellungsweise darf jedoch nicht vergessen lassen, dass selbst von ausgezeichneten Beobachtern wie Unger sehr viel weniger gesehen wurde als vorgegeben. Ausgenommen von einzelligen Algen oder vielleicht Pollenkörnern hat in diesen Jahren keiner den Zellteilungsprozess tatsächlich Schritt für Schritt am lebenden Objekt mitverfolgt. Selbst Ungers Beobachtungen an lebenden ein- oder wenigzelligen Algen erfolgten nicht durchgehend über einen längeren Zeitraum hinweg, sondern etappenweise.[15] Es gab vielmehr einige Anhaltspunkte, fixe Momentaufnahmen, deren Zwischenschritte oder ‚Leerpausen' plausibel abgeleitet und zu einem Ablauf zusammengefügt werden mussten.

Wissenschaftssoziologen wie Stephen Shapin bestehen seit einiger Zeit auf die zentrale Rolle von Autorität und Vertrauen in der Kommunikation speziell der empirischen Wissenschaften.[16] Ein Vortrag oder eine Veröffentlichung ist nicht nur eine Darlegung der Forschungsergebnisse, sondern ein Überzeugungsakt. Bruno Latour illustrierte darüber hinaus, dass neuzeitliche Naturforscher wie Robert Boyle (1627–1691) die juristische Technik der Zeugenaussage in ihre Rhetorik einwebten.[17] Zum einen ging es in der empirischen Beweisführung also darum, sich als guter oder gar besserer Beobachter darzustellen, zum anderen versuchte jeder seine Befunde und Ansichten so lebhaft und deutlich darzustellen, dass es fast schien, als sehe der Hörer oder Leser die Objekte und Prozesse selbst. Sie sollten nicht nur überzeugt, sondern gleichsam zu ‚Zeugen' der jeweiligen wissenschaftlichen Arbeit gemacht werden. In der ersten Hälfte des 19. Jahrhunderts wurde diese Technik zur dominanten Argumentationsweise unter Naturwissenschaftlern. Ein berühmter Disput ent-

---

14 So in UNGER, Botanische Briefe [1852], hier S. 48–61; und UNGER, Anatomie und Physiologie [1855], S. 255–272.

15 Siehe seine Versuchsdarstellung in UNGER, Algologische Beobachtungen [1833], S. 526–530 und besonders S. 538; und in Franz UNGER, Botanische Beobachtungen III. Die Intercellularsubstanz und ihr Verhältnis zur Zellmembran bei Pflanzen. In: Botanische Zeitung 5 (1847), S. 289–300, hier S. 294.

16 Stephen SHAPIN, A Social History of Truth, Civility and Science in Seventeenth-century England (Chicago/London 1994). Stephen SHAPIN, Never Pure. Historical Studies of Science as if it was Produced by People with Bodies, Situated in Time, Space, Culture, and Society, and Struggling for Credibility and Authority (Baltimore 2010).

17 Bruno LATOUR, We Have Never Been Modern (Cambridge, Mass. 1993). Sehr wahrscheinlich wurde diese Technik aber schon in der Frühneuzeit vor allem in der Anatomie verwendet. Siehe Simone DE ANGELIS, La questione dell'autorità nei testi medici del Cinquecento e Seicento e la fortuna della cosiddetta ‚Social History of Truth'. In: Roberto SANI / Fabiola ZURLINI (Hg.), The Education of the Doctor During the Early Modern Period (from the Sixteenth Century until the Eighteenth Century) (Macerata 2012), S. 149–158.

wickelte sich beispielsweise zwischen Matthias Jakob Schleiden (1804–1881) und Giovanni Battista Amici (1786–1863) über die Natur der Befruchtung, in deren Verlauf beide einander vorwarfen, nicht richtig beobachtet zu haben oder keine guten Mikroskope zu besitzen.[18] Auch für Unger war dies eine gewichtige Strategie der Beweisführung. So widersprach er beispielsweise Carl Wilhelm von Nägelis (1817–1891) Darstellung der Einfaltung der Zellwand mit der Begründung: „[S]o zeigt mir mein Mikroskop, auf das ich mich allerdings verlassen zu dürfen Ursache habe, den Gegenstand ganz anders",[19] und entgegnete Charles-François Brisseau de Mirbel (1776–1854):

> „Offenbar liegt die Ursache in der Differenz meiner Erfahrungen von denen des Hrn. Mirbel in der grösseren oder geringeren Güte der von uns gebrauchten optischen Instrumente, und es wäre thöricht, Hrn. Mirbel hierin einen Vorwurf zu machen."[20]

Rhetorisch wurde also der persönlichen Beobachtung eine zentrale Rolle zugeteilt. An einem kurzen Beispiel mag hingegen dargestellt sein, wie schwierig es war, damals wie heute, bei Zellstudien Beobachtung und Vorstellungskraft auseinanderzuhalten.

Abbildung 1 zeigt Ungers Illustration der freien Zellenbildung im Rindengewebe der Rosskastanie. Die Abbildung erinnert an Theodor Schwanns bekannte, ein Jahr zuvor publizierte Abbildung der spontanen Zellentstehung im Knorpelgewebe des Frosches.[21] Unger hatte den Prozess der Zellbildung nicht mitverfolgt, sondern das mit *c* gekennzeichnete Gebilde seines Querschnittpräparates als eine „ganz junge sich eben aus der Intercellularsubstanz hervorbildende Zelle" und *d* und *e* als die nächstfolgenden Stadien interpretiert. Die ebenso mögliche Schlussfolgerung, dass es sich um an der Spitze angeschnittene und deshalb im Präparat nur unvollständig sichtbare Zellen handele, kam ihm zu diesem Zeitpunkt noch nicht.

Auf diese Abbildung folgte direkt eine weitere (siehe Abb. 2), die für Unger bei *aa* „gestreckte in der Theilung begriffene Parenchymzellen" repräsentierte.[22] Auch in diesem Fall hatte er den Vorgang nicht ununterbrochen beobachtet, sondern seine Konklusion aus einer Momentaufnahme gezogen. Beiden Fällen liegen also empirische Daten zugrunde, die für Unger beweisträchtig genug

---

18 Soraya DE CHADAREVIAN, Instruments, illustrations, skills, and laboratories in nineteenth-century German botany. In: Renato G. MAZZOLINI (Hg.), Non-Verbal Communications in Science Prior to 1900 (Firenze 1993), S. 529–562.

19 Franz UNGER, Ueber das Wachsthum der Internodien, von anatomischer Seite betrachtet. In: Botanische Zeitung 2 (1844), S. 489–494, 506–511 und 521–526, hier S. 510.

20 UNGER, Genesis der Spiralgefässe [1841], S. 400.

21 Theodor SCHWANN, Mikroskopische Untersuchungen über die Übereinstimmung in der Struktur und im Wachstum der Thiere und Pflanzen (Berlin 1939), hier Tafel III, Fig. 1.

22 UNGER, Dicotyledonen-Stamm [1840], hier Tafel XV, Fig. 66 und 67, Abbildungsbeschreibungen auf S. 200f.

waren, sich in eine sehr aktuelle und umstrittene Diskussion einzuschalten. Und dies mit Resultaten, die einander nach heutigem Standpunkt widersprechen.

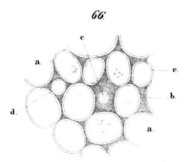

Abb. 1. Ungers Illustration der freien Zellenbildung im Rindengewebe der Rosskastanie *Aesculus Hippocastanum,* 570 mal vergrößert. *a* Parenchymzellen von sehr zarter Membran; *b* Interzellularsubstanz; *c* eine sich gerade aus der Interzellularsubstanz hervor bildende Zelle; *d* eine sich hervor bildende Zelle aber schon weiter ausgebildet; *e* eine sich hervor bildende Zelle, noch weiter entwickelt. Aus: *Unger,* Dicotyledonen-Stamm [1840], Taf. XV, Abb. 66.

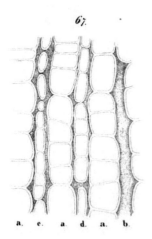

Abb. 2. Ungers Illustration der Zellteilung im Rindengewebe der Rosskastanie Aesculus Hippocastanum, Längsschnitt, 570 mal vergrößert. *aa* gestreckte sich teilende Parenchymzellen; *b* ein Interzellulargang mit schleimiger Substanz gefüllt; *c* eine weitere Interzellulargang, in dessen Schleim sich ganz junge Rudimente von Zellen zeigen; *d* ein dritter Interzellulargang mit mehr entwickelten, sich bereits teilenden Zellen. Aus: *Unger,* Dicotyledonen-Stamm [1840], Taf. XV, Abb. 67.

Ein weiterer Grund für Ungers Rhetorik ist der Umstand, dass in den 1830er und 1840er Jahren die Lichtmikroskopie in der Botanik bereits breiter als wissenschaftliches Instrument anerkannt und verbreitet war als in der Zoologie und

Medizin, in denen die optischen Geräte vielfach noch als unnötig und unzuverlässig verpönt waren. Dennoch musste auch in Abhandlungen pflanzenanatomischen Inhalts damit gerechnet werden, dass die meisten Zuhörer und Leser die dargestellten Beobachtungen nicht nachvollziehen konnten, vor allem, wenn es sich um neueste Forschungsergebnisse handelte. Da, wie am obigen Beispiel gesehen, der Interpretationsspielraum nicht zu unterschätzen war, war es somit auch Ziel Ungers, das Auge des Lesers bei dessen zukünftigen Untersuchungen zu lenken.[23]

Der Stand der damaligen mikroskopischen Technik war noch relativ rudimentär.[24] Mikrotome wurden zwar bereits Ende des 18. Jahrhunderts entwickelt, zuverlässige Geräte für besonders dünne Schnitte, wie sie für die Zellgewebeuntersuchungen nötig sind, gab es allerdings erst in der zweiten Hälfte des 19. Jahrhunderts. Parallel dazu wurden die nötigen Methoden der Fixierung und Einbettung in Paraffin oder ähnliche Substanzen entwickelt. Franz Unger fertigte seine Schnitte noch ohne Einbettung und mit der Rasierklinge in der freien Hand an, eine Technik, die allerdings nicht unterschätzt werden darf, da viele Botaniker, wie Unger, im Laufe der Jahre hierin eine große Kunstfertigkeit erworben hatten. Dasselbe gilt für die mikroskopische Färbetechnik, bis heute fundamentaler Bestandteil der Zytologie. Eine der ersten wichtigen Errungenschaften war die Entwicklung von Karmin für die Rotfärbung des Zellkerns gewesen, die 1854 durch Theodor Hartig (1805–1880) in die Botanik und 1858 durch Joseph von Gerlach (1820–1896) in die Zoologie eingeführt wurde. In beiden Fällen wirkte der Farbstoff aber nur in abgestorbenen Zellen. Das erklärt, warum Unger anfangs die konstante Präsenz eines Zellkerns verneinte. Erst 1878, also acht Jahre nach Ungers Tod, entwickelte Walther Flemming (1843–1905) eine Methode, die Chromosomen deutlich sichtbar machte und damit den Zellkern ins Zentrum des allgemeinen Interesses rückte.

Dieser kurze Exkurs in Ungers wissenschaftliche Methodik wäre nicht vollständig, beschränkte man sie allein auf die Mikroskopie. Weitere Techniken sind charakteristischer und innovativer Bestandteil seiner Arbeiten. Dazu gehört der Einsatz einer Vielzahl chemischer Reagenzien. Obwohl die organische Chemie damals noch in den Anfängen war, ist vor allem in Ungers späteren Arbeiten das

---

23 Siehe z. B. UNGER, Wachsthum der Internodien [1844], 509.
24 Es gibt leider sehr wenige gute Übersichten zur Geschichte der mikroskopischen Technik. Erwähnt sein mögen: Erich HINTZSCHE, Die Entwicklung der histologischen Färbetechnik. In: Ciba Zeitschrift 88 (1943), S. 3073–3112; Alexander BERG / Hugo FREUND (Hg.), Geschichte der Mikroskopie, 3 Bde (Frankfurt a.M. 1964–1966); Michael TITFORD, Progress in the development of microscopical techniques for diagnostic pathology. In: The Journal of Histotechnology 32, H.2 (2009), S. 9–19; Barry R. MASTERS, History of the optical microscope in cell biology and medicine (Chichester 2008). In: Encyclopedia of Life Sciences (ELS) online unter www.els.net/WileyCDA/ElsArticle/refId-a0003082.html [11.11. 2013].

Bestreben spürbar, den Weg chemischer Elemente aus dem Boden in die Pflanze, ihre Assimilation in organische Komponenten und schließlich ihren Abbau und ihre Ausscheidung so detailliert wie möglich darzulegen. Nicht ohne Grund hatte Justus von Liebig (1803–1873), Begründer der organischen Chemie und der Agrikulturchemie, 1848 versucht, Unger zu sich an die Universität Gießen zu holen.[25]

Auch Ungers Vorliebe für Mathematik, Quantifizierung und Zahlenverhältnisse nahm einen wichtigen Platz in seinen Arbeiten ein. Nie begnügte er sich mit reiner Beschreibung, sondern strebte danach, die Regelmäßigkeiten, wenn nicht gar die Gesetze der Pflanzenwelt zu ergründen.[26] So versuchte er 1844 die „verborgensten Verbindungen" des Wachstums von *Campelia Zanonia* Rich. zu beleuchten, indem er mit einer immensen Anstrengung sämtliche Zellen der Sprossachse zählte und vermaß und die einzelnen Längen- und Breitenangaben miteinander und mit der Position in den Internodien und in der gesamten Sprossachse in Relation setzte.[27] Diese Herangehensweise Ungers, ein komplexes Phänomen wie das Wachstum mithilfe akribischer Quantifizierung und Verhältnisgleichung der Grundeinheiten abzuleiten und schließlich gar in eine einfache mathematische Formel zu übersetzen, löst heute vielleicht ein leichtes Schmunzeln aus, hat aber auf seine Studenten, besonders Gregor Mendel (1822–1884), sicherlich bleibenden Eindruck hinterlassen.[28]

---

25 REYER, Leben und Wirken, 41.

26 Hervorzuheben sind hier seine Vermessung und Vergleichung der Anzahl der Bündel und der Länge der Internodien in UNGER, Dicotyledonen-Stamm [1840], S. 63. Die an die damals populären Blattstellungsgesetze erinnernden ‚Gesetze der Anordnung und inneren Verteilung der Zellen' finden sich in UNGER, Grundzüge [1846], S. 79; sowie Ungers ‚Gesetze der Fortpflanzung der Zellen' mit Hilfe einer mathematisch erfassten Genealogie sämtlicher Zelllinien in UNGER, Anatomie und Physiologie [1855], S. 291–296.

27 UNGER, Wachsthum der Internodien [1844], S. 489–494.

28 Der Einfluss auf Mendel wird meist in Ungers Hinweis auf Josef Gottlieb Kölreuthers (1733–1806) Hybridisierungsversuche oder seiner physikalisch-chemischen Methode gesehen; siehe Ariane DRÖSCHER, Gregor Mendel, Franz Unger, Carl Nägeli and the magic of numbers. In: History of Science 53 (2015) (im Druck); Vitězslav OREL, Mendel (Oxford 1984); Robert OLBY, Mendel, Mendelism, and Genetics, Mendel-Web 1997, URL: www.net space.org/MendelWeb/MWolbz.intro.html [11.11. 2013].; James SCHWARTZ, In pursuit of the gene. From Darwin to DNA (Cambridge, Mass./London 2008), hier S. 91; Sander GLIBOFF, The many sides of Gregor Mendel. In: Oren HARMAN / Michael R. DIETRICH (Hg.), Outsider Scientists. Routes to Innovation in Biology (Chicago 2013), S. 27–44, hier S. 34f, hebt den Einfluss von Ungers pflanzengeographischen Arbeiten hervor.

Die Zelle als Schlüssel für die Geheimnisse des Lebens

Seit Beginn des 19. Jahrhunderts hatten sich die Publikationen gemehrt, in denen Pflanzen insgesamt oder zumindest zum Großteil als aus Zellen aufgebaut beschrieben wurden.[29] Schon 1805 hatte Lorenz Oken (1779–1851), den zu hören der junge Unger eine Gefängnisstrafe auf sich genommen hatte, verkündet, dass „alle höheren Thiere aus diesen [Infusorien], als ihren Bestandthieren bestehen".[30] Auch das Konzept der Eigenständigkeit der einzelnen Zellen eines Gewebes und die Vergleiche zwischen pflanzlichen und tierischen Zellen waren in den 1830er Jahren wenn auch noch nicht allgemein anerkannt, so doch keine absolute Neuheit mehr. Sicher kamen diese Ideen Ungers Erwartung entgegen, einheitliche Gesetze für alle Pflanzen, wenn nicht sogar für alle Lebewesen zu finden. Was fehlte, war die breite empirische Fundierung.

Ungers Jugendjahre fallen also in die Anfangsphase der ersten Blütezeit der Zellbiologie, die von den 1830er bis etwa in die 1930er Jahre reichte und die in der zweiten Hälfte des 19. Jahrhunderts vor allem im deutschsprachigen Raum in der *Zellforschung* kulminierte. Diese von Biologen wie Oscar (1849–1922) and Richard Hertwig (1850–1937), Max Verworn (1863–1921) und Theodor Boveri (1862–1915) vertretene Strömung betrachtete die Zelle als ‚kleines Universum' oder ‚Elementarorganismus' und als Schlüssel für sämtliche biologische Fragen.[31]

Franz Unger benutzte nie das Wort Elementarorganismus, ein Begriff, der erst 1861 von seinem Wiener Kollegen Ernst Wilhelm von Brücke (1819–1892) eingeführt wurde,[32] sondern sprach, wie viele seiner Zeit, häufig von „einzelnen Elementartheilen, woraus der Pflanzenkörper im Allgemeinen, und jedes Organ insbesondere zusammengesetzt ist".[33] Mit seinen Untersuchungen zur Genesis

---

29 John R. BAKER, The cell-theory. A restatement, history and critique. I. In: Quarterly Journal of Microscopical Sciences 89 (1948), S. 103–125; Ilse JAHN, Einführung und Erläuterung zur Geschichte der Zellenlehre und der Zellentheorie. In: Ilse JAHN (Hg.), Klassische Schriften zur Zellenlehre (Schwann, Schleiden, Schultze) (Leipzig 1987), S. 6–39, besonders S. 12–14. CREMER, Von der Zellenlehre, S. 40–53.

30 Lorenz OKEN, Die Zeugung (Bamberg/Wirzburg 1805) hier S. 22. Ähnlich in Lorenz OKEN, Lehrbuch der Naturphilosophie (Jena 1809–1811), hier dritter Teil, erstes Stück, 1810, S. 28.

31 Zu Einfluss, Verbreitung und Kritik dieser Konzepte siehe Natasha X. Jacobs, From unit to unity. Protozoology, cell theory, and the new concept of Life. In: Journal of the History of Biology 22 (1989), S. 215–242; Marsha L. RICHMOND, T. H. Huxley's criticism of German cell theory. An epigenetic and physiological interpretation of cell structure. In: Journal of the History of Biology 33 (2000), S. 247–289; DRÖSCHER, Wilson's *The Cell*, 364–368.

32 Ernst Wilhelm BRÜCKE, Die Elementarorganismen. In: Sitzungsberichte der mathematisch-naturwissenschaftlichen Classe der Kaiserlichen Akademie der Wissenschaften 44 (1861), S. 381–406.

33 UNGER, Dicotyledonen-Stamm [1840], S. 16; vorher z.B. in UNGER, Algologische Beobachtungen [1833], S. 530; und UNGER, Aphorismen [1838], S. 13.

der pflanzlichen Gefäße hatte Unger seinen Beitrag dazu geleistet, Zellen als alleinige Bausteine mehrzelliger Organismen definitiv durchzusetzen.[34] Doch wollte er Zellen nicht als simple Bausteine verstanden wissen. Auch wenn er also nie von ‚Elementarorganismen' sprach, kamen seine Darstellungen der Zelle und ihrer Aktivitäten diesem Konzept recht nah. 1866, im Jahr des Deutschen Krieges, vollzog auch er die in Deutschland im 19. Jahrhundert so beliebte politisch-biologische Analogie zwischen zellulärem Aufbau der Organismen und sozialem Aufbau eines Volkes „dessen Individuen zwar sehr verschieden erscheinen, entstehen und vergehen, jedoch durch ihre physische Constitution, durch Sprache und Nationalitätscharakter als ein zusammengehöriges Ganzes dastehen."[35]

Dennoch reduzierte Unger die Pflanze nicht auf ein Agglomerat von Zellen. Ganz im Gegenteil, er widmete das dritte Hauptstück seiner *Grundzüge der Anatomie und Physiologie der Pflanzen* den „Thätigkeitserscheinungen der Pflanze als zusammengesetzten Organismus" und verkündete: „In der Vereinigung der Zellen und in der Wechselwirkung, in der sie nothwendig gegen einander treten, sind ferner mehrere Eigenthümlichkeiten der Gewebe zu suchen, welche isolirten Zellen theilweise oder ganz fehlen."[36] Es war also ein hierarchisches Konzept, in dem Gewebe höher organisiert waren als eine Masse einzelner Zellen. Auch in seinen *Botanische[n] Briefe[n]* unterstrich er: „Erst wenn man weiss, wie jeder einzelne Stein in dem grossen Werke seinen Platz erfüllt, ist man im Stande über die Stabilität, über die Zweckmässigkeit, über die Harmonie des Ganzen zu urteilen."[37]

Ebenso früh war Unger von der essentiellen Übereinstimmung im Aufbau pflanzlicher und tierischer Organismen überzeugt. So begrüßte er 1840 die Schleiden-Schwann'sche Zellenlehre hauptsächlich aus dem Grund, dass durch sie:

„[...] die Entwicklung der Zelle, schon früher als Typus der Entwicklung sämmtlicher Elementarorgane des Pflanzenorganismus angesehen, [...] auch für den thierischen Körper als Typus der verschiedensten Elementartheile erkannt und nachgewiesen [wurde]. [...] Von diesem Standpunkte aus, der ohne Zweifel eine gänzliche Reform der

---

34 UNGER, Dicotyledonen-Stamm [1840]; UNGER, Spiralgefässe [1841]. Sehr phantasievoll und einprägsam schildert er die ‚kunstreichen Gewölbe' des Pflanzenbaues in UNGER, Botanische Briefe [1852], 8–21.

35 UNGER, Grundlinien [1866], 138. Zu den Analogien siehe vor allem Paul J. WEINDLING, Theories of the cell state in Imperial Germany. In: Charles WEBSTER (Hg.), Biology, Medicine and Society. 1840–1940 (Cambridge 1981), S. 99–155. Renato G. MAZZOLINI, Politisch-biologische Analogien im Frühwerk Rudolf Virchows (Marburg 1988); und Andrew REYNOLDS, Ernst Haeckel and the theory of the cell state. Remarks on the history of a bio-political metaphor. In: History of Science 46 (2008), S. 123–152.

36 UNGER, Grundzüge der Anatomie und Physiologie [1846], S. 78.

37 UNGER, Botanische Briefe [1852], 20 f.

Physiologie voraussehen lässt, darf man auch für die Erscheinungen des pathischen Lebens die grössten Aufschlüsse erwarten, ja ich möchte glauben, dass erst von jetzt an eine klare detaillirte Vorstellung der Genesis des Krankheitsprozesses möglich wird.“[38]

Fünfzehn Jahre später bestätigte er auch die Übereinstimmung von pflanzlichem und tierischem Protoplasma (siehe unten).

Unger war sofort von der weitreichenden und revolutionären Bedeutung der Zellenlehre überzeugt und deutete bereits eine Zellularpathologie an. Das fiel ihm nicht schwer, hatte er doch schon früh seine Bestrebungen auf die Zellen konzentriert, um die einheitlichen Gesetze der lebendigen Natur und das räumlich wie zeitlich Verbindende,[39] ein allgemeines Wachstumsgesetz der Pflanzen, basierend auf der Teilungsaktivität der Zellen,[40] sowie die Gesetze der Anordnung und inneren Verteilung der Zellen, welche allerdings „mit Ausnahme der allereinfachsten Fälle, noch gänzlich unbekannt“ seien,[41] zu finden.

Die Entdeckung und Bedeutung der Zellteilung

Der Bau und die Entstehung organischer Gebilde waren zwei Untersuchungsgebiete, die für Unger auf das Engste zusammengehörten. Diese Ansicht war in den 1830er Jahren noch keine Selbstverständlichkeit. Ganz im Gegenteil veröffentlichte zum Beispiel der Berliner Mikroskopiker und Botaniker Franz Julius Ferdinand Meyen bereits 1828 und 1830 eine botanische Zellenlehre, er basierte jedoch seine Vorstellung, dass „jede Zelle ein selbstständiges Pflänzchen ist“, auf seinen Untersuchungen der fertig ausgebildeten Zellen und ihrer möglichen Funktionen.[42] Unger gehörte mit Stephan Endlicher (1804–1849) und Robert Brown (1773–1858) zu den wenigen, die so früh entwicklungstheoretische Fragestellungen in ihre Forschungsarbeiten mit aufnahmen. 1838 erhob Matthias Schleiden den Zellbildungsprozess zum zentralen Anliegen der Pflanzenanatomie.[43] Unger diente die entwicklungsbiologische Sicht dazu, um allgemeingültige Schlussfolgerungen auch für rein anatomische Befunde ziehen zu können. Ohne eine Untersuchung der Entstehung und Entwicklung von Pflanzen und ihren Geweben war für ihn kein Vergleich der verschiedenen Strukturverhältnisse möglich:

---

38 Franz UNGER, Beiträge zur vergleichenden Pathologie. Sendeschreiben an Herrn Professor Schönlein (Wien 1840), hier S. V.
39 UNGER, Aphorismen [1838], S. 13.
40 UNGER, Grundzüge der Anatomie und Physiologie [1846], S. 78f.
41 Ebd., S. 79
42 Franz Julius Ferdinand MEYEN, Anatomisch-physiologische Untersuchungen über den Inhalt der Pflanzenzellen (Berlin 1828), hier S. 81; MEYEN, Phytotomie [1830].
43 JAHN, Einführung und Erläuterung, S. 18–22.

„Würde man sich mit der nackten Darstellung der anatomischen Beschaffenheit des Dicotyledonenstammes zufrieden stellen können, so wäre auch jede weitere Vergleichung mit Strukturverhältnissen, wie sie in andern Abtheilungen des Gewächsreiches erscheinen, überflüssig; aber es würde alsdann auch unsere Kenntniss von dem Baue des Dicotyledonenstammes nichts mehr als eine unverstandene Wahrnehmung seyn, die höchstens die Unterschiede dieser und anderer Strukturverhältnisse aufzufassen, nichts weniger aber dieselben aus einer Grundidee abzuleiten im Stande wäre."[44]

Der Prozess der Entstehung neuer Zellen nahm hierbei eine zentrale Stellung ein. Unger untersuchte ihn mehrfach und kam im Laufe der Jahre zu recht unterschiedlichen Vorstellungen, die sich zeitlich überlappten und von der Urzeugung bis zur endogenen Zellbildung und zur Zellteilung reichten.

Die Annahme, Zellen bildeten sich sukzessive direkt aus einer amorphen Ursubstanz heraus, war in der ersten Hälfte des 19. Jahrhunderts weit verbreitet und knüpfte direkt an ähnliche Vorstellungen zur Bildung der organischen Fasern, *globuli* und ‚Bläschen' aus dem 18. Jahrhundert an.[45] Darüber hinaus bot der Nachweis (der von führenden Chemikern wie Justus von Liebig in diesen Jahren erbracht wurde), dass Lebewesen aus denselben Grundelementen bestehen, die in der leblosen Natur angetroffen werden, eine Möglichkeit, den direkten Übergang von unorganisierter in organisierte Materie, also die Urzeugung von Pflanzen und Zellen ernsthaft in Betracht zu ziehen, ohne sich dem Vorwurf der Unwissenschaftlichkeit oder des Vitalismus aussetzen zu müssen. Es ist daher nicht verwunderlich, dass 1838–1839 auch Matthias Schleiden und Theodor Schwann (1810–1882) in ihrer bahnbrechenden Zellenlehre von einem ähnlichen Mechanismus der Zellentstehung ausgingen.[46] Für beide entwickelten sich Zellen via *generatio equivoca* aus einer Grundsubstanz, dem Blastem, heraus. Schwann verwendete hierfür die reduktionistische Metapher der Kristallisierung, während Schleiden auf die wirkenden Kräfte nicht näher einging.

Auch Unger ging anfangs wie selbstverständlich von einer Urzeugung der Zellen aus. Noch 1855 erklärte er: „Es klingt zwar sonderbar, in einer formlosen Flüssigkeit den ersten Anfang der Zellbildung erkennen zu wollen, es handelt sich jedoch nicht um den Grund der Wirklichkeit, sondern um den Grund der Möglichkeit, der nur in der amorphen Flüssigkeit zu suchen ist."[47] Neben den historischen gibt es sowohl theoretische wie empirische Gründe für Ungers Verharren auf der Urzeugungsidee. So spielte für ihn das Protoplasma als die

---

44 UNGER, Dicotyledonen-Stamm [1840], S. 4f.

45 Alexander BERG, Die Lehre von der Faser als Form- und Funktionselement des Organismus. In: Virchows Archiv 309, H.2 (1942), S. 333–460.

46 Matthias Jakob SCHLEIDEN, Beiträge zur Phytogenesis. In: Müllers Archiv für Anatomie, Physiologie und wissenschaftliche Medizin 5 (1938), S. 137–177; SCHWANN, Mikroskopische Untersuchungen.

47 UNGER, Anatomie und Physiologie der Pflanzen [1855], S. 101f.

aktive Substanz eine hervorragende Rolle in der Zellphysiologie (siehe unten) und ließ es also logisch erscheinen, in ihr auch den Grund der Zellbildung zu suchen. Wie das oben erwähnte Beispiel (Abb. 1) zeigt, gab es aber auch Erfahrungsdaten, die auf eine spontane Entstehung von Zellen hinwiesen. Ein weiteres Beispiel ist die heute als Spezialfall angesehene Embryosackbildung. In den 1830er Jahren war das Problem der Befruchtung eines der am leidenschaftlichsten diskutierten Themen unter Botanikern.[48] Schon 1823 hatte Giovanni Battista Amici das Wachsen des Pollenschlauchs aus dem Pollenkorn und 1830 sein Eindringen in die Mikropyle der Samenanlage beschrieben. Unklar blieb, wo genau sich der Embryo der neuen Pflanze bildete und ob der Pollenschlauch hierbei das weibliche oder das männliche Element darstellte.[49] Die Aufmerksamkeit richtete sich deshalb auf die Vorgänge im Embryosack. Hier erfolgt jedoch ein sehr spezieller Zellbildungsprozess, der heute Coenocyten-Bildung genannt wird und bei dem Kernteilungen erfolgen, ohne dass sich die Zelle anschließend teilt. Unger, Schleiden und andere beschrieben dieses Phänomen so, wie sie es am Mikroskop wahrnahmen, also als spontanes Auftauchen von Kernen inmitten der schleimigen Substanz, um die sich erst später Zellen formierten.[50]

Doch während Schleiden diese Beobachtung als allgemeingültig für alle Zellbildung postulierte, differenzierte Unger sein Urteil. Schon in den Jahren 1830 bis 1832 hatte er in den koloniebildenden grünen Algen *Ulva terrestris* und *Palmella globosa* und in der heute den Cyanobakterien zugerechneten *Nostoc sphaericum* regelmäßig die Teilung durch Einschnürung beobachtet.[51] 1840 stellte er den Vorgang noch deutlicher dar:

„Ursprünglich besteht diese Alge [*Chlorococcum vulgare*, heute meist *Pleurococcus naegeli* genannt] aus einfachen Bläschen von zarter Membran und grünem Inhalte. Im Wachsthume, in der ferneren Entwicklung, verlängert sich das anfänglich kugelrunde Bläschen und wird ellipsoidisch. Der grüne Inhalt sondert sich nach und nach in 2 Massen, und es entsteht sodann eine zarte membranöse Zwischenwand, wahrschein-

---

48 CHADAREVIAN, Instruments, illustrations, skills; Ariane DRÖSCHER, Die Zellbiologie in Italien im 19. Jahrhundert (Acta historica Leopoldina 26, Halle 1996), hier S. 36–38; Ilse JAHN / Isolde SCHMIDT, Matthias Jacob Schleiden (1804–1881). Sein Leben in Selbstzeugnissen (Acta Historica Leopoldina 44, Halle 2005), hier S. 42–46.

49 Unger tendierte anfangs zu Schleidens Ansicht, der Embryo befinde sich am Ende des Pollenschlauches, doch schon 1839 änderte er seine Meinung. Siehe Franz UNGER, Anatomische Untersuchung der Fortpflanzungstheile von Riccia glauca. In: Linnaea 13 (1839), S. 1–20, hier S. 15–17.

50 Matthias SCHLEIDEN, Ueber die Bildung des Eichens und die Entstehung des Embryo's bei den Phanerogamen. In: Verhandlungen der Kaiserlichen Leopoldinisch-Carolinischen Akademie der Naturforscher 19, Teil 1 (1839), S. 27–58. Zu Ungers Selbsterichtigung siehe auch Franz UNGER, Die Entwicklung des Embryo's von Hippuris vulgaris. In: Botanische Zeitung 7 (1849), S. 329–339, hier S. 331f.

51 Veröffentlicht in UNGER, Algologische Beobachtungen [1833], S. 538–539, 544 und 546.

lich nur eine Fortsetzung der einfachen Blasenhaut. Allmählich entwickelt sich jedes
Fach zu einer dem Bläschen ähnlichen Form, so dass es zuletzt scheint, als ob zwei
einfache Bläschen an ihrem Grunde zusammenhingen. Endlich wird auch dieser Zusammenhang lockerer, beide trennen sich vollständig, und jedes ist nun individuali-
sirt."[52]

Damit gehört auch Unger neben Barthélemy Charles Dumortier (1797–1878)
(1832) und noch vor Mohl (1835), Meyen (1838) und Giuseppe Meneghini
(1811–1889) (1838) zu den Ersten, die den Teilungsprozess in Algen klar darstellten und ihn als Zellphänomen wahrnahmen.[53]

1840 erweiterte Unger in seiner preisgekrönten Arbeit *Ueber den Bau und das
Wachsthum des Dicotyledonen-Stammes* seine Untersuchungen auf Blütenpflanzen und bemerkte auch in den jungen Trieben der Kanadischen Schwarz-
pappel, in den Haarzellen des Gemeinen Flieders und im Kambium von diversen
Bäumen die Bildung neuer Zellen durch Teilung.[54] Er kam zu der Schlussfolgerung, „dass die letztere Zellenbildungsweise [freie Zellbildung], sehr beschränkt
und strenge genommen, vielleicht gar nicht stattfindet, dagegen die erste [Tei-
lung der Mutterzellen] der gewöhnlichste Vorgang bei dem Wachsthume der
meisten Pflanzentheile ist."[55]

Ungers Hauptanhaltspunkt dafür, eine Teilung und nicht ein spontanes
Auftreten im Innern der Mutterzelle anzunehmen, war der Zustand der Zellwand. Er ging davon aus, dass die Wand je zarter, desto jünger war, also eine
sekundäre Zwischenwand darstellte, die eine bereits existierende Zelle in zwei
Hälften geteilt hatte:

„Diese Querwände können durchaus nichts anders, als die Folge einer späteren Bildung
seyn, was erstlich daraus hervorgeht, dass man zuweilen selbst die frühesten Spuren
solcher Querwände in dünnen, kaum bemerkbaren Streifen und Linien zu beobachten

---

52 Unger, Dicotyledonen-Stamm [1840], S. 125f.
53 Barthélemy Charles Dumortier, Recherches sur la structure comparée et le développement
   des animaux et des végétaux. In: Verhandlungen der kaiserlichen Leopoldinisch-Carolinischen Akademie der Naturforscher 16, H. 1 (1832) S. 217–312, hier vor allem S. 226 und Tafel
   10, Abb. 15; Hugo von Mohl, Ueber die Vermehrung der Pflanzenzellen durch Theilung.
   Inaugural-Dissertation (Tübingen 1835); Meyen, Pflanzen-Physiologie, hier Band 2,
   S. 339–347 und Tafel VII, Abb. 7; Giuseppe Meneghini, Cenni sulla organografia e fisiologia
   delle alghe (Padova 1838), hier S. 4, 6 und 9; Charles François Brisseau de Mirbel, Recherches anatomiques et physiologiques sur le Marchantia polymorpha, pour servir à
   l'histoire du tissu cellulaire, de l'épiderme et du stomates. In: Mémoires de l'Académie
   Royale des Sciences de l'Institut de France 13 (1835), S. 337–436, beschrieb einen ähnlichen
   Vorgang, allerdings etwas unklar, im Brunnenlebermoos *Marchantia*. Zu weiteren, meist
   ungenauen Beschreibungen in anderen Organismen siehe John R. Baker, The cell-theory. A
   restatement, history and critique. IV. In: Quarterly Journal of Microscopical Sciences 94
   (1953), S. 407–440.
54 Unger, Dicotyledonen-Stamm [1840], S. 135–138 und 153.
55 Ebd., S. 141.

im Stande ist, und zweitens, dass solche Theilungswände, selbst bei weiterer Ausbildung, im Vergleiche zu den ursprünglichen Zellwänden, immer noch mehr als um die Hälfte zarter erscheinen."[56]

Bei der Untersuchung der Entstehung der Härchen auf der Pflanzenoberfläche war Unger überzeugt, auf diese Weise gleichzeitig verschiedene Entwicklungsstufen sehen und aus ihnen den Ablauf des Teilungsvorganges folgern zu können[57] (siehe Abb. 3).

Abb. 3. Diese Abbildung von 1844 zeigt nach Unger zwei Zellreihen des letzten Internodiums von *Campelia Zanonia*. Mit + markierte er die zarten, gerade erst gebildeten Zellzwischenwände. Aus: Franz Unger, Ueber das Wachsthum der Internodien, von anatomischer Seite betrachtet. In: Botanische Zeitung 2, 1844, 489–494, 506–511 und 521–526, hier Fig. 3.

In den folgenden Jahren bestärkte Unger seine Überzeugung durch Studien an der Bildung der Spiralgefäße (1841), des Pollens (1844) sowie der Internodienzellen von *Campelia Zanonia* (1844)[58] (Abb. 3) und nannte ihn merismatische Zellbildung (*evolutio cellularum merismatica*).[59] Seit 1841 verneinte er die Entstehung von Zellen in der Interzellularsubstanz, wie er sie noch im Jahr zuvor vertreten hatte (Abb. 1),[60] im März 1851 konstruierte er sogar einen be-

---

56 Ebd., S. 134.
57 Ebd., S. 136 und Tafel XVI, Fig. 76.
58 UNGER, Genesis der Spiralgefässe [1841], hier besonders S. 402; Franz UNGER, Über merismatische Zellbildung bei der Entwicklung des Pollens. In: Amtlicher Bericht der 21. Versammlung deutscher Naturforscher und Aerzte in Gratz im September 1843 (Gratz 1844), S. 168–173; UNGER, Wachsthum der Internodien [1844], S. 509–511.
59 UNGER, Algologische Beobachtungen [1833], S. 540; und mit mehr Nachdruck in UNGER, Merismatische Zellbildung [1844], S. 173.
60 UNGER, Spiralgefässe [1841], S. 401.

merkenswerten Versuchsaufbau, anhand dessen er nach monatelanger Untersuchung eine Urzeugung niederer Algen ausschloss.[61] Trotz allem erhob er die Zellteilung nicht zum alleinigen Zellvermehrungsprozess. Zwar verschob sich seine Meinung von der spontanen Zellbildung als häufigstem Zellbildungsprozess zum Spezialfall während der Embryosackbildung, wobei eine bemerkenswerte Fußnote im Jahr 1840 den Wendepunkt markiert,[62] dennoch behielt er seine seit 1833 dargestellte Überzeugung unterschiedlicher Modalitäten bei (siehe Abb. 4).

Abb. 4. Ungers Schema der verschiedenen Zellbildungsmodalitäten. Die Zellbildung (evolutio cellularum) kann demnach direkt (originaria) aus der Bildungssubstanz zwischen (interutricularis) oder an (superutricularis) Zellen erfolgen sowie von bereits existierenden Zellen (secundaria) bewerkstelligt werden und dies innerhalb der Zellen (intrautricularis) oder durch Teilung (merismatica). Aus Unger, Aphorismen [1838], S. 7.

Noch 1855 vertrat er die Ansicht:

„Die Bildung neuer Zellen im Pflanzenreiche geht auf dem regelmässigen normalen Wege keineswegs, wie man sich es vorgestellt hat, in einer und derselben Weise vor sich. Es scheint, dass der Hauptunterschied im Bildungsvorgange mit der späteren Dignität der Zelle im Zusammenhange steht, ohne von dieser bedingt zu sein."[63]

Hier scheinen also Ungers evolutionsbiologische Vorstellungen seine zellbiologischen erheblich beeinflusst zu haben. Außerdem stand Unger mit dieser Überzeugung nicht allein. Ganz im Gegenteil, selbst von Mohl äußerte weiterhin seine Unsicherheit, ob die Teilung als Zellbildungsprozess verallgemeinert werden könnte.[64] Der entscheidende Schritt zum *omnis cellula e cellula* (alle Zellen aus Zellen) wurde in den 1850er Jahren bezeichnenderweise nicht von Botanikern, sondern von den Medizinern Robert Remak (1815–1865) und Ru-

61 Franz UNGER, Beiträge zur Kenntniss der niedersten Algenformen, nebst Versuchen ihre Entstehung betreffend. In: Denkschriften der Kaiserlichen Akademie der Wissenschaften 7 (1854), S. 185–196. Siehe hierzu auch Norbert VÁVRA, Franz Unger (1800–1879) und seine Experimente zur ‚Urzeugung'. In: Berichte der Geologischen Bundesanstalt 51 (2000), S. 53–56.

62 In UNGER, Dicotyledonen-Stamm [1840], S. 159, Fußnote 87 bekundete er seinen Sinneswandel, den er im folgenden Jahr in UNGER, Spiralgefässe [1841], S. 401 bekräftigte.

63 UNGER, Anatomie und Physiologie [1855], S. 130. Siehe auch die Unterscheidung in UNGER, Grundlinien [1866], S. 36–38.

64 Siehe von Mohls Diskussionsbeitrag zu UNGER, Merismatische Zellbildung [1844], S. 175. 1851 widmete er in seinem Lehrbuch der freien Zellbildung ein eigenes Unterkapitel: MOHL, Grundzüge der Anatomie und Physiologie, S. 61–63.

dolf Virchow (1821–1902) vollzogen. Erst Eduard Strasburger (1844–1912) setzte dies 1879 auch für Pflanzenzellen durch.

Wie gesehen, beruhte die Billigung verschiedener Formen der Zellbildung nicht nur auf Spekulation. Solange die Forscher sich bei ihrer Definition von Zellindividualität auf die Membran und nicht auf den Kern konzentrierten, gab es ausreichend empirische Daten, die gegen ein einheitliches Zellvermehrungsprinzip sprachen. So wie es empirische Beweise für die freie Zellbildung gab, gab es auch theoretische Überlegungen zu Gunsten der Zellteilung. Trotz der tiefen Verwurzelung der Urzeugungsidee kam Unger im Laufe der Jahre zu der Überzeugung, dass nur die Zellteilung den anatomischen und funktionellen Zusammenhalt des Gesamtorganismus gewährleiste:

> „Da jede Pflanze aus einer einfachen Zelle hervorgeht, ihr Wachsthum der Wesenheit nach nur Theilungen und theilweise Trennungen (Individualisirung) des ursprünglichen Einen ist, so darf man sich nicht wundern, dass ungeachtet der Vervielfältigung der Einen Zelle doch immerfort ein Zusammenhang ihrer Theile sowohl intensiv als extensiv Statt findet. Würde die Vergrösserung des Pflanzenkörpers auf eine andere Weise, nämlich durch intra-utriculäre Zellbildung vor sich gehen, so wäre nicht abzusehen, dass derselbe nicht in jedem Augenblicke in seine einzelnen organischen Elemente zerfällt. Kein organischer Leim, keine Intercellularsubstanz würde im Stande seyn, die auf solche selbstständige Weise hervorgegangenen Elementartheile zusammenzuhalten."[65]

Schleim, Membran oder Kern: die Suche nach der Grundsubstanz des Lebens

Der Aspekt, der Ungers Zellbildungstheorie am meisten von derjenigen Matthias Schleidens unterschied, war die Rolle des Zellkerns. Nach Schleidens Vorstellung, die wie erwähnt in seinen Untersuchungen zur Befruchtung und Endospermbildung ihren Ausgang nahm, war der Zellkern in seiner Funktion als ‚Cytoblast' von zentraler Bedeutung. Er bilde sich durch Schleimkörnchen, die sich zu Kernkörperchen und dann zum Kern verdichteten, und erzeuge auf seiner Oberfläche ein Bläschen, das sich ausdehne und zur jungen Zelle verfestige.[66]

Unger sprach sich explizit gegen diese Version aus.[67] Sein Hauptargument war, dass es schwer sei, „die Bildung neuer Zellen in solchen Internodien zu

---

65 Unger, Merismatische Zellbildung [1844], S. 173 f.
66 Schleiden, Phytogenesis, S. 145 f.
67 Siehe beispielsweise Unger, Intercellularsubstanz [1847], S. 292; Endlicher / Unger, Grundzüge der Botanik [1843], S. 22 f.

erklären, deren Zellen meist ohne Zellkern sind".[68] Tatsächlich war die konstante Präsenz von Kernen nicht immer nachzuweisen, zumal ohne spezifische Färbetechnik, und es blieb dem Forscher überlassen, zu entscheiden, ob die vielen beobachtbaren Zellen ohne Zellkern der wahren Natur der Dinge entsprachen oder auf technische Unzulänglichkeiten zurückzuführen waren. Unger entschied sich für die erste Möglichkeit. Für ihn war die Pflanzenzelle, analog zur tierischen Zelle, ein „kugelförmiger, von einer homogenen Haut begränzter Raum".[69] Die Hauptkomponenten waren die Zellmembran und der halb flüssige, halb feste Zellinhalt. Diesen beiden widmete er in seinem 1855 erschienen Lehrbuch 32 bzw. 25 Seiten, beschrieb ausführlich Bildung, Formen, Zusammensetzung und Besonderheiten, während der Zellkern als einer von mehreren Bestandteilen des Inhalts auf einer halben Seite abgehandelt wurde.[70] Auch wenn Unger ihm in späteren Jahren eine etwas bedeutendere Rolle zugestand, da es empirisch immer deutlicher wurde, dass vor jeder Zellteilung zwei neue Kerne auftauchten, und ihn sogar als Lebensmittelpunkt bezeichnete,[71] so blieb der Kern doch immer dem Protoplasma untergeordnet. Auch stritt Unger dem Zellkern sowohl eine genetische Kontinuität als auch eine strukturelle Eigenständigkeit ab. Ganz im Gegenteil sprach er von sekundären, tertiären usw. Zellkernen, die jedes Mal *ex novo* gebildet würden.[72] Dies trug dazu bei, dass Unger 1849, trotz seines wichtigen Beitrags zur Diskussion, nicht den zentralen Aspekt des Befruchtungsprozesses, die Verschmelzung der elterlichen Kerne, erfasste.[73] Ganz im Gegenteil vertrat er 1852 die Ansicht:

> „[…] dass es zu weiterer als einer blossen Kontaktwirkung zwischen beiderlei Zellen in allen höher gebildeten Pflanzen nicht kommt, während ein Verschmelzen beider durch Kopulation in den niederen Sphären des Gewächsreiches keine seltene Erscheinung ist. So zeigt denn auch in der Fortpflanzung die höher ausgebildete Pflanze einen Sieg über das Materielle, und wo dort eine innige Verschmelzung beider Elemente zur Hervorbringung eines neuen Keimes erforderlich ist, genügt hier eine einfache Berührung und eine mehr dynamische Transfusion geläuterter Stoffe. Mit Einem Worte, es ist ein Kuss, womit die blüthentragende Pflanze das schönste Werk ihrer Verjüngung feiert."[74]

---

68 UNGER, Wachsthum der Internodien [1844], S. 507f.
69 ENDLICHER / UNGER, Grundzüge der Botanik [1843], S. 8 und 366; fast wortgleich in UNGER, Grundzüge der Anatomie und Physiologie [1846], S. 3; und UNGER, Anatomie und Physiologie [1855], S. 52.
70 UNGER, Anatomie und Physiologie [1855], S. 68–125 (Zellwand und Inhalt), auf S. 104f (Zellkern).
71 UNGER, Botanische Briefe [1852], S. 151.
72 Diese Ansicht vertritt er unter anderem in UNGER, Merismatische Zellbildung [1843], S. 170; UNGER, Anatomie und Physiologie [1855], S. 133; und UNGER, Grundlinien [1866], S. 19.
73 UNGER, Embryo von Hippuris [1849].
74 UNGER, Botanische Briefe [1852], a. 108.

Auch hier war es zweiunddreißig Jahre später Eduard Strasburger, der in Analogie zu der 1873 in Tieren beobachteten Beschreibung den Übertritt und die Verschmelzung der Kerne während der Befruchtung überzeugend darstellte.[75]

In seiner 1844 erschienen Arbeit zur Zellteilung konzentrierte Unger hingegen seine Suche nach dem Grund für die Neubildung von Zellen auf die Entstehung der Zwischenwand.[76] Seit der Erstbeschreibung von Zellen (1665 im Korkgewebe) war die Wand deren kennzeichnendes Merkmal gewesen. Das, was wir heute als Zelle bezeichnen, wurde lange Zeit nur als leerer oder mit Saft gefüllter Raum zwischen den Wänden angesehen. Auch Unger benutzte hin und wieder die Begriffe ,Fach' und ,Fachbildung' als Synonyme für Zelle und Zellbildung.[77] Für ihn schützte die Membran die Zelle und erhielt ihre Eigenständigkeit,[78] und erst wenn die Querwand vollständig war, waren die zwei Tochterzellen individualisiert.[79]

Die Frage, welcher Bestandteil der Zelle der wichtigste sei, war bei Unger jedoch sicher von seiner entwicklungsbiologischen Sichtweise geprägt. Wie gesehen ging er seit seinen ersten Studien von einer homogenen, schleimigen Bildungssubstanz aus. So bedeutete es keine echte Umkehr, wenn er seine Aufmerksamkeit mehr und mehr von der Zellwand weg und zu Gunsten des Protoplasmas verlagerte.[80] Auch seine seit 1831 gemachten Beobachtungen zur zellinternen Plasmaströmung werden hierzu beigetragen haben.[81] Die Untersuchung der Strömung führte ihn einige Jahre später dazu, das Protoplasma nicht als flüssig, sondern halbflüssig-kontraktil, also aktiv zu beschreiben und der ,sarcode' der tierischen Zellen gleichzusetzen.[82] Damit bestätigte er Ferdinand Julius Cohns (1828–1898) kurz zuvor aufgestellte Hypothese der Identität beider Substanzen und der Lebhaftigkeit des Protoplasmas.[83]

---

75 Eduard STRASBURGER, Neue Untersuchungen über den Befruchtungsvorgang bei den Phanerogamen als Grundlage für eine Theorie der Zeugung (Jena 1884), vor allem S. 67–68 und Tafel II. Er zeigte dabei auch die Eigentümlichkeit auf, dass sogar zwei Kerne übertreten.

76 UNGER, Wachsthum der Internodien [1844], S. 509–525.

77 UNGER, Merismatische Zellbildung [1844], S. 170f. und 172.

78 ENDLICHER / UNGER, Grundzüge der Botanik [1843], S. 367.

79 UNGER, Dicotyledonen-Stamm [1840], S. 135.

80 Ich übernehme hier den historischen Begriff *Protoplasma*, der heute nur noch als *Protoplast* gebraucht wird, um den plasmatischen Inhalt einer Zelle zu umschreiben. Das heute meist verwendete *Zytoplasma* bezeichnet hingegen die flüssige Grundsubstanz der Zelle.

81 REYER, Leben und Wirken, 18. Das Phänomen war bereits 1774 von dem Italiener Bonaventura Corti (1729–1813) untersucht und beschrieben worden, aber in Vergessenheit geraten, bis 1806 Ludolph Christian Treviranus (1779–1864) und seit 1830 vor allem Meyen die Studien wieder aufnahmen. Siehe dazu: Ariane DRÖSCHER, Johann Wolfgang von Goethe e Bonaventura Corti: due metodi scientifici a confronto. In: Gian Franco FRIGO / Raffaella SIMILI / Federico *Vercellone* / Dietrich von ENGELHARDT (Hg.), Arte, scienza e natura in Goethe (Torino 2005) S. 57–68.

82 UNGER, Anatomie und Physiologie [1855], S. 282.

83 Ferdinand Julius COHN, Nachträge zur Naturgeschichte des *Protococcus pluvialis Kützing*.

Der Begriff Protoplasma war in dieser Bedeutung erst 1846 von Hugo von Mohl eingeführt worden,[84] doch schon 1843 bezeichnete Unger den schleimigen, von seinen Kollegen meist noch missachteten Inhalt als eigentliche Lebenssubstanz.[85] 1846 erklärte er die Membran „materiell und formell als das Produkt des Zellinhaltes"[86] und 1855 die Wandung dem Inhalt untergeordnet.[87] Dies war ein wichtiger, noch immer nicht allgemein akzeptierter Schritt gewesen. Sobald die Forscher die Zellwand und die Plasmamembran als Produkt der jeweiligen Zellen wahrnahmen, verlor die Zelle ihren Status als ‚Raum zwischen den Wänden' und wurde als der eigentlich aktive Teil in den Vordergrund gerückt, was wiederum von fundamentaler Bedeutung für die darauffolgenden Entwicklungen der Zellphysiologie und der Zellpathologie war.

Als in den 1850er und 1860er Jahren allmählich die Mediziner und Zoologen die Führungsrolle in der Entwicklung der Zellforschung übernahmen, wurde sogar das allgemeine Vorhandensein der Membran in Abrede gestellt und Zellen als „hüllenlose Klümpchen Protoplasma mit Kern" umdefiniert.[88] Auch Unger gestand 1866 ein, dass Zellen in „der ersten Jugend [...] nur als eine Inhaltsportion der sie erzeugenden Mutterzelle – als Tröpfchen oder Klümpchen Protoplasma – anzusehen" seien,[89] doch konnte er weder die Bedeutung der Wand, speziell bei aufrecht wachsenden Landpflanzen, noch die Rolle der permeablen ‚Zellhaut' bei den Prozessen der Endo- und Exosmose abstreiten. Franz Unger gehört damit zu den Vorreitern der Protoplasmatheorie des Lebens, wäre aber sicherlich kein Freund der um die Jahrhundertwende entwickelten Kolloidchemie der Zelle geworden, die jegliche Struktur als unwesentlich, wenn nicht sogar als reine Artefakte abtat.[90]

In: Nova acta physico-medica Academiate Caesareae Leopoldino Carolinae germanicae naturae curiosorum 22 (1850), S. 605–764, hier S. 663f.

84 Hugo von MOHL, Ueber die Saftbewegung im Innern der Zellen. In: Botanische Zeitung 4 (1846) S. 73–78 und 89–94, hier S. 75.

85 ENDLICHER / UNGER, Grundzüge der Botanik [1843], S. 367. 1839 wies Theodor Schwann darauf hin, dass alle metabolischen Erscheinungen im Zellinhalt stattfinden, SCHWANN, Mikroskopische Untersuchungen, S. 197.

86 UNGER, Grundzüge der Anatomie und Physiologie [1846], S. 65.

87 UNGER, Anatomie und Physiologie [1855], S. 100.

88 Max SCHULTZE, Ueber Muskelkörperchen und das, was man eine Zelle zu nennen habe. In: Archiv für Anatomie, Physiologie und wissenschaftliche Medicin (1861), S. 1–27, hier S. 9.

89 UNGER, Grundlinien [1866], S. 18.

90 Zum Auf- und Untergang der Protoplasmatheorie siehe Gerald L. GEISON, The protoplasmic theory of life and the vitalist-mechanist debate. In: Isis 60 (1969), S. 273–292; zur Kolloidchemie der Zelle siehe Ariane DRÖSCHER, The Naples Station as a special place of biological research. The case of colloid chemistry of the cell in the 1920s. In: Christiane GROEBEN / Joachim KAASCH / Michael KAASCH (Hg.), Places of Biological Research (Verhandlungen zur Geschichte und Theorie der Biologie 11, Berlin 2005), S. 65–74.

„Was kann es wohl im kleinsten Raume Grossartigeres geben, als eine Zelle": Ungers Zellphysiologie

Eine der herausragenden Eigenschaften von Ungers Lehrbüchern ist die dynamische Sichtweise, die dem Leser vermittelt wird. Die lebende Materie war für ihn nie statisch, sondern in stetiger Transformation begriffen, und dies sowohl über die Erdepochen hinweg als auch in der Gegenwart. Der Zelle kam im ersten, vor allem aber im zweite Falle eine zentrale Bedeutung zu:

> „Das Wunderbarste bei der Bildung der Pflanzen ist und bleibt immer die Kunst, wie sie aus einigen wenigen Elementen, die sie aus der Luft und dem Boden schöpft, das ganze Material ihres Baues, das, wie bekannt, von der mannigfaltigsten Beschaffenheit ist, zu erzeugen im Stande ist. Das Ganze wird noch seltsamer, wenn man bedenkt, dass alles, was hervorgebracht wird von den Zellen ausgeht, und dass daher von diesen ausserordentlich kleinen, mikroskopischen Körperchen, von dem was in ihnen und an ihnen vorgeht, die verschiedenartigsten Stoffe ihren Ursprung nehmen, die wir in der Pflanzenwelt wahrnehmen. Wer möchte in diesen *kleinen chemischen Laboratorien* diese Kraft und Energie suchen, die wir bei all' unserer Kunst in den Laboratorien und chemischen Fabriken nur theilweise und kaum halb so präzise zu Stande zu bringen vermögen. Lassen Sie mich nun die Pflanze oder vielmehr die Pflanzenzelle als geschäftigen, ja ich möchte sagen, als nie feiernden, bei Tag und Nacht, Winter und Sommer, wenn gleich stets in anderer Weise beschäftigten Spagiriker betrachten."[91]

Unger benutzte den Ausdruck Spagiriker, der im Mittelalter Alchimisten bezeichnete, um auf die Fähigkeit der Zelle hinzuweisen, Stoffe zu lösen, zu trennen, zu binden und zu vereinigen. Tatsächlich kann man Unger eher als Zellchemiker denn als Zellphysiologen bezeichnen, da er nur selten auf Mechanismen und Prozesse, sondern vor allem auf den Aufbau und die Umwandlung von Stoffen einging. Ausgiebig behandelte er sowohl die chemische Zusammensetzung der verschiedenen Zellkomponenten als auch die vielfältigen Verbindungen, die Elemente wie Stickstoff, Kohlenstoff oder Sauerstoff während ihres Aufenthaltes in der Pflanze eingingen. Schon früh hatte sich Unger mit dem Verhältnis von Boden und Pflanze beschäftigt, was ihm half, die Pflanze nicht als losgelöst, sondern ganz im Gegenteil als Teil eines generellen Stoffkreislaufes zu betrachten.[92] Im Zuge von Liebigs Agrikulturchemie und in Analogie zu seinen Bestrebungen, die Anatomie der Pflanze über die Genealogien ihrer Zellen zu verstehen, versuchte er die Physiologie über die Geschichte der chemischen Elemente zu erfassen und ihren Weg aus dem Boden in die Pflanze, ihre Transformation in die verschiedenen organischen Stoffe und schließlich ihr Ausscheiden aufzuzeigen. Beide Ideen waren ebenso innovativ wie zum vor-

---

91 Unger, Botanische Briefe [1852], S. 38 (mein Kursiv).
92 Siehe dazu Klemun, Anthropologie und Botanik, S. 79–81.

läufigen Scheitern verurteilt, da die Kenntnisse und Techniken zu Ungers Zeiten noch zu grob waren. So musste er 1866 eingestehen:

> „Dunkler und unfruchtbarer trotz aller Bemühungen ist bis jetzt die genetische Ableitung der verschiedenen Stoffe geblieben, mit welchen sowohl einzelne Zellen als Gruppen von Zellen versehen sind, und von welchen man nichts mehr weiss, als dass sie Absonderungsprodukte oder Auswurfstoffe im Stoffwechsel sind.“[93]

Jüngere Chemiker und Physiologen wie Ernst Wilhelm von Brücke, der seit 1849 ebenfalls in Wien dozierte, und vor allem Julius Sachs (1832–1897) waren auf diesem Gebiet erfolgreicher. Die Pflanzenphysiologie erhielt erst in den 1860er Jahren sowohl ideell als instrumentell entscheidenden Auftrieb.[94] Trotz seiner Beiträge zum Studium des Stickstoff-, Sauerstoff- und Wasserhaushalts der Pflanzen und vor allem der Funktion der Spaltöffnungen[95] ist es also nicht die einzelne Entdeckung sondern vielmehr das wegweisende Gesamtbild, das Unger von seinen Zeitgenossen abhebt. Doch wenn auch die enge Verbindung zwischen Form und Funktion, die dynamische Sichtweise und der Zusammenhang von Anatomie, Physiologie, Entwicklungsgeschichte, Ökologie und Evolution auf manche seiner Leser und Studenten stimulierend gewirkt haben mag, so war dieses Weltbild ebenso dem Verdacht der romantischen Naturforschung und Metaphysik ausgesetzt. Das mag erklären, warum sich bis heute Biographen und Historiker nicht einig sind, ob Unger ein Materialist oder ein Anti-Materialist war.[96]

Tatsächlich sind Begriffe wie Lebenskraft und Bildungstrieb zentral für Ungers Erklärungen des Lebensphänomens. In den Eingangsparagraphen seines Lehrbuchs von 1843 stellte er die *vis vitalis* als eine dritte Kraft vor, die in Lebewesen neben der physischen und der chemischen wirke, und erklärte: „Die Pflanze ist ein Körper, der [...] die Entwicklung einer vom Erdganzen abgefallenen, nicht zum Bewusstseyn gelangenden Idee darzustellen sucht“.[97] Nur drei Jahre später hatte sich diese Überzeugung in der Neubearbeitung des Buches entscheidend verändert, und Unger erklärte zuversichtlich:

> „Was die Anwendung von Mass und Gewicht zur Erklärung der Erscheinungen in der anorganischen Natur geleistet hat, wird sie über kurz oder lang auch für die

---

93 UNGER, Grundlinien [1866], S. 139.
94 Zu den wichtigsten Entwicklungen siehe Ekkehard HÖXTERMANN, Der Stoffwechsel. Die Chemie des Lebens – Zur Geschichte der Biochemie. In: Ekkehard HÖXTERMANN / Hartmut H. HILGER (Hg.), Lebenswissen. Eine Einführung in die Geschichte der Biologie (Rangsdorf 2007), S. 142–177.
95 Franz UNGER, Beiträge zur Physiologie der Pflanzen. VI. Öffnen und Schliessen der Spaltöffnungen bei Pflanzen. In: Sitzungsberichte der k. Akademie der Wissenschaften in Wien 25/1 (1857), S. 459–470.
96 Unterschiedliche Interpretationen liefern z. B. GLIBOFF, Developing Concepts; und Orel, Mendel, S. 33.
97 ENDLICHER / UNGER, Grundzüge der Botanik [1843], S. 365.

Erkenntniss von Wirkungen leisten, deren unbekannte Ursachen wir einstweilen mit dem Collectivnamen *Lebenskraft* zusammenfassen."[98]

Der Begriff Lebenskraft hatte damit eine reine Platzhalter-Bedeutung erhalten und bezeichnete „jenen Complex der uns bisher noch unbekannten, aus den Modificationen der Molekularkräfte hervorgehenden Ursachen, welche die Entstehung, Erhaltung und Fortpflanzung [der Pflanzen] als Einzelwesen bedingen".[99] Wie seine oben angesprochenen ausgiebigen Versuche, die chemisch-physikalischen Prozesse in der Zelle so detailliert wie möglich zu ergründen, zeigen, war auch die Bezeichnung des Protoplasmas als Lebenssubstanz und die Lokalisierung des Grundes für die Plasmabewegung in den Eigenschaften des Protoplasmas selbst nicht, wie bei vielen anderen Zellbiologen seiner Zeit, im mystischen-vitalistischen Sinn zu deuten.[100]

Allerdings meinte Unger weiterhin eine Unterscheidung vornehmen zu müssen. Für ihn war nicht die Natur von chemischen Kräften und Lebenskraft verschieden, sondern ihre Wirkung, da die ersten vornehmlich analytisch-zerstörend, die zweite hingegen meist synthetisch-bildend tätig seien.[101] Hier hallte zum Teil noch die verbreitete Vorstellung unter den Biologen seiner Zeit nach, die einen Unterschied zwischen lebender und toter Materie konstatierten; denn obwohl es 1828 dem Chemiker Friedrich Wöhler (1800–1882) bereits gelungen war, im Labor aus Ammoniumcyanat, also einer anorganischen Substanz, die organische Harnsäure zu synthetisieren, sollte es noch bis 1895–1898 dauern, dass die drei Enzyme Oxydase, Synthase und ‚Zymase' sowie ihre Rolle bei Oxydations-, Synthese- und Fermentationsprozessen nachgewiesen werden und damit ein endgültiger Schlussstrich unter die Vorstellung gezogen werden sollte, synthetische Phänomene benötigten eine spezielle Lebenssubstanz oder -kraft.[102]

Schlussbetrachtung

Es ist auffallend, wie begeistert Franz Unger von der Zellbiologie seiner Zeit und wie aufgeschlossen er neuen Ideen war. Wenn zum einen behauptet werden kann, dass die Arbeit am Mikroskop seine Phantasie disziplinierte, regt aber auch genau diese seine Leidenschaft an. Die Zytologie, schon in den ersten

---

98 UNGER, Grundzüge der Anatomie und Physiologie [1846], S. 61. Ähnlich in UNGER, Grundlinien [1866], S. 101.

99 UNGER, Grundzüge der Anatomie und Physiologie [1846], S. 62.

100 Franz UNGER, Ueber Saftbewegung in den Zellen der *Vallisneria spiralis* Linn. In: Sitzungsberichte der k. Akademie der Wissenschaften in Wien 8 (1852), S. 32f.

101 UNGER, Anatomie und Physiologie [1855], S. 252.

102 Joseph FRUTON, Molecules and Life. Historical Essays on the Interplay of Chemistry and Biology (New York 1972).

Jahrzehnten des 19. Jahrhunderts Gegenstand reger Diskussionen, stand am Beginn ihrer Blütezeit und konnte jungen Forschern sowohl theoretisch wie technisch viel bieten. Viele neue Frage wurden gestellt, neue Techniken entwickelt und neue Perspektiven aufgeworfen, die nicht nur ein kleines Fachpublikum, sondern breitere Bevölkerungsschichten zu interessieren begannen. Ungers Lehrbücher waren immer auf dem Stand der neuesten Forschung und seine Einzelbeiträge griffen die aktuellsten Fragen auf. Dabei profitierte Unger sowohl von seiner exzellenten mikroskopischen Technik als auch von einer lebhaften Wissenschaftlergemeinschaft. Das Zentrum der Zellbiologie hatte sich in den 1830er Jahren vom französischsprachigen in den deutschsprachigen Raum verlagert, und hier waren bis zu den 1860er Jahren vor allem die Botaniker führend. Unter ihnen fand ein reger Austausch statt. Gelegenheit dazu boten die Versammlungen deutscher Naturforscher und Ärzte, aber auch viele persönliche Besuche und Korrespondenzen.[103] Dies mag ein Grund auch dafür sein, dass Unger bis in seine letzten Jahre bereit war, seine Meinung beispielsweise zur Zellteilung oder zur Rolle des Zellkerns zu ändern.

In der Wahl und im Aufbau seiner pflanzenanatomischen, -embryologischen und -physiologischen Studien wurde Unger stark von dem fünf Jahre jüngeren Hugo von Mohl inspiriert, dem er 1855 seine *Anatomie und Physiologie der Pflanzen* widmete. Bei allen seinen zytologischen Themen wie Zellvermehrung, Zellteilung, Cytoplasmaströmung, Gefäßbildung (aus Zellen), Genese, Bau und Funktion der Spaltöffnungen, Sporenbildung, Dickenwachstum und Zellwand griff Unger Vorarbeiten Mohls auf. Selbst bei seinem (negativen) Urteil gegenüber dem Zellkern war er von Mohl zumindest beeinflusst worden. Ein wichtiger Unterschied zwischen beiden war hingegen die romantische Naturphilosophie, die von Mohl ablehnte, aus der Unger hingegen auch weiterhin seinen wissenschaftlichen Leitfaden bezog. Von Mohl hatte schon früh seine Liebe für mikroskopische Pflanzenstudien entdeckt und sich (gezielt) die nötigen Kenntnisse und Fähigkeiten selber angeeignet. Im Gegensatz zu Unger, für den umfassendere Fragen im Vordergrund standen, blieb er den ‚reinen' Zellstudien über seine gesamte Schaffensperiode treu. Auch sind seine Abhandlungen sehr viel zurückhaltender und deskriptiver, während Ungers Hauptverdienst gerade das große Gesamtbild ist, in das er die Zelle einwebt.

---

103 Siehe die Beispiele in REYER, Leben und Wirken, S. 37–38; und in JAHN / SCHMIDT, Schleiden, S. 43 und 104f.

Bernhard Hubmann

„Im Steinschleifen bin ich schon ein wackerer Geselle geworden": Zu Franz Ungers erdwissenschaftlichen Pionierleistungen in der Stratigraphie und seiner phytopaläontologischen Dünnschliff-Untersuchung

Franz Ungers wissenschaftliche Vielfalt, seine Beiträge als „Entdecker großer Wahrheiten, als Leuchte der Wissenschaft und Lehrer der Menschheit"[1] wurden von seinen Zeitgenossen sehr positiv rezipiert. Der Physiologe und Histologe Alexander Rollet (1834–1903), eine schillernde Persönlichkeit in Grazer Akademikerkreisen, strich in der Eingangsrede anlässlich der Feierlichkeiten zur Wiederkehr des 100. Geburtstages von Franz Unger dessen „so großes inductives Vermögen" als Grundlage seiner wissenschaftlichen Laufbahn heraus.[2]

Der „merkwürdigen Vielseitigkeit" des wissenschaftlichen Oeuvres von Unger liegt zusätzlich eine auffallende methodische Genauigkeit zu Grunde.[3] Bezogen auf Ungers erdwissenschaftliche Arbeiten fällt auf, dass sie „unterschiedliche Skalen-Bereiche" der Untersuchungen ausfüllen, von der Dimension der geologischen Kartierung bis in den mikroskopischen Auflösungsbereich. Den beiden genannten Aspekten, der geologisch-stratigraphischen Kartierung und der mikroskopischen Detailuntersuchung, gilt der Fokus dieser Arbeit.

Anlässlich der 21. Jahresversammlung deutscher Naturforscher und Ärzte, die zwischen dem 18. und 24. September 1843 in Graz stattfand, gab Gustav Schreiner (1793–1872) ein 602 Seiten umfassendes Buch *Grätz. Ein naturhistorisch-statistisch-topographisches Gemählde* heraus. Diesem Werk ist eine *Topographisch-geognostische Karte der Umgebung von Grätz* im Maßstab 1: 144.000, aufgenommen von Franz Unger, beigefügt, die bei Minsinger in München gedruckt wurde. Die Karte weist 8 lithologische („lithostratigraphische") Ausscheidungen auf:

---

1 Wilhelm von GÜMBEL, Unger: Hofrath und Professor Dr. Franz v. U. In: Allgemeine Deutsche Biographie 39 (Leipzig 1895), S. 286–289, hier S. 289.
2 Franz-Unger-Feier. In: Mittheilungen des Naturwissenschaftlichen Vereins für Steiermark 37 (1901), S. XLIII–LXVIII, darin: Zur Erinnerung an Franz Unger. Ansprache, gehalten bei der Franz-Unger-Feier am 29. November 1900 von Dr. Alexander Rollett, Professor der Physiologie, S. XLVI–LII, hier S. XLVIII.
3 Ebd., darin: Festrede des Herrn Prof. Dr. G. Haberlandt, S. LIII–LXVIII, hier S. LX.

Gneiss und Glimmerschiefer

Thonschiefer, Grauwackenschiefer

Ur- und Uibergangs-Kalk

Süsswasserformation

Untere Schichten der mitl. Tertiär. Form [mittlere Tertiäre Formation]

Obere Schichten der mitl. Tertiär. Form

Basalt u. Basalttuff

Trachyt

Die etwa 950 km^2 umfassende geologische Gebietskarte enthält einige wesentliche Neuerungen gegenüber der Steiermark-Karte von Mathias Anker (1772–1843) aus dem Jahr 1829.[4] Unter anderem wurde das *Tertiär* feiner untergliedert sowie die Lagerungsverhältnisse und die Schichtfolge in zwei Profilen zur Darstellung gebracht.[5] Anzumerken ist allerdings, dass in Ungers Karte lithologische bzw. „lithostratigraphische" Einheiten ausgeschieden wurden, die inhaltlich sehr weit gefasst sind und dadurch (beabsichtigt?) mit der Ausscheidungsfolge „Gneiss und Glimmerschiefer / Thonschiefer, Grauwackenschiefer / Ur- und Uibergangs-Kalk" unübersehbar an die von Abraham Gottlob Werner (1749–1817) entwickelte „Stratigraphie" der Gebirgsarten erinnert.[6] Speziell in der Bezeichnung „Ur- und Uibergangs-Kalk", einem wenig diffe-

---

4 Zu Ankers Verdiensten um die geologische Landesaufnahme in der Steiermark siehe u.a. Alfred WEISS, Die Anfänge der geologischen Durchforschung der Steiermark. In: Mitteilungen der Gesellschaft der Geologie und Bergbaustudenten in Österreich 28 (1982), S. 201–214 und Helmut FLÜGEL, Mathias Josef Anker, Arzt, Mineraloge und Geognost der Biedermeierzeit in Graz. In: Joannea Mineralogie 2 (2004), S. 55–81.

5 Zur Entwicklung der Darstellung der Steiermark im geologischen Kartenbild siehe Bernhard HUBMANN / Tillfried CERNAJSEK, Die Steiermark im geologischen Kartenbild. Begleitheft zur Ausstellung an der Grazer Universitätsbibliothek (Graz 2004) und Bernhard HUBMANN / Tillfried CERNAJSEK, 175 Jahre geologische Karte der Steiermark. In: Mitteilungen des naturwissenschaftlichen Vereines für Steiermark 134 (2005), S. 5–22.

6 Bereits vor 1780 hatte Werner an der Bergakademie in Freiberg Vorlesungen zur „Gebirgslehre" angekündigt. Publiziert wurden die Ideen zur Klassifikation der Gebirgsarten 1786 und 1787 (Kurze Klassifikation und Beschreibung der Gebirgsarten); Näheres dazu siehe Martin GUNTAU, Abraham Gottlob Werner. In: Biographien hervorragender Naturwissenschaftler, Techniker und Mediziner 75 (1984). Die aus den neptunistischen Vorstellungen abgeleitete „Stratigraphie", dass „uranfängliche Gebirgsarten (in unserem Fall „Gneiss und Glimmerschiefer") von „Übergangsgebirge" mit „Thonschiefer" und „Grauwackenschiefer" im Liegenden und „Ur- und Uibergangs-Kalk" im Hangenden überlagert wird, entspricht einer ungestörten Abfolge von Gebirgsarten, wie sie zur damaligen Zeit aus vielen Bereichen Deutschlands beschrieben wurde; vgl. auch Lutz KOCH, Das Gebirge in Rheinland-Westphalen und die Entstehung der Erde. Werke von Johann Jakob Nöggerath im Stadtarchiv Schwelm. In: Beiträge zur Heimatkunde der Stadt Schwelm und ihrer Umgebung, Neue Folge 54 (2005), S. 7–26.

renzierten Sammelbegriff für Gesteine, die „minder krystallinisch als die Ur-gebirgsarten"[7] sind, schließt Unger direkt an die Vorstellungen von Mathias Anker[8] an. Unger untergliederte ebenso wie zuvor Anker die Kalkabfolgen der Grazer Umgebung[9] zwar nicht, es gelang ihm jedoch ein wesentlicher Fortschritt in der zeitlichen Einordnung. Im ersten Kapitel (*Geognostische Skizze der Umgebungen von Grätz*) des dritten Abschnittes (*Die naturhistorischen Verhältnisse*) in Schreiners Buch berichtet Unger, dass stellenweise die Kalke organische Einschlüsse aufweisen und diese über ein „relatives Alter Auskunft geben."[10] Vom Gipfelbereich des Plabutsch (Grazer Hausberg westlich der Stadt; seit 1938 eingemeindet) listet er folgende „in der Regel minder gut erhaltenen Petrefacte dieses Uebergangskalkes" auf:

Corallia.

Gorgonia infundibuliformis Goldf.

Stromatopora concentrica Goldf.

Heliopora interstincta Bronn (*Astraea porosa* Goldf.)

Cyathophyllum explanatum Goldf.

- *turbinatum* Goldf.

- *hexagonum* Goldf.

- *caespitosum* Goldf.

Calamopora polymorpha a. var. *tuberosa* Goldf.

- b. var. *ramoso – divaricata* Goldf.

- *spongites* a. var. *tuberosa* Goldf.

- b. var. *ramosa* Goldf.

Radiaria

---

7 Diese „Definition" aus Allgemeine deutsche Real-Encyklopädie für die gebildeten Stände. Conversations-Lexikon (Leipzig [8]1836) entspricht der damals gängigen Kenntnis (alt)pa-läozoischer Karbonatgesteine.

8 Siehe dazu: Mathias ANKER, Geognostische Andeutung über die Umgebung von Grätz. In: Steiermärkische Zeitschrift 9 (1828), S. 121–128.

9 Heute wird dieser „Übergangskalk" zur geologisch-tektonischen Einheit des „Grazer Pa-läozoikums" gestellt. Für einen geologischen Überblick des Grazer Paläozoikums siehe Fritz EBNER / Harald FRITZ / Bernhard HUBMANN, Das Grazer Paläozoikum: Ein Überblick. In: Bernhard HUBMANN (Hg.): „Paläozoikumsforschung in Österreich", Workshop. – Abstracts und Exkursion (Berichte des Institutes für Geologie und Paläontologie, Karl-Franzens-Universität Graz 3, Graz 2001), S. 34–58.

10 Franz UNGER, Geognostische Skizze der Umgebungen von Grätz. In: Gustav SCHREINER, Grätz, ein naturhistorisch-statistisch-topographisches Gemälde dieser Stadt und ihrer Umgebungen. (Grätz 1843), S. 69–82, hier S. 74.

Cyathocrinites pinnatus Goldf.

Conchifera.

Pecten grandaevus Goldf.

Inoceramus inversus Münst.

Cephalopoda.

Orthoceras.

Amonites.[11]

Zur systematisch-taxonomischen Bestimmung der angeführten Fossilien hatte Unger offensichtlich die *Petrefacta Germaniae* von Georg August Goldfuß (1782–1848) und die *Lethaea geognostica* von Heinrich Georg Bronn (1800–1862) benutzt. Diese Werke erschienen in den Jahren 1826 bis 1837 und stellten mit ihren prächtig ausgestatteten Abbildungstafeln „Bestimmungshilfen" ersten Ranges dar.[12]

Interessant ist nun der weitere Schritt, den Unger unternahm, um das bereits erwähnte „relative Alter" der Organismenreste und damit das „chronostratigraphische" Alter der Fundschichten zu ermitteln. Aus der Kombination der Fossiltaxa, die in den Werken von Goldfuß und Bronn ebenfalls dem „Horizont" des Übergangkalkes zugewiesen sind und der Einstufung des „Eifler Kalkes" (der „Teil" des Übergangskalkes ist) in das „Devon" schloss er folgerichtig für den Grazer Raum: „Aus der Beschaffenheit jener organischen Einschlüsse geht hervor, daß dieser Kalk [...] nach den neueren Ansichten englischer Geognosten einem Gliede der devonischen Formation gleichzuhalten ist."[13] Damit gelang Unger der erste Nachweis der erdgeschichtlichen Periode des Devons innerhalb des alpinen Raumes!

Ungers Erkenntnis lag also dicht am Pulsschlag des damaligen aktuellen

---

11 UNGER, Geognostische Skizze, S. 10.
12 Das Sammelwerk „**Petrefacta Germaniæ**tam ea, quae in Museo Universitatis regiae borussicae Fridericiae Wilhelmiae rhenanae servantur quam alia quaecunque in Museis Hoeninghusiano Muensteriano aliisque extant. Abbildungen und Beschreibungen der Petrefacten Deutschlands und der angränzenden Länder, unter Mitwirkung des Herrn Grafen Georg zu Münster; herausgegeben von August Goldfuss" erschien in den Jahren 1826 bis 1844 in Düsseldorf. Die drei Bände sind in Einzelhefte untergliedert, die in unterschiedlichen Jahren zur Auslieferung kamen (1 (1), [1826]; 1 (2), [1829]; 1 (3), [1831]; 1 (4), [1833]; 2 (1), [1833]; 2 (2), [1835]; 2 (3), [1837]; 2 (4), [1841]; 3 (1), [1841]; 3 (2), [1844]; 3 (3), [1844]). Die von Unger zitierten Fossilien beziehen sich nur auf Band 2, Heft 1. Die „**Lethaea geognostica** oder Abbildungen und Beschreibungen der für die Gebirgs-Formationen bezeichnendsten Versteinerungen. Erster Band, das Übergangs- bis Oolithen-Gebirge enthaltend" erschien mit einem Abbildungsband „XLVII Tafeln mit Abbildungen zur Lethaea Geognostica" 1837 in Stuttgart.
13 UNGER, Geognostische Skizze, S. 75.

Wissensstandes: Erst im April 1839 hatten Adam Sedgwick (1785–1873) und Roderick Murchison (1792–1871) im Rahmen eines Treffens der Geological Society of London in einer Kontroverse mit Fachkollegen ein eigenständiges System, das zwischen Silur und Karbon liegt, vorgestellt.[14] In ihrem Aufsatz, der kurz nach dem Treffen erschien, schlugen sie den Namen Devon für die fragliche Gesteinsabfolge vor.[15] Um den Beweis zu erbringen, dass Gesteine des neu aufgestellten Systems auch auf dem Kontinent verbreitet sind, unternahmen die beiden Autoren noch im selben Jahr eine Reise durch Belgien, in die Ardennen und die Eifel, in den Taunus und den Harz. Sedgwick konnte sich krankheitsbedingt nicht gleich von Anbeginn an an den Untersuchungen beteiligen und so durchforschte Murchison zunächst alleine das „rechtsrheinische Schiefergebirge". Euphorisch teilte dieser in einem Brief an seine Frau die neuesten Beobachtungen mit: „[w]hat I have to say will surprise you [...] The limestones are undistinguishable from those of Plymouth and North Devon, and the organic remains are all of the same classes which occur in those rocks [...]".[16] Noch im selben Jahr erschien eine Arbeit von Murchison über das deutsche Devon-Vorkommen,[17] die allerdings in geologischen Fachkreisen von „continental Europe" nur wenig wahrgenommen wurde. Weitaus mehr Echo fand die Publikation mit Sedgwicks und Murchisons gemeinsamer Autorenschaft aus dem Jahr 1842, der auch eine *Geological map of the Rhenish Countries* (mit Maßstab in englischen Meilen!) beigegeben war und in der die Eifeler-Kalkmulden mit ihren Umrandungen als *Devonian rocks* ausgeschieden sind.[18]

1844, also ein Jahr nach der Drucklegung des „Grätz-Buches", erschien Sedgwicks & Murchisons Arbeit „On the Classification and Distribution of the Older or Paleozoic Rocks of the North of Germany and Belgium [...]" von Gustav Leonhard (1816–1878) bearbeitet und mit Ergänzungen versehen in deutscher

---

14 Details siehe Martin J. S. RUDWICK, The Great Devonian Controversy: The Shaping of Scientific Knowledge among Gentlemanly Specialists (Chicago / London 1985).

15 Adam SEDGWICK / Roderick MURCHISON, On the Classification of the older stratified deposits of Devonshire and Cornwall. In: Philosophical Magazine, Series 3/14 (1839), S. 241–260.

16 Zitiert nach Archibald GEIKIE, Life of Sir Roderick I. Murchison, bart.; K. C. B., F. R. S.; sometime director-general of the Geological survey of the United Kingdom. Based on his journals and letters with notices of his scientific contemporaries and a sketch of the rise and growth of Palaeozoic Geology in Britain. Vol. 1 (London 1875), S. 274.

17 Roderick MURCHISON, On the Carboniferous and Devonian systems of Westphalia. In: Notices and Abstracts of Communications to the British Association for the Advancement of Science at the Birmingham Meeting, August (1839), S. 72–73.

18 Adam SEDGWICK / Roderick MURCHISON, On the Classification and Distribution of the Older or Paleozoic Rocks of the North of Germany and Belgium, and Their Comparison with Formations of the same Age in the British Isles. In: Transactions of the Geological Society, 2d series, 6 (1842), S. 221–301.

Sprache.[19] Somit muss Franz Unger von der englischen Originalpublikation, die den „Übergangskalk" im Rheinischen Schiefergebirge mit seinen „Übergangs-fossilien" als „devonisch" einstuft, direkt oder indirekt Kenntnis gehabt haben. Indirekte Kenntnis vom devonischen Alter des „Eifel-Kalkes" hat Unger durch eine Arbeit von Ernst Glocker (1793–1858)[20] aus dem Jahr 1842 erhalten, in der über den *Rittberger Grauwacke-Kalkstein* bei Olmütz in Mähren (heute: Olo-mouc, Tschechien) berichtet wird.[21] Unger verweist auf diese Arbeit sowie auf die darin zitierte Fauna,[22] die, „wie schon eine flüchtige Vergleichung lehrt [...] auch im Grauwacke-Kalkstein der Eifel vor[kommt]".[23] Glocker vermutete al-lerdings, dass die Rittberger Kalke in die *Grauwacke-Formation und zwar die silurische Abtheilung* zu stellen seien.[24] Die Herausgeber der Zeitschrift des „Neuen Jahrbuchs", Gustav Leonhard und Heinrich Georg Bronn, waren beide von den neuen Vorstellungen der (chrono)stratigraphischen Gliederung in der Eifel durch Sedgwick und Murchison bestens unterrichtet, und merkten daher in einer Fußnote zu Glockers „Entdeckung von Versteinerungen im Grauwacken-Kalkstein der silurischen Formation bei Olmütz" an: „Doch wohl eher der de-vonischen Formation, wenn man diese nämlich als selbstständig anerkennen will."[25]

Damit wird klar, – für den Fall, dass Unger nicht die „Original-Publikation" von Sedgwick und Murchison kannte – wie er auf das „devonische" Alter der Schichten am Plabutsch kam. Zusätzlich zu Glockers Arbeit erschien im gleichen Band des „Jahrbuches" für 1842 eine Publikation über den Villmarer Kalk der (devonischen) Lahnmulde des Rheinischen Schiefergebirges von Guido Sand-berger (1821–1869).[26]

---

19 Gustav Leonhard (Bearb.), Ueber die älteren oder Paläozoischen Gebilde im Norden von Deutschland und Belgien verglichen mit Formationen desselben Alters in Großbritannien [...] (Stuttgart 1844).

20 Ernst Friedrich Glocker, Professor der Mineralogie und Direktor der mineralogischen Sammlung an der Universität Breslau hat vor allem mineralogische Arbeiten verfasst, dar-unter auch das 1847 erschienene Werk *Generum et specierum mineralium* [...], worin er eine lateinische Nomenklatur in die Mineralogie einzuführen versuchte.

21 Ernst Friedrich Glocker, Beiträge zur geognostischen Kenntnis Mährens. In: Neues Jahr-buch für Mineralogie, Geognosie, Geologie und Petrefakten-Kunde (1842), S. 22–34.

22 Unger, Geognostische Skizze, S. 75.

23 Glocker, Beiträge, S. 34.

24 Ebd., S. 26.

25 Ebd., S. 25.

26 Guido Sandberger, Vorläufige Übersicht über die eigenthümlichen bei Villmar an der Lahn auftretenden jüngeren Kalk-Schichten der älteren (sog. Uebergangs-) Formation, besonders nach ihren organischen Einschlüssen, und Beschreibung ihrer wesentlichsten neuen Arten; nebst einem Vorwort über Namengebung in der Naturbeschreibung überhaupt und in der Paläontologie insbesondere. In: Neues Jahrbuch für Mineralogie, Geognosie, Geologie und Petrefakten-Kunde (1842), S. 379–402. Sandberger merkt im „Vorwort" an, dass „[d]ie ältere (sg. Übergangs-) Formation [...], nachdem sie in England besonders durch Murchison und

Eine weitere Publikation in Gustav Leonhard und Heinrich Georg Bronns „Jahrbuch" aus dem Jahr 1842 verdient unsere Aufmerksamkeit, wenn wir uns mit den erdwissenschaftlichen Pionierleistungen von Franz Unger auseinandersetzen wollen: Es ist die Abhandlung *„Über die Untersuchung fossiler Stämme holzartiger Gewächse"*, mit der sich Unger auf die Analyse fossiler Pflanzenanatomie einließ, basierend auf der damals in „Kontinental-Europa" sehr wenig bekannten Methodik der Dünnschliff-Untersuchung.[27]

Als Dünnschliffe werden in den Erdwissenschaften und Materialwissenschaften durchsichtige Plättchen von Gesteinen, Mineralien, Fossilien und anderen Feststoffen in einer Dicke von etwa 0,02–0,03 mm verstanden, die mit Spezialharz auf ein Glas (Objektträger) geklebt sind, um sie unter dem Mikroskop im Durchlicht auf ihre Zusammensetzung, ihre optischen Eigenschaften oder Feinstrukturen untersuchen zu können.[28] In die Mineralogie bzw. Petrographie wurde die Methode der (polarisations)mikroskopischen Untersuchung ab 1858 von Henry Clifton Sorby (1826–1908) eingeführt und gilt seither als Standarduntersuchungsmethode.[29]

In der paläontologischen Untersuchung stellte man bereits deutlich früher Dünnschliffpräparate her, um Feinstrukturen zu ermitteln.[30] Die ersten Schliffe von fossilen Hölzern gelangen dem Edinburgher Physiker William Nicol (1771 (?)-1851), der zudem auch mikroskopische Dünnschliffuntersuchungen an Kristallen durchführte und das Polarisationsprisma entwickelte.[31] Unglückli-

---

Sedgwick im Einzelnen genauer erforscht worden ist, auch in Deutschland die besondere Aufmerksamkeit der Geognosten und Paläontologen in Anspruch" nimmt.

27 Franz Unger, Über die Untersuchung fossiler Stämme holzartiger Gewächse. In: Neues Jahrbuch für Mineralogie, Geognosie, Geologie und Petrefakten-Kunde (1842), S. 149–178.

28 Siehe u. a. Günter Grundmann, Anfertigung von petrographischen Dünn- und Anschliffen für die Licht- und Elektronenmikroskopie. Vorlesungsskript TU München (München 1998), S. 1–25.

29 Siehe Karl-Heinz Scholte, Chronologie der Naturwissenschaften. (Frankfurt am Main 2002), S. 452. Sorbys Publikation „On the Microscopical Structure of Crystals." In: Quarterly Journal of the Geological Society, 49 (1858), S. 453–500 umreißt die wesentlichen Schritte der Dünnschliffherstellung (S. 16 f.) in einem eigenen Kapitel „Methods employed in examining minerals and rocks."

30 Vgl. dazu auch Bernhard Hubmann, Paläontologische Dünnschliff-Untersuchungen in Österreich-Ungarn vor 1860 durch C.F. Peters und F. Unger. In: Abhandlungen der Geologischen Bundesanstalt 56 (1999), S. 171–176.

31 William Nicol gelang es 1828, das nach ihm benannte Nicol'sche Prisma herzustellen, das ein Linearpolarisator ist, der aus zwei Kalkspatprismen besteht, die unter Beachtung des Verlaufs der optischen Achse entlang ihrer Längsachse mit Kanadabalsam zusammengeklebt sind. Wird das Prisma durchleuchtet, treten zwei senkrecht zueinander polarisierte Lichtstrahlen aus. Der „ordentliche Strahl" tritt dabei senkrecht zur optischen Achse polarisiert aus. Der „außerordentliche Strahl", welcher aus dem zweiten Kalkspat austritt, ist parallel zur optischen Achse polarisiert. Zur Entwicklung der Polarisationsmethodiken siehe Rasheed M. A. Azzam, The intertwined history of polarimetry and ellipsometry. In: Thin solid

cherweise publizierte Nicol erst verspätet über die Herstellung und Anwendung von Gesteinsdünnschliffen, nachdem bereits Abbildungen seiner Dünnschliffe von karbonen Baumstämmen, welche die herausragende Qualität der Methode zeigen, von Henry Thornton Maire Witham (1779–1844) im Jahr 1831 bzw. 1833 erschienen waren.[32] In der Publikation Withams aus dem Jahr 1833, die eine erweiterte Auflage der Arbeit von 1831 darstellt, wird – ohne Nennung William Nicols! – ein „account of the mode of preparing recent and fossil plants for microscopic examination" gegeben:[33]

> „In preparing fossil woods, the following directions may be of use. Let a thin slice be cut off in the direction required, that is, transversely or longitudinally. It is to be ground flat, and then polished. The smooth surface thus obtained is to be cemented to a piece of plate-glass, by means of Canada balsam, of which a thin layer is to be applied to the slice of fossil wood, and another to the glass. They are then placed on a plate of metal, and gradually heated over slow fire, so as to inspissate the balsam, care being taken not to raise the heat so high as to produce air-bubbles in the fluid. The slice and the glass are then removed, and placed upon each other; the superfluous part of the balsam being squeezed out by a slight degree of pressure, accompanied with a sliding motion. When the preparation has cooled, the portion of balsam adhering to the edges of the slice is to be removed with a pen-knife, and the slice is ground down to the required degree of thinness, and polished."

Witham erkannte den hohen Wert der Dünnschliff-Untersuchung und wollte sich offensichtlich als „Erfinder" dieser Methodik feiern lassen, eine Tatsache, die einen frühen Urheberstreit unter Geologen hervorrief.[34] Die Nachfrage nach Dünnschliffen zum einen und die genaue Anweisung zur Herstellung solcher Präparate zum anderen (siehe oben) führte in England dazu, dass sich in den 1830er Jahren in London professionelle „Dünnschliffhersteller" etablierten.[35]

Im Zuge der Untersuchung fossiler Pflanzen versuchte Franz Unger ab dem Jahr 1837 auch den „inneren Bau mit dem Mikroskope zu ergründen und übte sich zu diesem Zwecke mit unermüdlicher Geduld in der Herstellung von Dünnschliffen durch fossile Hölzer."[36] Zu dieser Zeit stand Ungers Fachkollege am „K.k. Hof-Naturalien-Cabinet" in Wien, Stephan Ladislaus Endlicher

films 519/ 9 (5th International Conference on Spectroscopic Ellipsometry, Amsterdam 2011), S. 2584–2588.
32 Henry Thornton Maire WITHAM, Observations on fossil vegetables, accompanied by representations of their internal structure, as seen through the microscope (Edinburgh / London 1831) und Henry Thornton Maire WITHAM, The internal structure of fossil vegetables found in the Carboniferous and Oolitic deposits of Great Britain (Edinburgh 1833).
33 WITHAM, The internal structure, S. 76.
34 Howard J. FALCON-LANG, Crossed Nicol. In: Geoscientist 21/12 (2011), S. 19–21.
35 Howard J. FALCON-LANG, Fossil ‚treasure trove' found in British Geological Survey vaults. In: Geology Today 28/1 (2012), S. 26–30.
36 HABERLANDT, Festrede, S. LXV.

(1804–1849), mit Kaiser Ferdinand I. (1793–1875; Regierungszeit: 1835–1848) in engem Kontakt. Nachdem der Kaiser „Botanik zum Zeitvertreib betrieb und Gefallen an Curiosis" fand,[37] erbat sich Endlicher Dünnschliffe von Unger, um diese neuartigen Untersuchungsobjekte dem Herrscher bereitzustellen.[38]

Die „für die Palaeontologie so wichtig und erfolgreich gewordene Präparir-weise, auf welche er so viele Stunden seines kostbaren Lebens verwendete"[39] eignete sich Unger selbst an, nachdem er aus England entsprechende Präparate von Andrew Pritchard (1804–1882) angekauft hatte. Dieser hatte sich nicht nur intensiv mit dem Mikroskopebau, sondern auch mit der Anfertigung von Prä-paraten auseinandergesetzt;[40] er war zudem einer der Ersten und Erfolgreichs-ten, die die mikroskopischen Präparate kommerziell vertrieben.

Wie Unger berichtet, konnte er allerdings weder die publizierten Anleitungen umsetzen, noch „liess sich aus der Betrachtung der Präparate selbst etwas Si-cheres über die Methode der Verfertigung entnehmen", so dass er letztendlich „genöthiget war, den mühsamen Weg hundertfältiger Versuche selbst einzu-schlagen".[41]

In der oben erwähnten Publikation Ungers aus dem Jahre 1842 über fossile Hölzer findet sich eine Beschreibung der von ihm entwickelten Methode zur Dünnschliffherstellung.[42] Alexander Reyer (1814–1891) gibt noch 1871 in sei-nem Nachruf auf Unger in exzerpierter Form diese Herstellungsanleitung wie-der, ein Umstand, der wohl dahingehend zu deuten ist, dass diese Methode in den Erdwissenschaften noch längst nicht „obligatorisch" war:[43]

> „Zuerst werden am Fundstücke mittelst der „Schneidescheiben der Steinschleifer"
> Schnittflächen hergestellt und zwar eine die Stammachse horizontal treffende und zwei
> verticale, von dem die eine mit der Rinde, die andere mit den Markstrahlen parallel
> läuft. An diese Schnittflächen werden mit einem Mastixkitte starke Glas- oder Schie-
> ferplättchen befestigt. Nun werden 3 Scheibchen dieses fossilen Holzes losgeschnitten,
> indem man, 1 Millimeter von den festgekitteten Schnittflächen des Fossils entfernt,
> zweite Schnitte mit der Schneidescheibe anbringt, zu deren ebener und paralleler
> Führung die grösste Uebung erforderlich ist. Die derart gewonnenen, dem Glase oder

---

37 Alexander REYER, Leben und Wirken des Naturhistorikers Dr. Franz Unger (Graz 1871),
    S. 25.
38 1838 schrieb in diesem Zusammenhang Unger an Endlicher: „Im Steinschleifen bin ich
    schon ein wackerer Geselle geworden [...]" (zitiert nach HABERLANDT, Festrede, S. LXV).
39 REYER, Leben und Wirken, S. 26.
40 Zu Pritchards Mikroskopen und Präparaten siehe: Andrew PRITCHARD, The Microscopic
    Cabinet or select animated objects; with a description of the Jewel and Doublet Microscope,
    Test Objects, /c. to which are subjoined Memoirs on the verification of Microscopic Phe-
    nomena, and an exact Method of appreciation the quality of Microscopes and Engiscopes
    (London 1832).
41 UNGER, Über die Untersuchung, S. 154.
42 Ebd., S. 154–159.
43 REYER, Leben und Wirken, S. 33–34.

Schiefer anhaftenden Fossilscheibchen schleift man nunmehr auf ihrer freien Fläche durch Reiben mit freier Hand auf einer Planscheibe von Glockenmetall und polirt sie mittelst Schmirgel. Das Gelingen des ganzen Präparates hänge von der Vollkommenheit der erzeugten Ebene ab. Nun erwärmt man und löst die Plättchen behutsam ab. Sämmtliche 3 Fossilplättchen werden dann nochmals, aber mit ihren eben planirten Flächen, auf ein 3 Millimeter dickes Plättchen von Spiegelglas gekittet, und zwar mit einem Kitte, der aus 4 Theilen Wachs, 2 Theilen Körnermastix und 1 Theile reines Kolophonium zusammengeschmolzen ist. Die freien, noch unebenen Flächen der Fossilplättchen werden darauf mittelst einer vertical bewegten Laufscheibe unter Beihilfe von Schmirgel abgeschliffen, bis die Plättchen papierdünn sind und das Licht durchfallen lassen. Ihre letzte Verdünnung geschieht mit freier Hand auf der Planscheibe. Die feinste Politur wird ihnen durch Reiben mit einem in feingeschlemmten Tripel getauchten Tuchlappen gegeben. Sie bleiben für immer auf dem Spiegelglasscheibchen befestigt. Solche fossile Präparate vergleicht man nun mit einer Sammlung von feinen, zwischen 2 Glasplättchen befestigten Holzdurchschnitten jetztlebiger Gewächse."

Große Bedeutung misst Unger der Klebemasse, bestehend aus „einer Composition von 4 Theilen weissen Wachses, 2 Theilen Mastix in Körnern und 1 Theil reinen Colophoniums, die man wohl vermengt zusammenschmelzen lässt",[44] bei:

„Die Anwendung der angegebenen Kitt-Masse ist hier von Wichtigkeit, denn weder der Mastix noch Canada-Balsam oder irgend ein anderes Binde-Mittel, wie z. B. Wasser-Glas, eine Auflösung von Schellack u.a.m., entsprechen dem Zwecke und der ferneren Behandlung des Präparates, und ich habe ausschliesslich das Gelingen derselben erst der Anwendung jenes zuerstgenannten Kittes zuzuschreiben. Durch diesen Kitt werden die Plättchen mit dem Glase so innig verbunden, dass jede fernere Behandlung sie nicht zu trennen vermag […]."

Für eine provisorische Befestigung kleiner Objekte an einer Unterlage, durch die ein Abschneiden mittels Schneidscheibe erleichtert werden soll, empfiehlt Unger „einen groben Kitt" aus vier Teilen Kolophonium, drei Teilen Ziegelmehl und einem Teil dickflüssigen Terpentin. Als normale Stärke der Dünnschliffpräparate empfiehlt sich, „dass die Blättchen so dünn seyn müssen, bis eine darunter gelegte Schrift leserlich wird".

Unger kannte bereits auch „abgedeckte Dünnschliffe":

„Bei weichen Hölzern thut man sogar gut, über die Plättchen noch einen gleichen Streifen sehr dünnen Spiegel-Glases mittelst Canada-Balsam zu kleben, um sie nicht nur durchsichtiger zu machen, sondern zugleich auch zu schützen".[45]

---

44 UNGER, Über die Untersuchung, S. 155.
45 Ebd., S. 159.

Unger wandte aber die Dünnschliff-Untersuchungsmethode nicht nur für fossile Hölzer an,[46] sondern konnte 1858 über Gesteinsdünnschliffe nachweisen, dass die „im Leithakalke allenthalben verbreitete Bildung, die man bisher als Nullipora ramosissima Reuss bezeichnete [...] keine thierischen Organismen sind, sondern zu den kalkabsondernden Algen gehören".[47] Folgerichtig erkannte er damit auch, dass die mächtige und ausgedehnte Leithakalkentwicklung des Wiener Beckens und der Oststeiermark „nicht das Product kalkabsondernder Thiere – kein Corallenriff – sondern die Bildung einer eigenartigen submarinen Wiese" ist.[48]

In memoriam

Dieser Artikel ist dem Andenken Gerhard Zmuggs (26. 6. 1957–31. 3. 2011), des langjährigen Mitarbeiters im „Gesteinslabor" des Institutes für Erdwissenschaften (Bereich Geologie und Paläontologie) der Universität in Graz, gewidmet. Herr Zmugg war ein Perfektionist in der Herstellung von Dünnschliffen und der Schriftzug seines Wahlspruches „Die Höhen eines Dünnschliffes werden nur mühsam erreicht" ist noch über seinem Arbeitsplatz zu finden.

---

46 Franz UNGER, Über fossile Pflanzen des Süsswasser-Kalkes und Quarzes. In: Denkschriften der kaiserlichen Akademie der Wissenschaften, math.-nat. Cl. 14 (1858), S. 1–12.

47 Franz UNGER, Beiträge zur näheren Kenntnis des Leithakalkes namentlich der vegetabilischen Einschlüsse und der Bildungsgeschichte desselben. In: Denkschriften der kaiserlichen Akademie der Wissenschaften 14 (1858), S. 13–38, hier S. 18 und Taf. 4–6.

48 Franz UNGER, Beiträge, S. 18. Zuvor hatte August Emanuel Reuss (1811–1873) diese Gebilde, die „ohne Poren, aber mit schwer sichtbaren Grübchen [ausgestattet sind], die im Leben zur Aufnahme der Thierchen bestimmt gewesen seyn dürften" als Korallen angesehen (Siehe August Emil [sic] REUSS, Die fossilen Polyparien des Wiener Tertiärbeckens. Ein monographischer Versuch. In: Naturwissenschaftliche Abhandlungen, 2 (1847), S. 1–109, hier S. 29.

Alphabetische Autorenliste

Drescher, Anton, Institut für Pflanzenwissenschaften der Universität Graz, Holteigasse 6, 8010 Graz. E-Mail: anton.drescher@uni-graz.at

Dröscher, Ariane, Dipartimento Storia, Culture, Civiltà, Università degli Studi di Bologna. E-Mail: coraariane.droscher@unibo.it

Gliboff, Sander, Department of History and Philosophy of Science, Indiana University, 130 Goodbody Hall, 1011 East 3rd Street, Bloomington, IN 47401, USA. E-Mail: sgliboff@indiana.edu

Hubmann, Bernhard, Institut für Erdwissenschaften (Bereich Geologie und Paläontologie), Karl-Franzens-Universität Graz, Heinrichstraße 26, A-8010 Graz. E-Mail: bernhard.hubmann@uni-graz.at

Klemun, Marianne, Institut für Geschichte, Arbeitsgruppe Wissenschaftsgeschichte, Universität Wien, Universitätsring 1, 1010 Wien. E-Mail: marianne.klemun@univie.ac.at.

Michler, Werner, Fachbereich Germanistik, Universität Salzburg, Erzabt-Klotz-Straße 1, 5020 Salzburg. E-Mail: werner.michler@sbg.ac.at

Wissemann, Volker, Institut für Allgemeine Botanik & Pflanzenphysiologie, AG Spezielle Botanik, Justus-Liebig-Universität Giessen, Senckenbergstr. 17, D-35390 Giessen. E-Mail: Volker.Wissemann@bot1.bio.uni-giessen.de

Personenregister

Sachregister